JIYU DUOMUBIAO JUECE FANGFA DE
SHUIWURAN GUANLI YANJIU

基于多目标决策方法的水污染管理研究

陈旭东◎著

图书在版编目（CIP）数据

基于多目标决策方法的水污染管理研究 / 陈旭东著.
-- 北京 : 经济日报出版社, 2022.8
ISBN 978-7-5196-1150-7

Ⅰ. ①基… Ⅱ. ①陈… Ⅲ. ①水污染防治—研究—中
国 Ⅳ. ①X52

中国版本图书馆 CIP 数据核字(2022)第 135230 号

基于多目标决策方法的水污染管理研究

作　　者	陈旭东
责任编辑	张　莹
责任校对	林　珏
出版发行	经济日报出版社
地　　址	北京市西城区白纸坊东街 2 号 A 座综合楼 710(邮政编码:100054)
电　　话	010-63567684 （总编室）
	010-63584556 （财经编辑部）
	010-63567687 （企业与企业家史编辑部）
	010-63567683 （经济与管理学术编辑部）
	010-63538621 63567692（发行部）
网　　址	www.edpbook.com.cn
E - mail	edpbook@126.com
经　　销	全国新华书店
印　　刷	四川科德彩色数码科技有限公司
开　　本	710×1000 毫米　1/16
印　　张	13.25
字　　数	208 千字
版　　次	2022 年 8 月第 1 版
印　　次	2022 年 8 月第 1 次印刷
书　　号	ISBN 978-7-5196-1150-7
定　　价	78.00 元

前　言

我国是一个水环境污染严重的国家，在全国七大流域中，河流有机污染普遍，湖泊富营养化严重，水污染问题已严重影响我国国民健康、生态安全和社会经济的可持续发展。据水利部统计，我国近年年均废水排放总量约760亿吨，是全世界水污染最严重和污水排放量最多的国家之一。习近平总书记在长江、黄河流域调研时指出要坚持绿水青山就是金山银山的理念，坚定生态优先、绿色发展道路。依据党的十九届二中、四中全会精神，要坚持和完善生态文明制度体系，实行最严格的生态环境保护制度。2015年国务院出台的《水污染防治行动计划》指出，“到2030年，力争全国水环境质量总体改善，水生态系统功能初步恢复；到本世纪中叶，生态环境质量全面改善，生态系统实现良性循环。”

水环境污染问题已经成为我国亟需解决的问题，必须对其进行优化管理。加强我国水环境污染防治工作是一项长期而艰巨的任务。国家在治理水体点源问题方面，分层治理，逐步实施工业点源治理，通过试点实施排污权收费制度，强化布局排污许可制度，制定具体的污染物排放标准，我国水体点源污染得到基本控制。但流域整体水环境情况仍然较差，流域综合水质指标达标率仍不理想，水环境恶化现象并未得到明显改善。因此，本书从我国水污染治理现状着眼，基于我国水污染防治工作中的不足，指出基于多目标决策方法的污水排放权配置是解决我国当前水污染问题的重要途径，并探讨了污水处理厂选址中的多目标决策问题、水资源与污水排放权协同配置以及流域污水排放权配置决策实证研究。本书为水资源管理部门提供了一种新的结合市场激励机制的水污染防治思路，希望能为改善我国水环境质量贡献绵薄之力。

本书内容共分为六个章节，第一章为绪论，从我国水污染现状和分布情况梳理总结我国水环境和水污染情况。首先介绍了我国水污染现状及其主要分布情况。然后分析了引发我国水污染的主要原因，包括城镇污水排放标准不统一，污水处理未能全部达标，以及个人与工业的行为选择。接着对我国治理水污染的政策与制度进行了简要概括，主要有污水处理相关政策、污水排放总量制度、污水排放许可制度三大类。最后对国内外污水处理厂选址建设、污水排放以及排污权配置与交易等相关研究进行了文献综述。第二章为多目标决策基本理论与方法。首先介绍了多目标决策的概念及发展，其次分析了多目标决策的过程及特点，然后对多目标决策问题的关键要素和模型结构进行了详细阐述，接着描述了多目标决策问题求解最优性与求解技术，接下来介绍了粒子群优化算法、遗传算法、蚁群算法等经典优化智能算法，最后概述了多目标决策的应用进展。第三章为污水处理厂选址建设多目标决策问题研究。基于污水处理厂的建设背景、影响因素、以及工艺方案设计，提出了污水处理厂建设计划的一般多目标决策优化模型，并以成都郊区污水处理厂为例对其进行了实证检验。第四章为水资源与污水排放权协同配置研究。探讨如何将水资源与污水排放权进行协同配置，并建立多目标优化模型对四川省岷江流域进行了实证分析。第五章为考虑地理位置补偿的污水排放权多目标决策配置研究。基于排污权配置的公平性和流域整体经济效益的最大化，构建流域污水排放权配置的多目标决策模型，并以沱江流域为例进行了实证分析。第六章为污水排放权交易中政府监督与市场机制的配合。指出在污水排放权交易过程中，政府要扮演好服务者的角色，利用自身公权力为排污权交易创造一个良好的市场环境，并完善污水排放权交易的外部条件，以激励更多企业参与到污水排放权交易过程中，充分发挥市场机制的灵活调控作用来降低污水排放总量，实现水环境质量改善。

本书的具体编写分工如下：陈旭东负责编写第 1、3、4、5、6 章具体内容，博士生袁名康负责编写第 2 章以及第 4 章的实证部分，博士生李玥负责第 5 章的实证部分，硕士生周美玲、周小凤、陶相汕负责第 1 章的文献综述和第 4、第 5 章实证部分的数据收集。最后由陈旭东负责总撰和校稿。此外，本书参考引用了国内外大量专家学者的相关论著，吸收了同行们的学术观点和劳动成果，作者从中得到了很大的启发，在此谨向他们一并表达诚挚的谢意。

水污染管理是一个涉及众多因素的多学科交叉问题，虽然作者已在写作过程中尽力完善，但由于学术水平有限，本书中的一些观点和方法可能存在争议与错误，敬请各位同行专家和读者朋友给与批评指正，提出宝贵建议，共同推进水污染管理的研究与发展。

陈旭东

2022 年 6 月于成都

目　录 CONTENTS

第一章　绪　论 ······ （1）
第一节　我国水污染现状及分布 ······ （1）
第二节　引发我国水污染的主要原因 ······ （16）
第三节　我国治理水污染的政策与制度 ······ （26）
第四节　国内外研究进展与实践 ······ （35）
第五节　技术路线和章节内容安排 ······ （55）

第二章　多目标决策基本理论与方法 ······ （58）
第一节　多目标决策概念及发展 ······ （58）
第二节　多目标决策过程及特点 ······ （62）
第三节　多目标决策问题的关键要素和模型结构 ······ （64）
第四节　多目标决策问题求解最优性条件与求解技术 ······ （67）
第五节　经典优化智能算法 ······ （90）
第六节　多目标决策应用进展 ······ （101）

第三章　污水处理厂选址多目标决策问题研究 ······ （103）
第一节　污水处理厂建设背景及影响因素 ······ （103）
第二节　污水处理厂的工艺方案设计 ······ （104）
第三节　污水处理厂建设决策案例研究 ······ （115）

第四章　水资源与污水排放权协同配置研究 ······ （130）
第一节　岷江流域水域特点及污染现状 ······ （130）
第二节　数据来源 ······ （132）
第三节　水资源与污水排放权协同配置原则 ······ （134）

第四节　水资源与污水排放协同配置多目标决策案例研究 ……… (135)

第五章　流域污水排放权配置决策研究 …………………………… (153)
第一节　污水排放权配置原则 ………………………………… (153)
第二节　污水排放权补偿原则 ………………………………… (157)
第三节　污水排放权配置案例研究 …………………………… (160)

第六章　污水排放权交易中政府监督与市场机制的配合 ……… (183)
第一节　明确政府在污水排放权交易中的地位 ……………… (183)
第二节　发挥市场机制的灵活调控作用 ……………………… (184)
第三节　完善污水排放权交易的外部条件 …………………… (185)

参考文献 ……………………………………………………………… (186)

第一章 绪 论

第一节 我国水污染现状及分布

我国水资源总量少，分布不均匀，并且由于水资源污染治理技术落后、水资源利用效率低下等原因，使得当前我国水资源日益短缺且污染现象愈加严重，这不仅影响了人类生活质量，对地球的生态环境也造成了严重破坏。本节将从我国水污染现状和分布情况入手，分析引发我国水污染的主要原因，同时梳理相关政策与制度，并对已有文献进行综述研究，以此找出当前我国水环境管理和水污染治理中存在的不足之处。

一、我国水污染现状

（一）我国水环境概述

全球目前仍有约 9 亿人直接饮用没有经过净化的水，约有 35 亿户人家中没有自来水，同时每年约有 300 万人因缺水和水污染而死，有大于 80%的废水没有得到处理就排放。全球水资源供应紧张，但每年用水量却日益增多。据统计，1900 年，全球一年水资源消耗量只有 4000 亿 m^3。到 2000 年，年需水量猛增至 60000 亿 m^3，平均每年增加了 560 亿 m^3。目前，随着许多国家对水资源的需求进一步增加，导致一些地区出现不同程度的用水危机，甚至影响到人们的正常生活。根据《2021 年世界水资源发展报告》，到 2025 年，全球范围内将会有 30 亿人口会因为缺水而降低生活质量，且淡水量逐步减少，预估将有 40 个国家和地区面临淡水严重不足。水资源不足，已经成为人类共同面临的危机之一。

我国经济发展迅速，人们对物质和精神上的追求也有明显的提高。所以对于我国这样的人口大国，用水需求量大是必然的，水资源短缺和水资源分配不均是显而易见的问题。首先，中国人均水资源拥有量仅为世界平均水平的四分之一。我国水资源短缺情况较为严重，根据联合国 2008 年的数据，我国人口数量占全世界人口的 1/5，但只拥有世界水资源总量的 6%，尽管处于世界第四，但人均水资源量仅为世界人均水平四分之一左右，位居全球 109 位，是全球 13 个人均水资源最贫乏的国家之一（图 1-1）。

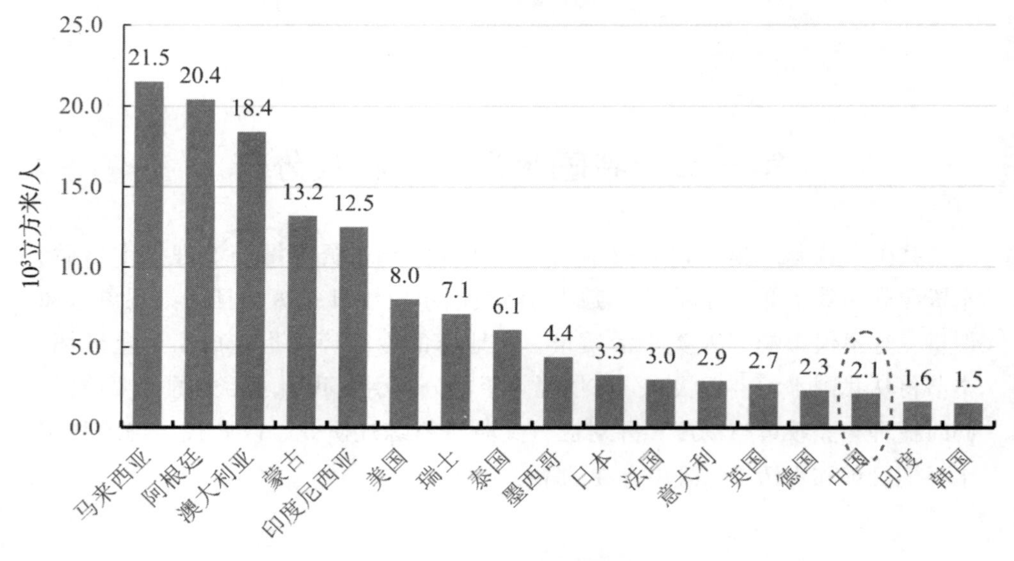

图 1-1　人均可更新淡水量

随着水污染的不断加剧，人类的生存安全已受到严重威胁，它已经逐渐演变成阻碍人类文明进步、阻碍社会经济发展的重要因素。根据世界权威调查，在大多数发展中国家，很多疾病传播是因为水体污染带来的负面效应。国际性慈善机构发表的最新调查报告称，当前世界约有 9 亿人口不能获得新鲜的饮用水，25 亿人没有固定的如厕条件，如印度、巴基斯坦等国家，且每天大约有 5000 名少年儿童因为饮用不合格的水而死亡。因此，水污染被称作"世界头号杀手"。

自改革开发以来，中国的经济飞速发展，污水排放量也逐步增加，目前年均排放量已达到 500 亿吨左右。根据调查显示，长江流域的污染面积在不断扩大，各个支流已有六成水体遭到污染。同时，黄河的水环境也遭受到不同程度的污染，干流近四成河段基本不具备水体功能。此外，中国南方珠江三角洲经济发达，污水排放十分突出，整个广州市占据珠江三角洲的总排放量的 60%，生态环境严重恶化，珠江口已成为华南第一大、国内第二大污染型口岸；中国投入最多、开展污染治理最早的大河——淮河，眼下仍是一条污染严重的河流。国土资源部发布的2013年中国国土资源公报显示，全国在203个地市级行政区开展了地下水水质监测行动，其中水质呈较差级的监测点有2095个，占43.9%；水质呈极差级的监测点有750个，占15.7%。“较差”与“差”两个等级相加已接近六成，说明我国水污染状况较为严峻。

下表1-1为2000-2017年中国水环境情况：

表1-1 全国水环境情况（2000-2017年）

年份	生活用水（10^8m^3）	生态环境补水（10^8m^3）	人均用水量（m^3）	废水排放总量（亿吨）	工业（10^8m^3）	生活（10^8m^3）
2000	574.9		435.4	415.2	194.2	220.9
2001	599.9		437.7	432.9	202.6	230.2
2002	618.7		419.3	439.5	207.2	232.3
2003	630.9	79.5	412.9	459.3	212.3	247.0
2004	651.2	82.0	428.0	482.4	221.1	261.3
2005	675.1	92.7	432.1	524.5	243.1	281.4
2006	693.8	93.0	442.0	536.8	240.2	296.6
2007	710.4	105.7	441.5	556.8	246.6	310.2
2008	729.3	120.2	446.2	571.7	241.7	330.0
2009	748.2	103.0	448.0	589.1	234.4	354.7
2010	765.8	119.8	450.2	617.3	237.5	379.8
2011	789.9	111.9	454.4	659.2	230.9	427.9
2012	739.7	108.3	453.9	684.8	221.6	462.7
2013	750.1	105.4	455.5	695.4	209.8	485.1
2014	766.6	103.2	446.7	716.2	205.3	510.3
2015	793.5	122.7	445.1	735.3	199.5	535.2
2016	821.6	142.6	438.1			
2017	838.1	161.9	435.9			

（续表 1-1）

年份	化学需氧量排放总量（万吨）	工业（万吨）	生活（万吨）	氨氮排放量（万吨）	工业（万吨）	生活（万吨）
2000	1445.0	704.5	740.5			
2001	1404.8	607.5	797.3	125.2	41.3	83.9
2002	1366.9	584.0	782.9	128.8	42.1	86.7
2003	1333.9	511.8	821.1	129.6	40.4	89.2
2004	1339.2	509.7	829.5	133.0	42.2	90.8
2005	1414.2	554.7	859.4	149.8	52.5	97.3
2006	1428.2	541.5	886.7	141.4	42.5	98.9
2007	1381.8	511.1	870.8	132.3	34.1	98.3
2008	1320.7	457.6	863.1	127.0	29.7	97.3
2009	1277.5	439.7	837.9	122.6	27.4	95.3
2010	1238.1	434.8	803.3	120.3	27.3	93.0
2011	2499.9	354.8	938.8	260.4	28.1	147.7
2012	2423.7	338.5	912.8	253.6	26.4	144.6
2013	2352.7	319.5	889.8	245.7	24.6	141.4
2014	2294.6	311.4	864.4	238.5	23.2	138.2
2015	2223.5	293.5	846.9	229.9	21.7	134.1

全国 600 多个城市中有大约一半的城市缺水，水污染导致的水质恶化使水资源短缺问题愈加严重。

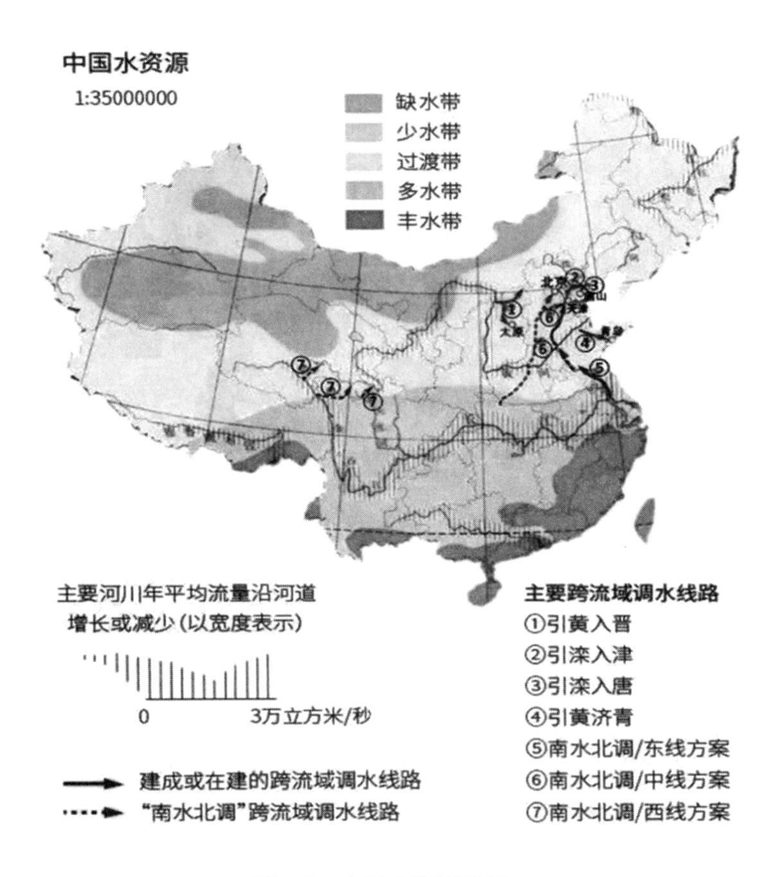

图 1-2 中国水资源现状

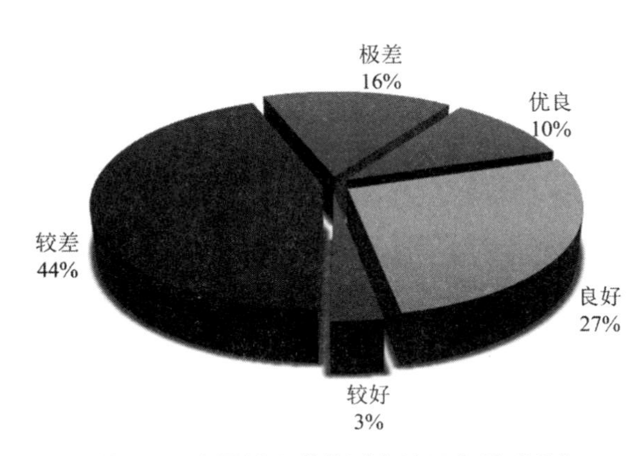

图 1-3 全国近六成监测点地下水质“差”

我国水环境面临着很大的压力，其中最明显的是水体存在大量污染、水资源仍处于短缺状态以及其他类型的自然灾害。而水环境与水污染、水资源等存在着互为影响的关系。当前我国各种类别的水体都有不同程度的污染情况发生，且具有影响范围广，危害严重，治理难度大等特征，面对日趋严重的水污染治理问题，很多时候我们却显得束手无策。

水污染问题是我国生态文明建设的重要问题，水污染防治工作也是重点工程。尤其要关注黄河流域、长江流域等重点流域的水环境问题，因为重点流域整治好了以后，整个水环境问题便会得到很大的缓解。面对如此严重的水污染问题，当前我国的政策资源面对着不配套的现状，污染治理资金严重短缺。尤其是当前在排污方面的收费标准不统一、不明朗、不完善，自然资源的开发利用与保护协调机制不协调，也给水资源管理造成了很大的阻碍。

（二）我国水污染的主要来源

当前随着经济社会的不断发展，水污染的来源有很多种类，绝大多数来自于工业上的废水、生活中的污水、医院里的污水、农业农田污水以及废物堆放中的污水等。

1. 工业废水。主要是指在工业生产的过程中，需要对产品进行输送、清洗、出渣等各项工作，在这些过程中都有大量的废弃污水排出。不同种类的产品生产所排出的污水量是不一样的，其中金属的加工、食品的加工、开矿冶炼等排出的废水量较多。

2. 生活污水。主要是指我们的家庭、单位、公用设施等用于人类生活所排出的污水。其实，生活污水中的杂质含量是非常少的，而大部分的成分还是水本身，可能杂质的总含量还少于百分之一，而且这些杂质大多数属于没有毒害的，只不过是含有大量的洗涤剂以及非常少量的金属等。由于我国人口众多，因此生活污水在水污染排放总量中的占比较高。例如，2011 年全国生活污水排放量为 428 亿吨，同比上升 12. 7%，占全国废水排放总量的 65%。近年来我国生活污水处理率大幅提升。例如，2001 年我国生活污水处理率仅有 18. 5%，到 2010 年已提升到 72. 9%。

3. 医院污水。大部分医院排出的污水里含有非常多的病原体，所以医院污水的处理工作非常重要。因为病原体非常容易扩散，且能够在外部环境中长时间存活，尤其在一些恶劣的环境中存活的概率特别大、周期特别长，极易引起病害的发生，因此必须高度重视。

4. 农业农田水的径流和渗透。我国是典型的农业大国，而在农作物种植过程中，往往会对其施肥和使用农药。化肥和农药的中的有毒有害物质是非常多的，当土壤中接受了化学肥料和农药后，一旦降雨就会有大量的化学物质渗透，甚至进入到地面水和地下水中去。如若不引起重视，对其加以治理，其影响和危害也不容小觑。

5. 废物的堆放、掩埋和倾倒后的污水。主要是很多暂时不需要用的物品或者废弃的物品没有经过处理就随意堆放、掩埋等，此类物品通过腐蚀、变质等因雨水、倾倒而进入水体中，从而导致水污染发生。

（三）我国主要水体的污染现状

1. 河流污染

我国大部分城市中河流污染都比较严重，究其原因还是城市经济发展迅速，无论是工业、农业还是生活、医疗等都有大量的污水排放，而这些污水很大程度上均流向了城市中的河流。长年累月的污水排放，使得很多河流不堪重负，发生了特别严重的污染危机。

2. 湖泊污染

我国幅员辽阔，湖泊众多。但是湖泊的污染也非常严重，其中金属污染和富营养化问题尤为突出。例如，太湖、巢湖以及滇池等几大湖泊的水污染问题均极其严重，湖泊富营养化问题尤为突出。

3. 地下水污染

根据国土资源部发布的最新数据显示，在全国 202 个地市级行政区的 5118 个地下水监测点中，较差级和极差的水质监测点所占比例已超过 60%，水质优良级的仅占 9.1%。地下水质状况不理想，在我国 100 多个大中城市中，绝大多数的地下水都受到了不同程度的污染。其中严重污染约占 60%，南方城市总缺水量的 60%~70%是水污染造成的，有 1.7 亿人在饮用被有机物污染的水，有 3 亿城市居民面临水污染问题。

地下水污染大致可分为间歇入渗、连续入渗、溢流和径流四种类型，主要是对潜水和承压水的污染。地下水污染的主要表现是降水、污水池等废水集中区的连续渗透，以及污染物通过受损管道的渗透性污染。地下水污染主要有四种类型：过度开采地下淡水资源引起的沿海地区海水入侵；过度排放生活污水和工业废水以及过度使用农药造成的污染；石油及其附属化工产品造成的污染；垃圾填埋场等固体废弃物持续泄漏造成的污染。

4. 海洋水污染

我国四大海区近岸海域中，黄海、南海近岸海域水质较好，渤海水质一般，东海水质差，北部湾的海域水质较为优质，但是黄河口海域的水质只能算是良好状态。在处理海洋水污染问题时，要十分重视海上渔业问题，因为两者是相辅相成的。海洋水污染会极大地影响渔业发展，而渔业的发展反过来也会影响海洋的水污染程度。

（四）七大水系污染现状

表 1-2　主要水系水质状况评价结果（按监测面统计）（2017 年）

主要水系	监测断面个数（个）	分类水质断面占全部断面百分比（%）					
		Ⅰ类	Ⅱ类	Ⅲ类	Ⅳ类	Ⅴ类	劣Ⅴ类
长江	510	2.2	44.3	38.0	10.2	3.1	2.2
黄河	137	1.5	29.2	27.0	16.1	10.2	16.1
珠江	165	3.0	56.4	27.9	6.1	2.4	4.2
松花江	108		14.8	53.7	25.0	0.9	5.6
淮河	180		6.7	39.4	36.7	8.9	8.3
海河	161	1.9	20.5	19.3	13.0	12.4	32.9
辽河	106	2.8	23.6	22.6	24.5	7.5	18.9

资料来源：生态环境部

长江水系：长江水系的水环境质量相对较好，Ⅰ－Ⅲ类，Ⅳ、Ⅴ类和劣Ⅴ类水环境质量结构比例分别为 85%、13%和 2%；主要污染物由氨氮和石油类等构成，劣Ⅴ类水质主要集中在干支流交汇的主要城市沿岸水域。

黄河水系：黄河水系的水环境质量属于中度污染，其中干流污染较轻，支流污染较重。Ⅰ－Ⅲ类，Ⅳ－Ⅴ类和劣Ⅴ类水环境质量结构比例分别为 58%、26%和 16%；污染物的主要指标由氨氮和石油类构成。

淮河水系：淮河水系的水环境质量属于轻度污染状态，Ⅰ－Ⅲ类，Ⅳ－Ⅴ类和劣Ⅴ类水环境质量结构比例分别为 46%、46%和 8%；污染物的主要指标由石油类、高锰酸盐指数等构成。

海河水系：海河水系的水环境质量属于重度污染，Ⅰ－Ⅲ类，Ⅳ－Ⅴ类和劣Ⅴ类水环境质量结构比例分别为 42%、25%和 33%；污染物的主要指标由氨氮和高锰酸盐指数等构成。

辽河水系：辽河水系的水环境质量属于中度污染，Ⅰ－Ⅲ类，Ⅳ－Ⅴ类和劣Ⅴ类水环境质量结构比例分别为 49%、32%和 19%；污染物的主要指标由氨氮和石油类等构成。

松花江水系：松花江水系的水环境质量属于中度污染，其中干流污染为轻度，支流污染较重。Ⅰ－Ⅲ类，Ⅳ－Ⅴ类和劣Ⅴ类水环境质量结构比例为

68%、26%和6%；污染物的主要指标由石油类、氨氮和高锰酸盐指数等构成。

（五）污水处理行业现状分析

（1）污水年排放量增加

近几年，我国污水排放总量持续增长。2014 年中国城市污水年排放量为 445.34 亿立方米，2018 年增至 521.12 亿立方米。

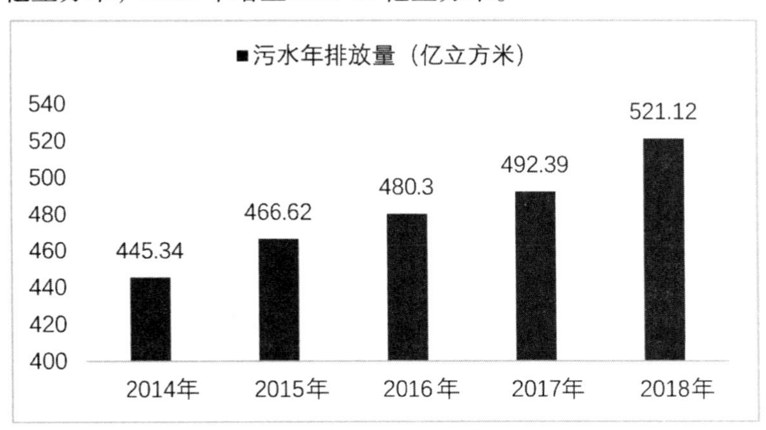

图 1-4 中国城市污水年排放量情况

（2）污水处理厂数量增多

目前我国工业废水排出以后基本进入城市污水管道，在城市污水处理厂进行处理。根据《2018 年城市建设统计年鉴》显示，2014 年我国拥有污水处理厂 1807 个，到 2018 年污水处理厂数量已达 2300 多个。短短 4 年时间，增加了 500 多个，说明我国对污水处理的重视程度正在逐步提升。

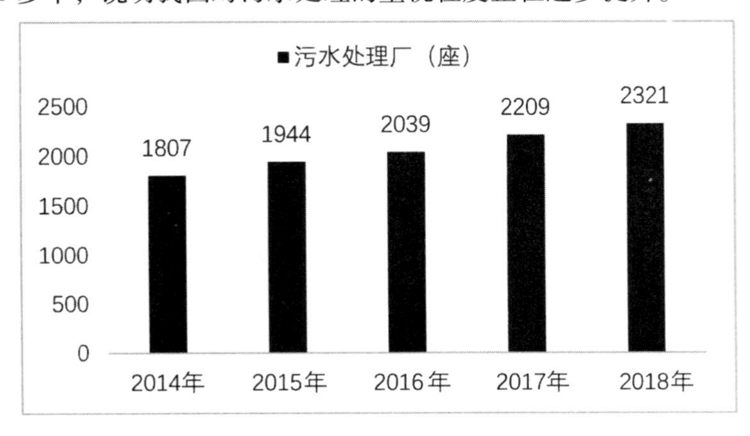

图 1-5 中国城市污水处理厂数量情况

（3）污水处理厂处理能力提高

“十二五”以来，我国明确将节能环保产业作为战略新兴产业，政府密集出台各项环保政策（如“水十条”），我国污水处理规模已具备一定规模，水污染治理能力效果显着。我国污水处理能力不断增强。2014 年我国污水处理厂处理能力 13087 万立方米/日，2018 年处理能力提升至 16881 万立方米/日。

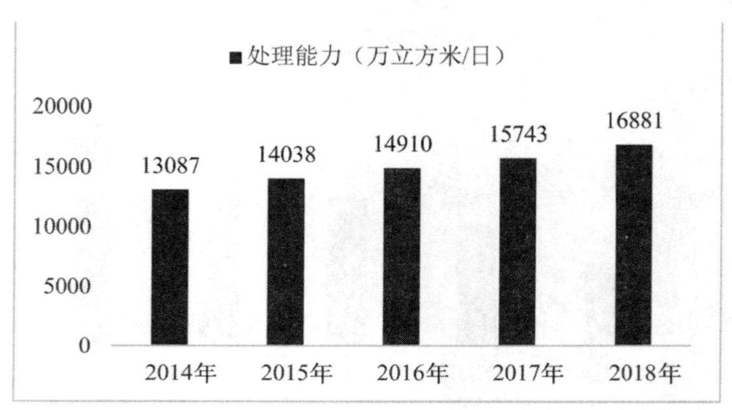

图 1-6　中国城市污水处理厂处理能力情况

（4）污水年处理量增加

从上面我们可以看到污水处理厂的数量在逐年递增，而且处理能力也在提高，下图我们可以看出污水处理的数量也在逐步增加，是 2018 年达到近 500 亿立方米的好成绩。

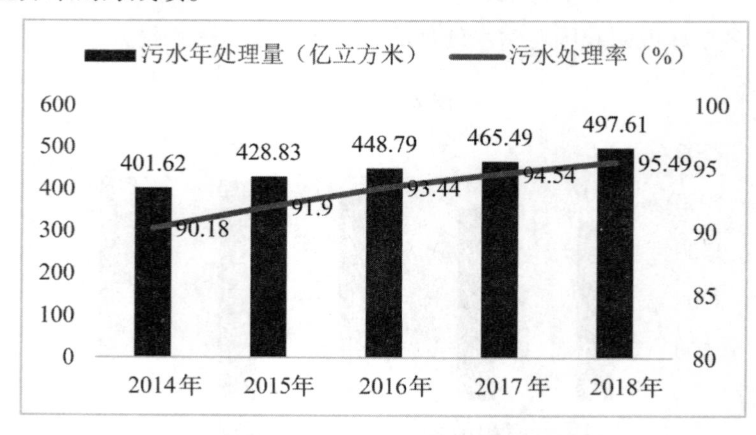

图 1-7　中国城市污水处理量及污水处理率情况

目前，我国水处理已经形成完整的产业链，形成了成熟的污水处理工艺，污水处理率持续提升。2014年污水处理率90.18%，2018年达到95.49%。随着污水处理技术的进步和治理措施的加大，预计我国污水处理率将进一步提升。

（5）我国污水处理区域发展不平衡

据水利部2011年水资源公报显示，中国北方6区2011年水资源总量为4918亿立方米，占全国水资源总量的21.1%，但总用水量却占全国的45.3%。东部沿海地区是经济比较发达的地方，相对而言其政府的财力也比较雄厚，居民的生活水平也相对较高，对环境保护和清洁环境的需求较大。因此，我国东部沿海等经济发达地区的污水处理设施建设较为健全，污水处理行业发展相对较快。中西部经济较为落后的地区，由于地方政府的财力有限、人口较为分散等原因，污水处理设施建设仍十分落后。

（六）我国水污染处理的发展简史

污水处理的需求是伴随着城市的诞生而产生的。城市污水处理技术，历经数百年变迁，从最初的一级处理发展到现在的三级处理，从简单的消毒沉淀到有机物去除、脱氮除磷再到深度处理回用。污水处理的每一次发展与进步都为人类的发展进步提供了必不可少的动力。而我国随着国民经济的高速发展和改革开放的不断深入，城市生产力不断提升，城市人口数量也不断增加，未来我国污水排放量也将随之增大，因此，对于污水处理的需求也必将进一步扩大。

（1）早期水处理行业发展阶段

我国最早的污水处理历史要从20世纪20年代开始，其中第一个应该是在1923年建设的上海北区污水处理厂。继第一个建成之后，又相继建成了上海东区和西区的污水处理厂，但是遗憾的是，这三个污水处理厂建成之后，此后的十多年就再也没有建设污水处理厂了，直到新中国成立以后才开始重新规划和发展。

（2）初步发展阶段

1949年新中国成立以后，污水处理行业经历了初步的发展。北京、上海、天津、南京、武汉等地开始了污水整治的工程，但是当时国内的污水处理技术依旧停留在较初级的阶段，多利用水体的自净或者较初级的水处理方式，没有把污水处理作为城市发展的一项重要内容，在技术上也没有较大的发展，仍处在相对比较落后的状况。据已有资料，1949年，全国只有103个城市有下水道，总长只有6000多公里。

（3）污水利用阶段

从20世纪60年代开始，由于工农业的发展，污水农业灌溉的观念得到发展。此时各地污水污染程度较低，许多缺水地区将污水灌溉利用作为经验进行推广，如北京东南郊污水灌溉区、天津武宝宁污水灌溉区等。在1980年直接利用污水灌溉的农田达到133.3万公顷。极大地提高了我国农业水资源的利用效率，有效的缓解了当时水资源短缺和水污染问题。

（4）全面发展阶段

随着改革开放的启动，我国开始日益重视污水处理行业的发展，1979年9月我国第一部环境法（简称《环保法》）诞生，这标志着污水处理正式处于法律法规的管理之下。《环保法》明确规定了我国几种基本环境制度，如环境影响评价、“三同时”和排污收费制度等。1982年“六五”计划正式把“加强环境保护，遏制环境污染的进一步加重”定为国家发展的十项基本任务之一。1984年全国人大常委会审议通过《水污染防治法》。国家在环境保护、污水处理领域的政策日趋完善。这一时期，我国污水处理行业开始与国际接轨，并实现快速发展。

（5）快速发展阶段

进入21世纪以来，国家全面加大了水污染治理力度。2002年中国政府出台了首个城镇污水处理厂污染物排放标准（GB18918），该标准的实施，有力促进了国内城镇污水处理业的快速发展。

习近平总书记高度重视生态文明建设，生态文明的兴起推动了我国的环境政策发展迈上新台阶。为切实加大水污染防治力度，保障国家水安全，多项政策法规相继出台。2014年制定出台“最严环保法”；2015年，中央政治局常务委员会会议审议通过《水污染防治行动计划》（简称“水十条”）；2019年9月，习近平总书记提出黄河流域生态保护和高质量发展重大国家战略；2019年4月，住建部、生态环境部、发改委联合印发《城镇污水处理提质增效三年行动方案（2019—2021年）》。

（七）我国水环境污染典型事件

近年来，我国水污染事件时有发生，每年的水污染事故发生案件高达一千多件。究其原因，是在GDP发展思维异化下，政府过度讲政绩，企业一味求效益，无节制地排放废弃物。为降低成本，很少更换新的设备。更有甚者，有些地方的环境保护变成了“污染保护”。

（1）浙江新安江水污染事件。2011年6月4日，杭州市建德区的高速公路上发生了严重的苯酚槽罐车泄漏事故。事故发生后，杭州市和建德区两级政府立即启动应急预案，环保、消防、交警、林水等部门第一时间赶赴现场进行处置。杭州市委、市政府紧急动员、多管齐下，及时果断采取有力措施，全力保障杭州市居民用水不受影响。

（2）康菲渤海溢油事件。2011 年 6 月，中海油在渤海湾的蓬莱 19-3 油田发生漏油事故。根据公开资料显示，蓬莱 19-3 是国内建成的最大海上油气田。截至 2011 年 12 月 29 日，这起事故已造成渤海 6200 平方公里海水受污染，大约相当于渤海面积的 7%，其中大部分海域水质由原一类降为四类，所波及地区的生态环境遭到严重破坏，使得河北、辽宁两地大批渔民和养殖户损失惨重。

（3）兰州自来水苯污染事件。2014 年 4 月 11 日，兰州市突发自来水苯超标事件，兰州市政府通报未来 24 小时居民不宜饮用自来水。经调查，系中国石油天然气公司兰州分公司一条管道发生原油泄漏，污染了供水企业的自流沟所致。

水污染已成为当今最突出的环境污染问题之一，但触目惊心的水污染事件仍然频频发生，治理水污染的层层环节仍然有待完善，大部分民众的环保意识还有些淡薄。所以要加强环境保护的宣传与普及，让每个人都行动起来，保护水资源，防治水污染，从根本上解决水污染的问题。

二、主要分布情况

我国一些地方水污染情况比较严重，但是不同地区、不同城市的程度是不一样的。其中地下水污染的情况明表现出北方省份比南方省份严重很多，尤其以华北、松辽和江汉三个平原和长江三角洲为代表。从地区上来看，我们可以从东北地区、华北地区、西北地区以及西南地区、中南地区、东南地区为类别进行对比分析。

1. 东北地区的重工业和油田开发较多，由此产生的地下水污染特别严重，该地区不同区域污水中的污染物种类也不一样，经检测，亚硝酸盐氮、氨氮含量最多。

2. 华北地区的水污染主要来自于社会生活，不管是城市还是农村，生活污水排放量都特别大。其中硝酸盐氮、氰化物等的含量尤其多。

3. 西北地区总体上来讲，相比较前两个地区污染程度比较小，最严重的也就是兰州和西安等比较发达的城市。

表 1-3 各行政区重点评价湖泊水质状况（2017 年）

主要水系	所属行政区	总体水质状况	营养状况
白洋淀	河北	Grade Ⅴ	轻度富营养
查干湖	吉林	Worse than Grade Ⅴ	中度富营养
太湖	江苏、浙江	Grade Ⅴ	轻度富营养
宝应湖	江苏	Grade Ⅳ	轻度富营养
洪泽湖	江苏	Grade Ⅳ	中度富营养
滆湖	江苏	Grade Ⅴ	轻度富营养
邵伯湖	江苏	Grade Ⅳ	轻度富营养
骆马湖	江苏	Grade Ⅳ	轻度富营养
高邮湖	江苏	Grade Ⅳ	轻度富营养
石臼湖	江苏、安徽	Grade Ⅳ	轻度富营养
南漪湖	安徽	Grade Ⅳ	中营养
城东湖	安徽	Grade Ⅳ	轻度富营养
城西湖	安徽	Grade Ⅳ	轻度富营养
大官湖黄湖	安徽	Grade Ⅳ	轻度富营养
女山湖	安徽	Grade Ⅳ	中度富营养
巢湖	安徽	Grade Ⅳ	中营养
泊湖	安徽	Grade Ⅳ	轻度富营养
瓦埠湖	安徽	Grade Ⅳ	轻度富营养
菜子湖	安徽	Grade Ⅳ	轻度富营养
龙感湖	安徽、湖北	Grade Ⅴ	中营养
鄱阳湖	江西	Grade Ⅳ	轻度富营养
东平湖	山东	Grade Ⅲ	轻度富营养
南四湖	山东	Grade Ⅲ	轻度富营养
斧头湖	湖北	Grade Ⅴ	轻度富营养
梁子湖	湖北	Grade Ⅳ	轻度富营养

续表

主要水系	所属行政区	总体水质状况	营养状况
洪湖	湖北	Grade Ⅳ	轻度富营养
长湖	湖北	Grade Ⅳ	轻度富营养
洞庭湖	湖南	Grade Ⅳ	轻度富营养
抚仙湖	云南	Grade Ⅰ	中营养
洱海	云南	Grade Ⅲ	中营养
滇池	云南	Grade Ⅴ	轻度富营养
佩枯错	西藏	Worse than Grade Ⅴ	中营养
普莫雍错	西藏	Grade Ⅲ	中营养
班公错	西藏	Grade Ⅲ	中营养
纳木错	西藏	Worse than Grade Ⅴ	中营养
羊卓雍错	西藏	Worse than Grade Ⅴ	中营养
克鲁克湖	青海	Grade Ⅱ	中营养
青海湖	青海	Grade Ⅱ	中营养
乌伦古湖	新疆	Worse than Grade Ⅴ	中营养
博斯腾湖	新疆	Grade Ⅲ	中营养
赛里木湖	新疆	Grade Ⅰ	中营养

资料来源：水利部

相较于北方的城市，南方地区的地下水总体上质量偏高一些，但是也存在局部地区污染特别严重的问题。西南地区污染相对比较轻微，城市和农村的水污染范围相较也要小很多；中南地区的污染程度比西南地区高一些，但是普遍低于北方大多数地方；东南地区经济发展迅速，尤其是长江三角洲地区、珠江三角洲地区的城市及工矿区污染比较严重。

表 1-4 流域分区河流水质状况评价结果（按评价河长统计）（2017 年）

流域分区	评价河长（千米）	分类河长占评价河长百分比（%）					
		Ⅰ类	Ⅱ类	Ⅲ类	Ⅳ类	Ⅴ类	劣Ⅴ类
全国	244512.0	7.8	49.6	21.1	9.5	3.7	8.3

续表

流域分区	评价河长（千米）	分类河长占评价河长百分比（%）					
		Ⅰ类	Ⅱ类	Ⅲ类	Ⅳ类	Ⅴ类	劣Ⅴ类
松花江区	16780.0	0.4	15.5	50.9	21.0	3.6	8.6
辽河区	6067.0	1.2	34.2	28.3	13.8	11.2	11.3
海河区	15325.0	1.9	20.7	16.3	9.7	12.1	39.3
黄河区	22892.0	9.6	44.3	16.0	7.3	3.7	19.1
淮河区	24081.0	0.4	16.0	38.8	24.9	8.1	11.8
长江区	70897.0	7.8	55.1	21.0	8.8	3.1	4.2
太湖	6341.0		8.3	24.8	43.5	14.7	8.7
东南诸河区	13643.0	7.5	62.5	21.3	6.5	1.3	0.9
珠江区	30475.0	5.0	66.2	15.2	6.7	1.9	5.0
西南诸河区	21086.0	9.4	77.4	9.8	1.8	0.9	0.7
西北诸河区	23267.0	27.2	66.4	5.1	0.7	0.1	0.5

从上面的表中可以看出，我国的江河湖泊水污染程度相当的严重，其中湖泊中有75%都出现了富营养化的状况，并且90%的城市中出现了严重的水污染问题，很多城市的水资源短缺也是水污染造成的。由此可见，水资源的过度开发、污水的直接排放、水资源的浪费等问题是当前需要我们高度重视并且急需人们去解决的难题。

第二节　引发我国水污染的主要原因

一、城镇污水排放标准不统一

1973年，我国发布了第一个污染物排放标准《工业“三废”排放试行标准》（GBJ4-73）。经过将近50年的发展，我国现已初步形成较为完整的污水排放标准体系，其中综合型与行业型污水排放标准并行，水污染物控制项目已达158项。同时污水排放标准与水环境质量标准、水污染物环境监测规范共同构成了我国水环境保护标准体系，为我国水污染治理及水资源保护做出了重要贡献。

（一）我国污水排放标准简介

污水排放标准，其全称为水污染物排放标准。它是对排入环境的污水中的水污染物所做的控制标准，或者说是水污染物的允许排放量（浓度）与限制。我国污水排放标准实行浓度控制与总量控制相结合的原则，因此标准中不仅对污水排放总量有限制，而且规定了污水中各种污染物浓度的最高允许值。污水排放标准具有法律效应，是用来判定个人与单位污水排放活动是否违法的重要依据。

我国水污染物排放标准有国家污水排放标准与地方污水排放标准两个级别之分。其中国家污水排放标准是由中华人民共和国生态环境部批准颁布的在全国范围或特定区域内适用的标准规范。图 1-8 展示了我国国家污水排放标准体系。如图所示，国家污水排放标准包括 1 项综合型排放标准和 60 余项行业型排放标准，其中行业型污水排放标准覆盖了工业、农业及生活的主要污水排放源。截止 2022 年 3 月，我国现行的国家污水排放标准共有 63 项，详细名单见表 1-5。从表中我们可以看到，现有行业型污水排放标准涉及的行业已十分全面，覆盖了钢铁、农副食品加工、纺织、造纸、制药、化学原料及化学制品制造等 10 个污染防治重点行业。国家级综合型排放标准只有《中华人民共和国污水综合排放标准》（简称《污水综合排放标准》）一项。综合型排放标准与行业型排放标准不交叉执行，在两者皆适用的情况下优先执行行业型污水排放标准。

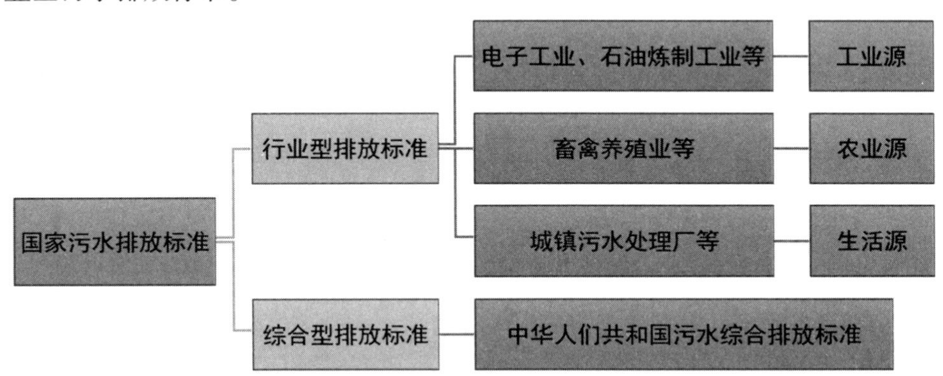

图 1-8　国家污水排放标准体系

表 1-5　我国现行污水排放标准

序号	标准名称	标准号	序号	标准名称	标准号
1	电子工业水污染物排放标准	GB39731-2020	33	陶瓷工业污染物排放标准	GB25464-2010
2	船舶水污染物排放控制标准	GB3552-2018	34	油墨工业水污染物排放标准	GB25463-2010
3	石油炼制工业污染物排放标准	GB31570-2015	35	酵母工业水污染物排放标准	GB25462-2010
4	再生铜、铝、铅、锌工业污染物排放标准	GB31574-2015	36	淀粉工业水污染物排放标准	GB25461-2010
5	合成树脂工业污染物排放标准	GB31572-2015	37	制糖工业水污染物排放标准	GB21909-2008
6	无机化学工业污染物排放标准	GB31573-2015	38	混装制剂类制药工业水污染物排放标准	GB21908-2008
7	电池工业污染物排放标准	GB30484-2013	39	生物工程类制药工业水污染物排放标准	GB21907-2008
8	制革及毛皮加工工业水污染物排放标准	GB30486-2013	40	中药类制药工业水污染物排放标准	GB21906-2008
9	柠檬酸工业水污染物排放标准	GB19430-2013	41	提取类制药工业水污染物排放标准	GB21905-2008
10	合成氨工业水污染物排放标准	GB13458-2013	42	化学合成类制药工业水污染物排放标准	GB21904-2008
11	麻纺工业水污染物排放标准	GB28938-2012	43	发酵类制药工业水污染物排放标准	GB21903-2008
12	毛纺工业水污染物排放标准	GB28937-2012	44	合成革与人造革工业污染物排放标准	GB21902-2008
13	缫丝工业水污染物排放标准	GB28936-2012	45	电镀污染物排放标准	GB21900-2008

续表

序号	标准名称	标准号	序号	标准名称	标准号
14	纺织染整工业水污染物排放标准	GB4287-2012	46	羽绒工业水污染物排放标准	GB21901-2008
15	炼焦化学工业污染物排放标准	GB16171-2012	47	制浆造纸工业水污染物排放标准	GB3544-2008
16	铁合金工业污染物排放标准	GB28666-2012	48	杂环类农药工业水污染物排放标准	GB21523-2008
17	钢铁工业水污染物排放标准	GB13456-2012	49	煤炭工业污染物排放标准	GB20426-2006
18	铁矿采选工业污染物排放标准	GB28661-2012	50	皂素工业水污染物排放标准	GB20425-2006
19	橡胶制品工业污染物排放标准	GB27632-2011	51	医疗机构水污染物排放标准	GB18466-2005
20	发酵酒精和白酒工业水污染物排放标准	GB27631-2011	52	啤酒工业污染物排放标准	GB19821-2005
21	汽车维修业水污染物排放标准	GB26877-2011	53	味精工业污染物排放标准	GB19431-2004
22	弹药装药行业水污染物排放标准	GB14470. 3-2011	54	兵器工业水污染物排放标准火炸药	GB14470. 1-2002
23	钒工业污染物排放标准	GB26452-2011	55	兵器工业水污染物排放标准火工药剂	GB14470. 2-2002
24	磷肥工业水污染物排放标准	GB15580-2011	56	城镇污水处理厂污染物排放标准	GB18918-2002
25	硫酸工业污染物排放标准	GB26132-2010	57	畜禽养殖业污染物排放标准	GB18596-2001
26	稀土工业污染物排放标准	GB26451-2011	58	污水海洋处置工程污染控制标准	GB18486-2001
27	硝酸工业污染物排放标准	GB26131-2010	59	污水综合排放标准	GB8978-1996

续表

序号	标准名称	标准号	序号	标准名称	标准号
28	水质显影剂及其氧化物总量的测定碘-淀粉分光光度法（暂行）	HJ594—2010	60	航天推进剂水污染物排放与分析方法标准	GB14374-93
29	镁、钛工业污染物排放标准	GB25468-2010	61	肉类加工工业水污染物排放标准	GB13457-92
30	铜、镍、钴工业污染物排放标准	GB25467-2010	62	海洋石油开发工业含油污水排放标准	GB4914-85
31	铅、锌工业污染物排放标准	GB25466-2010	63	船舶工业污染物排放标准	GB4286-84
32	铝工业污染物排放标准	GB25465-2010			

地方污水排放标准是由省、自治区、直辖市人民政府批准颁布的，在特定行政区适用的标准。根据我国《环境保护法》规定，各省（自治区、直辖市）对低于质量标准的水体，是可以在制定地方污染物排放标准时，相较于国家标准更加严格的。随着我国国民对水资源和水环境保护意识的日渐提升，越来越多的省市基于自身区域性水污染问题，制定了更加具有针对性的地方污水排放标准。经过多年实践证明，地方污水排放标准的制定可以更好地解决区域性和流域性的水环境污染问题。当前我国地方污水排放标准主要包括综合型、流域型、行业型等。截止 2018 年 7 月的数据，我国已发布地方污水排放标准 98 项，覆盖了 24 个省（自治区、直辖市）。表 2 展示了我国部分地区的地方污水排放标准。

表 1-6　我国部分地区地方污水排放标准汇总

发布地区	标准名称	标准号
北京市	北京市水污染物综合排放标准	DB11/307-2013
	城镇污水处理厂水污染物排放标准	DB11/890-2012

续表

发布地区	标准名称	标准号
广东省	广东省水污染物排放限制	DB44/26-2001
	汾江河流域水污染物排放标准	DB44/1366-2014
	淡水河、石马河流域水污染物排放标准	DB44/2050-2017
	练江流域水污染物排放标准	DB44/2051-2017
	茅洲河流域水污染物排放标准	DB44/2130-2018
	小东江流域水污染物排放标准	DB44/2155-2019
福建省	厦门市水污染物排放标准	DB35/322-2018
河南省	双洎河流域水污染物排放标准	DB41/757-2012
	省辖海河流域水污染物排放标准	DB41/777-2013
	清漯河流域水污染物排放标准	DB41/790-2013
	贾鲁河流域水污染物排放标准	DB41/908-2014
	惠济河流域水污染物排放标准	DB41/918-2014
上海市	上海市污水综合排放标准	DB31/199-2018
四川省	四川省岷江、沱江流域水污染物排放标准	DB51/2311-2016
	四川省泡菜工业水污染物排放标准	DB51/2833-2021
广西壮族自治区	农村生活污水处理设施水污染物排放标准	DB45/2413-2021
	甘蔗制糖工业水污染物排放标准	DB45/893-2013

（二）我国污水排放标准存在的主要问题

当前我国在污水排放标准上还有很多问题没有解决，突出表现为以下几点：

第一，仅依靠限制手段不能实现水环境质量改善的中心目标。事实上，污水排放标准的实施确实为减少我国污水排放作出了一定贡献。然而，由于我国水污染问题的复杂性和多样性，仅依靠严格的排放限制是不足以支持水环境质量改善的。现在我们更加需要的是一套综合考虑水资源、水生态和水环境的系统治理模式。比如，浙江省在“三河”统一治理过程中发生了水污染又恢复的情况。总结经验发现这是由于水污染治理长期机制不完善导致的。因此在面对水污染问题时，我们除了要“治理”，还必须注意保持和巩固监测等后续的各种措施。

第二，我国污水排放标准对各项排放限制的制定过于严格，且不够精细化。当前我国排放限制的制定并未充分考虑到我国各地区污水处理的实际情况，而仅仅只是参考国际先进技术来规定一个数值。但事实上排放限制并非是越严格越好，不合理的排放限制往往会导致更多的资源与能源消耗，这在本质上仍是一种非常不经济的粗放型的水污染管理方式。例如，太湖流域工业园区针对一些污染物（COD、BOD5）制定了严苛的排放限制，这使得该地区绝大多数企业都选择生化工艺来处理污水。而为了去除该工艺带来的高碳源则需要投入更多的成本。然而，基层污水处理厂却常常又需要人工添加外部碳源来处理污水才能使其达到排放标准。因此总体而言，在工业园区的污水处理过程中存在着非必须的资源消耗。

第三，污水排放标准未能激发企业在排污与治污过程中的主体地位，水污染外部成本的内在化非常迫切。对于环境外部性问题，庇古理论从福利经济学观点出发，提出可以通过政府干预来解决；科斯定理以新制度经济学为基础，认为产权界定等市场机制才能解决环境外部性。污水排放许可和交易制度综合了以上两种观点，在污水排放权配置过程中不仅采用了市场交易机制，同时政府是整个过程的监督与管控者。当前我国已有很多点源污水排放制度，但最为核心的基础制度仍然匮乏；且制度间缺乏联结，没有形成一个完整的体系；制度的实施规范也不够完善，因而导致点源污水排放无法连续达标。借鉴欧美等发达国家经验可知，当前我国应当协同污水排放总量控制制度、污水排放许可证制度、污水排放交易制度三者，构建一个完整的污水排放控制体系，促使排污主体主动去改进技术、减少污水排放，从而实现水环境质量改善的核心目标。

二、污水处理未能全部达标

改革开放以来，随着我国经济的高速发展和城市化进程的持续深入，我国污水排放量逐年增加，且呈现出一种空间聚集趋势。污水处理厂能够对排放的污水进行净化，使处理后的污水满足再生水水质要求，从而达到控制水污染的目的。近年来我国污水处理能力发展迅速，2015 年我国的污水处理能力就已超越美国位居世界第一，但在区域发展上我国仍存在很大程度上的不平衡。例如东部沿海等经济发达地区地方政府财政实力较强，且人口较为密集，城镇化水平高，适宜于大规模污水处理设施的建设和运营；而中西部经济较为落后的地区财政实力有限，且人口稀少，污水处理设施建设则较为落后。图 1-9 展示了截止 2020 年我国污水处理厂的地区分布情况（数据来源于住建部）。从图中我们可以很明显的观察出，华东地区的污水处理厂数量最多，且远大于其他区域。

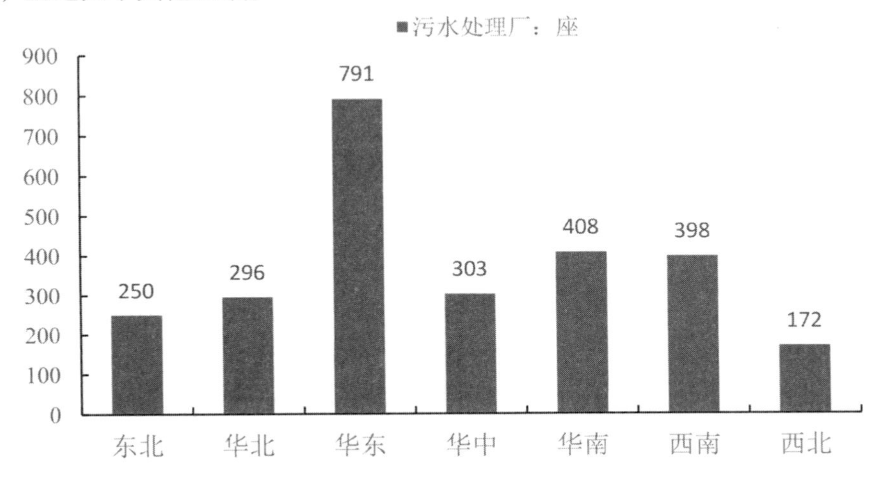

图 1-9 2020 年我国各地区污水处理厂数量分布情况

污水处理与排水管网建设密不可分。过去十年，中国城市排水管网总量以超过 5%的速度增长。根据住建部数据，截至 2019 年年底，我国城镇排水管网总长度达到 743982 公里，服务人口约 4.35 亿。但是，与一些发达国家相比，差距仍然较为明显。与日本和德国相比，中国的排水管网长度与其几乎相同，甚至明显高于美国（12.9 万公里）。但中国的下水道普及率仅为 65%，明显低于其他发达国家。其中，英国和德国的下水道普及率最高，分别为 96.5%和 98.5%。因此综合考虑，我国排水管网建设仍然落后，建成区存量显然不足。此外，污水处理厂的处理效率还与污水处理工艺有着很大关系，同时也取决于污水处理厂的规模。基于当下污水处理行业发展现状，我国污水处理仍然存在很多问题，比如设施建设相对不足与落后；设计规模和实际运行不匹配；设计指标与实际水质指标矛盾等。

（一）设施建设相对不足与落后

关于污水处理设施建设有两种相关情况值得分析。一是部分污水处理厂前期设施建设相对不足，与污染治理任务严重不兼容。截至 2020 年年底，建成污水处理厂 2618 座，日处理污水约 1.93 亿吨。然而，污水处理厂的存量仍然不足，远远达不到对污水处理的高要求。此外，排水系统与污水处理厂密切相关。现有排水管网约743982公里，服务人口约4.35亿，存量同样不足。二是一些污水处理厂设计深度不够，不够精细，缺乏回访机制。这会使得本应消除的缺陷再次出现，导致设计质量一直无法提高。同时这些缺陷往往给生产经营带来很大的不便。很多污水处理厂刚一投产就进行改造，造成资源浪费，甚至出现永久性缺陷。大多数污水处理厂，尤其是在20世纪90年代建成的污水处理厂，都采用了传统的活性污泥法。受现有工艺技术水平、设备条件和运行管理水平的限制，普遍存在脱氮除磷效率低、污水处理运行稳定性差等技术问题，难以达到当前环保标准的要求。

（二）设计规模与实际运行不匹配

一些污水处理厂的设计规模与实际运行不符，存在大型设施冗余与基础设施匮乏两种情况。大型设施冗余是指污水处理厂的实际运行规模小于或远小于设计和建设规模。主要体现为污水收集能力与设计处理能力不匹配。造成其产生的原因主要有：（1）部分地区排水管网建设不完善，如东北地区人均排水管网长度仅为0.65m，远低于全国平均水平0.85m。这导致污水收集率较低，进一步使污水处理厂的设计值与实际值不匹配，设计规模大于实际运行，污水处理厂处于低负荷运行。（2）1.3-1.5的变异系数在我国污水处理厂的设计中被广泛使用。部分地区在设计修建污水处理厂时为保留一定发展空间，将规模设计过大。但在实际过程中却对污水收集不足，导致运行负荷率较低。例如，淮南市某污水处理厂的初始设计规模为10万立方米/天，而在运行中只有5万立方米/天，部分污水处理设施处于停产和闲置状态。（3）随着我国城市化进程的加快和人口密度的增加，一些已经设计建造好的污水处理厂无法有效应对这种变化。因此，污水收集能力降低，使实际运行能力远低于设计能力。（4）部分污水处理厂的污水处理设施因出水排放标准低而处于停产和间歇运行状态。例如益阳市某污水处理厂的设计排放标准为甲级，但目前的排放标准为乙级。由于实施了较低的排放标准，一些污水处理设施处于停产或间歇运行状态，即为大型设施冗余。

基础设施匮乏指污水处理厂的实际运行规模大于或远大于设计和建设规模。我国一些污水处理厂便存在此种情况，其产生的一般原因有：（1）由于我国经济发展、人口增长和综合排水管网建设等原因，部分污水处理厂实际处理能力大于或远大于设计处理能力。污水处理厂长期处于高或超高运行负荷率，不仅增加了污水处理厂的运行负担，而且存在溢流情况，可能危害水体健康。例如，安阳市某污水处理厂初始设计规模为10万立方米/天，但实际运行能力达到12万~14万立方米/天。（2）中国大部分污水处理厂预处理设施不完善，没有初级沉淀池。由于长期不间断运行，活性污泥的活性普遍较低。混合液挥发性悬浮物（MLVSS）与混合液悬浮物（MLSS）的比值通常在0.25~0.5之间，远低于正常水平0.75，生化池底部沉淀物严重。据相关文献调查，大多数污水处理厂，尤其是没有初级沉淀池的污水处理厂，运行1-2年后，生化池底部可产生0.5~2m的污泥。（3）设计排放标准与现行排放要求不同。随着我国生态文明建设的大力推进，污染物排放标准日益严格。部分污水处理厂运行达不到现行标准，需要增加预处理设施或调整工艺运行参数。（4）我国大部分城市仍为雨污合流排水系统。排水管网混合，污水特征复杂。还有一些污水处理厂启动了工业污水处理。鉴于工业污水的复杂性，污水处理负荷相应增加。

（三）设计指标与实际水质指标矛盾

污水处理厂设计进水水质与实际运行水质不符，主要表现为进水浓度高和进水浓度低两种情况。进水浓度高是指实际进水水质大于或远大于设计值。造成进水浓度高的大致原因如下：（1）排水管网建设比较完善。雨水和污水分开收集，收集的水质比较稳定。一般是新建区域或新建污水处理厂。（2）一些污水处理厂会进行某些工业污水处理。由于工业污水的复杂性（一些工业污水的COD浓度高达数千），污水浓度相应增加。（3）与区域经济和人类生活习惯密切相关。例如，我国西北是一个经济欠发达且气候较为干旱的地区，因此，当地居民节水意识很强，从而使得污染物浓度较高，进水COD达到554.38mg/L。

进水浓度低是指实际进水水质低于或远低于设计进水水质。当前我国一些污水处理厂就存在这一问题。造成进水浓度低的主要原因有：（1）排水管网不配套，进一步影响污水处理厂进水水质。中国城市排水管网建设普遍不完善，人均排水管网长度仅为0.85m。此外，一些排水管网长期处于年久失修和渗漏状态。在一些水资源丰富的地区，排水管网存在河流倒灌和地下水渗漏，导致实际进水水质低于或远低于设计值。（2）雨季导致进水浓度过低。中国大部分地区的排水系统为雨污联合系统。雨季时进水浓度将长期处于低浓度状态，呈现稳定的季节性特征。此外，当河水、地下水和污水混合在一起时，进入污水处理厂的污染物浓度会大大降低。（3）与区域经济和人类生活习惯密切相关。例如，南部地区进水COD浓度一般为50-80mg/L。水质和水量是污水处理的重点，二者相互关联，相互影响。

三、个人与工业的行为选择

除了前述污水排放标准与污水处理方面存在的一些问题外，个人与工业的行为选择也是导致我国水污染严重的主要原因之一。首先，目前中国经济正处于转型期，属于新旧经济模式交替发展阶段。传统的粗放型经济仍然占有重要地位。许多生产工艺比较原始，不能充分利用现有的资源，工业废水也不能有效排放。这是造成水污染严重的主要原因。其次，随着中国城市化进程的加快，越来越多的农村人口涌入城市，城市人口逐渐呈现爆炸式增长。同时随着城市工业的快速发展，污水处理厂缺乏支持，城市基础设施也不完善，污水处理综合机制尚未建立健全。因而当前城市的水污染防治能力还跟不上城市人口与经济的发展，导致水污染愈加严重。最后，人们对水资源的认识存在偏差，当前我国仍有很多人认为水资源是取之不尽、用之不竭的，可以随意使用和破坏。但事实上水资源是一种不可再生资源。此外，人们对污染排放指标也不太了解，甚至有些污水未经处理就直接被排放了，水资源保护意识薄弱也是造成水环境污染严重的重要原因。

第三节　我国治理水污染的政策与制度

一、污水处理相关政策

如今中国的水污染问题趋于严重，大范围的水污染问题日益突出，对污水进行科学、可持续化的治理显得尤为迫切。造成大范围水污染的因素有很多，包括中国人口众多、经济快速增长、工业化、城市化以及基础设施投资不足等。

通过具体的数值来更直观地展现中国污水治理现状。近几年我国污水排放总量持续增长，据住建部统计数据显示，2013 年中国城市污水年排放量 427. 45 亿立方米，2018 年中国城市污水年排放量首次突破 500 亿立方米，2020 年增长至 571. 36 亿立方米，与 2013 年的数据相比增加了 33. 67%（图 1-10）。

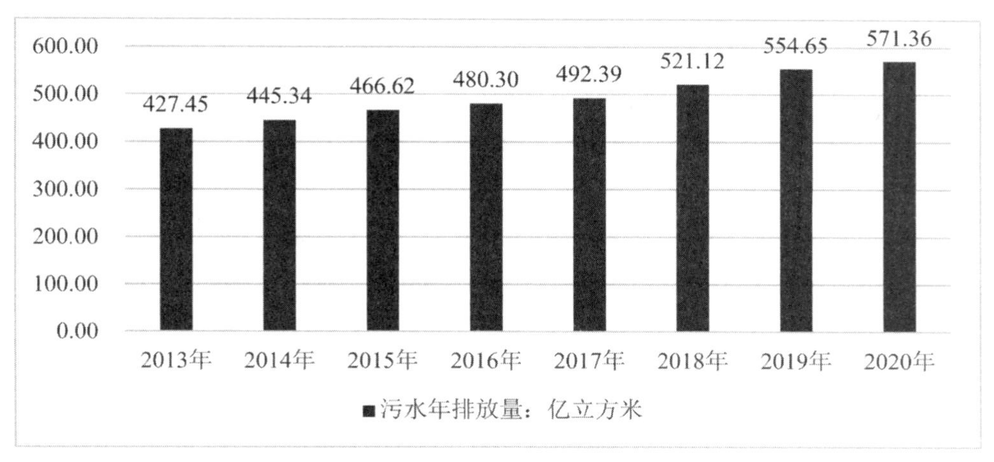

图 1-10 2013-2020 年中国城市污水年排放量

资料来源：住建部

在污水排放总量增加的同时，污水处理厂数量也在逐年递增，其处理能力也在持续提升。我国工业废水排出以后基本进入城市污水管道，在城市污水处理厂进行处理。据住建部统计数据显示，2013 年我国仅有污水处理厂 1736 座，到 2020 年我国污水处理厂数量已达到 2618 座，污水处理厂的逐年递增不仅能表现出污水总排放量的增加，还能体现出我国对于污水治理的重视（图 1-11）。

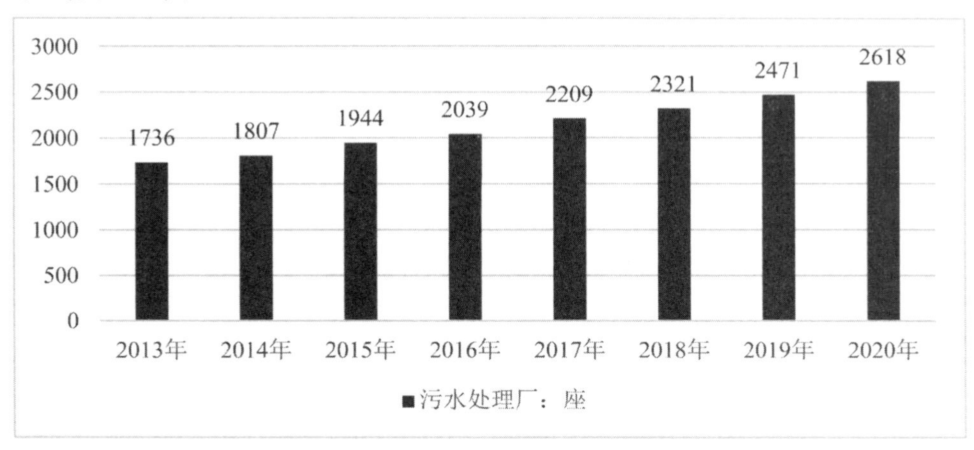

图 1-11 2013-2020 中国污水处理厂数量变化趋势图

资料来源：住建部

多年来，中国政府高度重视水污染治理工作，特别是“十二五”以来，政府密集出台多项环保政策（如“水十条”），水污染治理已经形成一定规模，污水处理能力不断增强。2013 年我国污水处理厂处理能力仅为 12454 万立方米/日，2020 年处理能力就提升至 19267 万立方米/日，增加了 54.71%，污染处理技术水平得到了显著提升（图 1-12）。

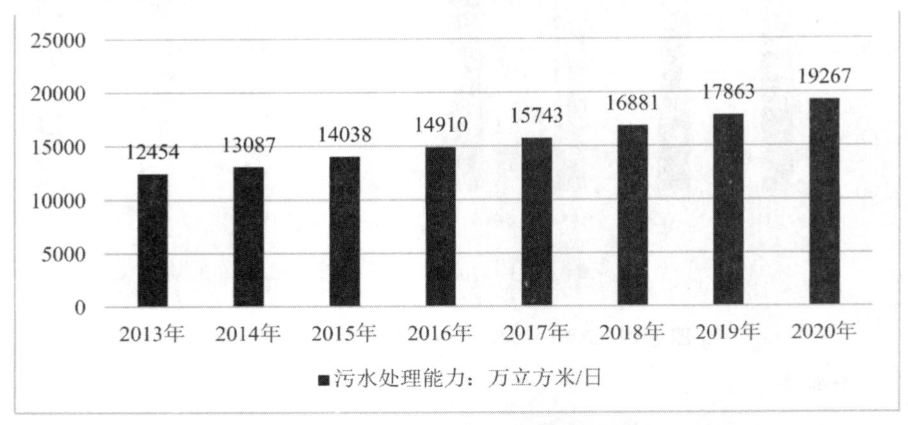

图 1-12　2013-2020 中国污水处理厂处理能力趋势

资料来源：住建部

随着各地对水污染治理政策的重视，污水处理技术的进步，污水年处理量的不断攀升，我国污水的处理率也在不断提高。“十二五”以来，我国明确将节能环保产业作为战略新兴产业，政府密集出台各种环保政策，并且我国污水处理设施及建设已具备一定规模，水污染治理能力效果显著。2013 年我国污水处理率为 89.34%，到了 2020 年，我国污水处理率就升至 97.53%，增加了 8.19%（图 1-13）。

	2013年	2014年	2015年	2016年	2017年	2018年	2019年	2020年
污水年排放量：亿立方米	427.5	445.3	466.6	480.3	492.4	521.1	554.6	571.4
污水年处理量：亿立方米	381.9	401.6	428.8	448.8	465.5	497.6	536.9	557.3
污水处理率：%	89.34	90.18	91.90	93.44	94.54	95.49	96.81	97.53

图 1-13　2013-2020 年中国污水处理率走势

资料来源：住建部

目前，我国经济人口比较密集的地方是污水处理设施建设的主要地区，其具备明显的地域特征。区域发展不均衡仍是我国污水处理行业存在的重要问题，东部沿海等经济发达地区地方政府财政实力较强，且人口较为密集，城镇化水平较高，适宜于大规模污水处理设施的建设和运营，例如，华东地区2020年污水处理厂一共有791座，是西北地区污水处理厂数量的4倍多，可以看出经济发达地区污水厂需求量更多。而中西部经济较为落后的地区财政实力有限，且人口稀少，污水处理设施建设较为落后，污水处理能力相对较弱，例如，青海省在2020年的污水处理能力只有61.78万立方米/日，而污水处理能力最强的广东省在这一年污水处理能力高达2714.8万立方米/日（图1-14、表1-7）。

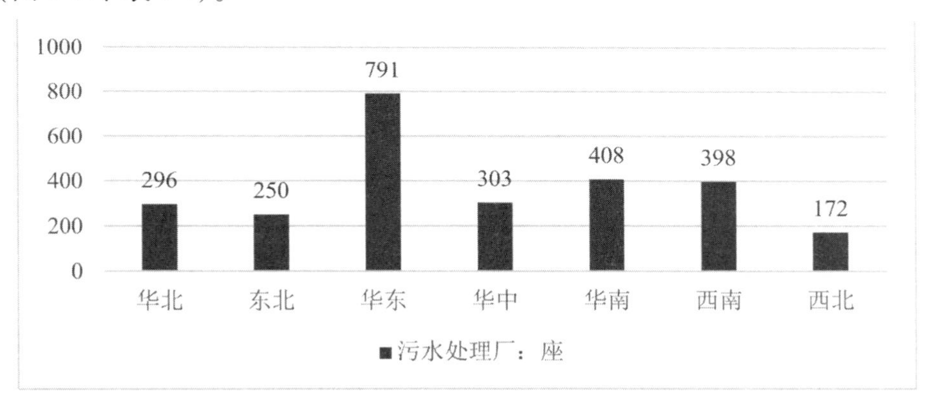

图1-14　2020年我国污水处理厂分布

资料来源：住建部

表1-7　2020年污水处理能力分省数据

省/市	污水处理能力：万立方米/日	省/市	污水处理能力：万立方米/日
广东	2714.8	黑龙江	416.15
江苏	1480.94	陕西	415.4
山东	1364.76	重庆	411.93
浙江	1173.87	江西	360.7
辽宁	1009.36	贵州	345.5
河南	890.25	山西	343.1

续表

省/市	污水处理能力：万立方米/日	省/市	污水处理能力：万立方米/日
湖北	868.66	天津	338.45
上海	840.3	云南	308.96
四川	788.86	新疆	254.35
湖南	741.48	内蒙古	236.6
安徽	723.5	甘肃	169.1
北京	687.9	海南	118.92
河北	680.07	宁夏	118.55
广西	452.05	青海	61.78
吉林	444.95	新疆兵团	48.7
福建	428.46	西藏	28.7

资料来源：住建部

针对目前的污水治理情况，我国也出台了许多政策。尤其是2021年1月，国家发展改革委员会联合其他多个部门一起印发了《关于推进污水资源化利用的指导意见》，6月，国家发改委、住建部印发了《"十四五"城镇污水处理及资源化利用发展规划》，对污水处理和资源化利用从国家战略高度做出了全方位部署。（详情请见表1-8）

表1-8　污水处理行业相关政策

政策名称	发布时间	发布机构	主要内容
《关于完善长江经济带污水处理收费机制有关政策的指导意见》	2020年4月	发改委、财政部、住建部、生态环境部、水利部等五部门	一是严格开展污水处理成本监审调查，健全污水处理费调整机制。二是推行差异化收费与付费机制。三是降低污水处理企业负担。四是探索促进污水收集效率提升新方式。

续表

政策名称	发布时间	发布机构	主要内容
《城镇生活污水处理设施补短板强弱项实施方案》	2020年7月	住建部	强化城镇污水处理厂弱项、补齐城镇污水收集管网短板、加快推进污泥无害化处置和资源化利用、推动信息系统建设等。明确到2023年，县级及以上城市设施能力基本满足生活污水处理需求。生活污水收集效能明显提升，城市市政雨污管网混错接改造更新取得显著成效。城市污泥无害化处置率和资源化利用率进一步提高。缺水地区和水环境敏感区域污水资源化利用水平明显提升
《关于进一步规范城镇（园区）污水处理环境管理的通知》	2020年12月	生态环境部	城镇（园区）污水处理涉及地方人民政府（含园区管理机构）、向污水处理厂排放污水的企事业单位（以下简称纳管企业）、污水处理厂运营单位（以下简称运营单位）等多个方面，依法明晰各方责任是规范污水处理环境管理的前提和基础。
《关于推进污水资源化利用的指导意见》	2021年1月	发改委等十部门	明确到2025年，全国污水收集效能显著提升，县城及城市污水处理能力基本满足当地经济社会发展需要，水环境敏感地区污水处理基本实现提标升级；全国地级及以上缺水城市再生水利用率达到25%以上，京津冀地区达到35%以上；工业用水重复利用、畜禽粪污和渔业养殖尾水资源化利用水平显著提升；污水资源化利用政策体系和市场机制基本建立。到2035年，形成系统、安全、环保、经济的污水资源化利用格局。
《“十四五”城镇污水处理及资源化利用发展规划》	2021年6月	发改委、住建部	明确到2025年，基本消除城市建成区生活污水直排口和收集处理设施空白区，全国城市生活污水集中收集率力争达到70%以上；城市和县城污水处理能力基本满足经济社会发展需要，县城污水处理率达到95%以上；水环境敏感地区污水处理基本达到一级A排放标准；全国地级及以上缺水城市再生水利用率达到25%以上，京津冀地区达到35%以上，黄河流域中下游地级及以上缺水城市力争达到30%；城市污泥无害化处置率达到90%以上。

资料来源：智研咨询整理

对污水进行处理最重要的是解决好技术问题，当前的污水处理技术主要有生物法处理、化学法处理和物理法处理。随着我国水污染程度的加剧，处理难度与强度的增加，普通的污水处理技术已经难以适应污水处理需求。因此，有必要提升我国污水处理综合水平，改善污水处理现状，以实现我国经济和生态环境的可持续发展。

二、污水排放总量控制

（一）我国水污染总量控制简介

总量控制是污水排放总量控制的简称。自20世纪70年代以来，我国就研究了有关水环境容量、水功能区划、水质数学模型、流域水污染防治综合规划及排污许可证管理制度等方面，并将总量控制技术与水污染防治规划相结合，分为目标总量控制、容量总量控制和行业总量控制组成的水质管理体系。

（二）实施总量控制的必要性

水资源作为人类及一切有生命体征的生物个体赖以生存的基本生活物质。近年来我国在遏制环境恶化方面已取得一定成就。但随着经济的不断发展和人们生活水平的提高，排放的水污染物总量也在不断的加剧。因此，实施污水排放总量控制是我国走可持续发展道路和污染防治工作发展的必要要求。污染物总量控制不仅有益于产业结构的调整升级和减少主要污染物的排放，还能够提高环境质量、改善环境基础设施建设，做到环保与经济的相互促进。并且根据环境保护的要求，因地制宜，以区域环境容量为基础，目标总量为手段，实施区域污染物总量控制，严格控制排放标准，规范化设置排污口，达到环境功能标准要求。因此，实施污水排放总量控制是污染防治工作的关键性举措。除此之外，1986年国务院环保委员会在《关于防治水污染技术政策的规定》中提出了“对流域、区域、城市、地区以及工矿企业污染物的排放要实行总量控制”，这是我国实行总量控制的重要依据。因此，以总量控制为主的管理体系变得十分重要。

（三）水污染物排放总量控制方法体系的不足

全国水污染物排放总量控制方法体系存在较多问题，主要体现为以下几点：一是统计数据不全、排污总量不清楚，统计数据的不全主要归结于很多乡镇企业或者一些民营企业难以提供数据。二是缺少相关的法律法规以及政策支撑，真正落实的政策有限，而且在相关方面涉及的政策比较少，一些不切实际的控制方法没有得到法律的约束。三是科学技术手段有待提高，首先是人员和资金方面的投入不足，国内大型环保企业市值不高，以及对于环保类的就职人员而言存在就业形势不明朗以及薪酬待遇不高等问题，这些都是导致科学技术手段不高的原因。由于污染物监测本身具有较大的挑战性，让一些污染物无法以现有的科学手段从源头上进行根治。

（四）实施污水排放总量控制的对策措施

其一，制定和完善总量控制相关政策以及市场机制。必须加快总量控制的政策、法规和制度的建设，并且出台相关的政策以及法律法规。与此同时，完善总量控制的市场机制就是要积极发挥市场主导作用，积极引导民间资本进入环保市场当中，从而促进环保市场的健康发展。

其二，加大科研投入提高技术手段。污水排放总量控制是一项具有长期性、复杂性以及高技术的工作，其中所要涉及的内容和问题都需要相关技术来进行解决。因此，要鼓励企业进行科技创新并不断开发出一系列节能产品。此外，对于先进的生产技术政府务必要加以支持和指导，从而将污染物的排放控制在一个合理的范围内，逐步实现废弃物零排放，实现资源节约和污染减排。

其三，加强环境监测水平以及环境执法监督力度。加强环境监测网络和环境监测能力建设是必不可少的环节。同时，还要不断加强执法队伍的建设，重视基层环境执法力量的建设。

三、污水排放许可制度

（一）我国排污许可制度简介

作为水污染防治的重要制度之一，污水排放许可制度是从排放根源上控制水污染物排放行为的环境管理制度。环境保护部门通过对企事业单位发放排污许可证并依法监管实施排污许可证。我国历来重视水污染防治工作。因此，从20世纪80年代中期开始，我国就开始研究并且深入引进了排污许可证这一基本环境管理制度。近年来，我国各个地方都开始全面并且积极地推行排污许可制度，进一步规范化排污行为，并在很多地方取得了一定的成效。

但是从总体上来看，我国的排污许可制度尚存在法律支撑不足，环境保护部门依法依规监管和管理力度不到位等问题，管理制度效能难以充分发挥。

（二）我国现行排污许可制度存在的问题

我国现阶段的水污染物排放许可制度是建立在排污总量控制基础之上的。长期以来，水污染物排放许可制度的实施主要是为了实现污染物排放总量控制目标，可以说是水污染物排放总量控制制度的辅助制度。直到2008年《水污染防治法》的修订，才在法律层面正式确立了水污染物排放许可制度。经过多年试点，尽管积累了丰富的实践经验，但就我国目前的水污染物排放许可制度而言，仍然存在不少问题。

1. 专项法律的缺失

目前我国正处于各项环境管理制度改革关键期，现阶段的水污染物排放许可制度是建立在排污总量控制基础之上的。自排污条例施行以来，我国的社会经济已发生了巨大的变化，虽然当前有一些关于排污许可的制度安排，但是却在专项排污许可上缺少针对性的指导，进而对各地在排污许可制度的改革以及创新过程中增加了一定的难度，给排污许可制度的全面实施形成了一定的阻碍。

2. 水污染物排放许可的适用范围过于狭窄

排放水污染物许可证所适用的对象是企事业单位。城镇污水集中处理实施的运营单位，适用的范围是工业废水、医疗污水以及集中处理的城镇污水。而个体工商户、农村承包经营户未纳入其中。因此，水污染物排放许可证适用的对象和范围界定存在遗漏等现象，进一步扩大该制度的适用范围变得十分重要。

3. 民众和企业参与度不高

民众和企业对于排污许可制度的认识也非常片面，认为排污许可制度只是实施污染物排放总量控制和行政执法的手段，将其真正的内涵狭隘地定义为排放注册或罚款。其次，他们认为排污许可证只需要有权威的立法即可，忽视了其发挥作用的制度以及现有的技术条件，从而导致无法充分发挥排污许可制度应有的作用。

4. 监督和管理滞后

污水排放许可制度是对整个污染物排放过程监督和管理的制度，污水排放许可制度的实施离不开环保机关的监管。但目前我国排污许可工作的监管和管理并不严密，监管措施定义模糊。从而使得企业的责任义务没有得到精细的分解，没有对企业污染物排放进行细致化的管理，最终导致企业的责任落实不够到位。并且在排放许可证管理体系中，发放许可证作为管理工作的开始，仅仅只是整个管理中的一个环节。但在政策实践中，由于环境保护主管部门执法力量不足等各种原因，导致排污许可证“只发不管”成为普遍现象。发放许可证后监管薄弱，与其他制度的联系不够紧密，执法依据可操作性差。这些都是导致排污许可这一环境管理制度并未充分地发挥出其改善环境质量的作用。

第四节 国内外研究进展与实践

一、污水处理厂选址建设研究

我国城市化的推进将不可避免地对环境造成污染，因为环境设施的扩张远远落后于工业、农业和城市居民废物的生产。2015 年，超过 30%的人口仍然缺乏有效的污水处理设施。在推进水污染治理项目时，我国地方政府在环境设施方面遇到了选址挑战。合理的设施布局应当满足相关法律法规要求，实现污水的低成本收集和处理。相反，如果选址不当会因整体投资高（如施工困难、管网成本高）而延缓水污染治理项目进程（林晓明，1997）。更糟糕的是，这可能导致污水处理厂的关停，因为它们会对当地居民产生严重影响，造成不好的视觉、异味和下游水污染等。此问题正引起越来越多的研究人员的关注。另外，在荷兰和芬兰等发达国家，越来越多的污水处理设施面向化学或热回收。然而，在我国污水处理厂经常被人视为厌恶设施，因为全国的回用水还不到废水总量的十分之一，至于能量回收就更为少见。

针对城镇污水处理厂的选址适宜性，国内外学者利用层次分析法、模糊逻辑、因子分析、重心选址、最小费用法、多目标优化选址模型、不确定性因素决策法等各类选址评价和优化方法来做出选址决策。张雅文（2008）等利用层次分析法（analytic hierarchy process，AHP）、因子分析模型对污水处理厂选址问题进行评价；柯崇宜（2000）等对我国东、中、西部地区的用水结构及驱动因素进行了分析。地理信息系统（GIS）技术具有将区域空间信息数字化的优势，可实现污水处理厂选址与水资源有效管理。最近，基于 GIS 的选址模型被大量应用于废物处理场、发电厂和医院的选址适宜性分析中。

关于污水处理厂的选址建设，Deepa 利用 GIS 空间分析模型分析城镇污水处理厂的选址适宜性。Koko 等对大型污水处理池的溶解氧进行 Kriging 空间插值，模拟出了反应池内溶解氧的时空变化特征。Anagnostopoulos 和 Vavatsikos 利用 GIS 空间分析和模糊逻辑方法完成了污水处理厂选址适宜性评价和优化分析。因此，在一定的时间和空间尺度上，地理信息技术能在环境影响评价周期内对地理要素、范围和选址适宜性进行综合评价，实现生态环境质量的有效控制。

另外，周建忠（2017）等根据 21 世纪出现的排水系统的定位走向，提出了城市污水处理厂厂址选择的新思维，并以成都市沙河污水处理厂为例，介绍了沙河污水处理厂厂址的选择及该项目带来的工程效益。赵海霞（2014）等研究指出应将治污需求的空间格局纳入城镇污水处理设施供给的时空安排考虑因素中，并以江苏省淮安市为例，利用 ArcGIS 空间分析工具，对比分析了废污水排放与治理能力缺口，提出污水处理设施建设与运营导向。Liu（2021）等结合 GIS、AHP 和遥感（RS）技术对污水处理厂进行选址适宜性分析，并搭建了污水处理厂选址的复合模型；该模型能够揭示污水处理厂原选址的盲区，探索最佳选址区域；同时为夏季优势风向和城市河流方向的量化提供了一种有效方法；并且该模型首先在中国吉林省辽河流域得到了实际应用。吴红波（2019）等综合风向、安全防卫距离、地形、水文地质等因素，利用 GIS 空间分析技术分析城镇污水处理厂选址范围的空间适宜性，采用近似指标权重和多目标优化方法对汉江流域上游城镇污水处理厂进行选址的优化分析。王利（2016）等基于 GIS 空间分析技术，运用叠加分析、缓冲区分析、地形分析等空间分析方法，对大连市金普新区污水处理厂现状布局及规模建设进行分析。王浩程（2020）等运用 GIS 技术，探索性地将污水处理厂选址与城镇土地利用现状、城镇地形条件和污水管网布局情况相结合，综合运用“用地类型提取、生态分区、洼地提取和等高线绘制、排水管网分析、确定防护范围、确定污水厂位置”的规划步骤，使污水处理厂选址更具科学性。总体而言，当前关于污水处理厂选址的研究仍然较少。而且多数现有研究并没有验证其所用选址模型的准确性和适用性，因此可能产生误导性或不切实际的结果。

二、污水排放权的概念及演进

随着世界人口的增长和城市化进程的加快，流域水污染问题日益突出。

联合国世界水开发部门指出，自20世纪90年代以来，拉丁美洲、非洲和亚洲几乎每条河流的水污染都在恶化，全球对水资源的需求正以每年1%的速度增加。为了实现经济的快速发展，污水往往被冲进流域，破坏了水环境的平衡，特别是在发展中国家。根据中国国家统计局2018年的数据，中国在2017年排放了699.6亿吨污水。水资源的恶化问题已引起了国际社会的注意。

我国是一个发展中国家，正处于工业化和城市化快速发展的阶段，也正处于经济增长和环境保护矛盾十分突出的时期，环境形势依然十分严峻。随着我国人口继续增加，工业化、城市化加速发展，经济规模继续扩大，空间布局继续拓展，中国GDP在未来一段时期内仍将继续较快增长。“十三五”时期，既是全面建成小康社会决胜阶段，也是转变经济发展方式、推动经济结构转型升级的过关期和重要窗口期。在此形势下，我国越来越重视环境保护工作，要求从战略高度、从新的角度看待中国的环境问题。习近平总书记在长江、黄河流域调研时指出，要坚持绿水青山就是金山银山的理念，坚定生态优先、绿色发展的道路。依据党的十九届二中四中全会精神，坚持和完善生态文明制度体系，要落实最严格的生态环境保护制度。2015年国务院出台的《水污染防治行动计划》指出，“到2030年，力争全国水环境质量总体改善，水生态系统功能初步恢复；到本世纪中叶，生态环境质量全面改善，生态系统实现良性循环。”

现阶段研究表明，家庭、农业和工业用水活动释放到环境中的有机和无机物质导致了有机与无机污染的产生。越来越多的地方引入了这些污水的常规一级和二级处理工艺，以消除容易沉淀的物质和氧化污水中的有机物质。最后达到标准后再排放到自然水体中。然而，二级出水中含有大量的无机氮和磷，由于难降解的有机物和重金属的排放，造成水体富营养化和更长期的问题。Raouf充分利用微藻培养为污水处理提供了一个有趣的步骤，因为它们提供了一种三级生物处理方法，同时生产出具有潜在价值的生物质，并且这些生物质可用于多种用途。由于微藻能够利用无机氮和磷进行生长，所以微藻培养为三级和二级处理提供了一种温和的解决方案。而且，由于它们能够去除重金属，以及一些有毒的有机化合物，因此不会导致二次污染。水道受到许多不同来源的污染，污染的强度和体积也各不相同。Gray指出污水的成分反映了社会的生活方式和技术水平。它是天然有机和无机材料以及人造化合物的复杂混合物。污水中四分之三的有机碳以碳水化合物、脂肪、蛋白质、氨基酸和挥发性酸的形式存在。无机成分包括大量的钠、钙、钾、镁、氯、硫、磷酸盐、碳酸氢盐、铵盐和重金属。污染物的不同来源包括城镇和乡村排放未经处理或已经处理的污水、制造业或工业排放、农田径流、固体废物处理场渗滤液等。

与环境污染有关的问题是社会关注的一个重要问题。环境法被赋予了普遍适用性，而且该法的执行也变得越来越严格。因此，就健康、环境和经济而言，与污染作斗争已成为一个重大问题。今天，尽管淡水的战略重要性比以往任何时候都得到普遍承认，尽管可持续水管理问题几乎可以在世界各地的每一个科学、社会或政治议程中找到，但水资源似乎面临着严重的数量和质量威胁。污染的增加、工业化和经济的快速发展，给世界许多地区的水资源的可用性和质量带来了严重的风险。中东和北非地区的水资源短缺问题已经得到了充分的证实。这个地区的大多数国家都是干旱或半干旱地区。降雨量非常少，大多数呈现季节性且不稳定。中东和比非地区，人口数占世界总人口的5%，每年可再生淡水却不足世界淡水资源的1%。另一方面，干旱和半干旱国家的用水需求增长迅速。人口在过去30年增加了一倍多，达到2.8亿，在未来30年可能再增加一倍。每年增长超过4%的城市已经容纳了该地区60%的人口。在淡水资源匮乏的背景下，人口数量正在不断地增长，因此个体所能获得的水量在急剧下降。1960年，人均可用淡水资源量约为3300立方米，1995年下降了60%至1250立方米，预计到2025年将再下降50%至650立方米。

就该地区而言，农业是最大的用水户，达到了用水人口的87%，而工业和生活用水分别占7%和8%。水质退化正在迅速加剧缺水问题，成为该区域的一个主要问题。整体而言，经处理与未经处理的污染负荷主要来自农业排水渠。因此，许多运河现在也被污水等污染物污染。作为最大的水资源消耗者，农业也是一个主要的水污染源。中东各国水质的相对严重程度因若干因素而异，包括人口增长和人口密度、不可再生水资源的工业化程度、经济状况等。污染是一种人为现象，当天然物质的浓度增加或非天然合成化合物（异生物质）释放到环境中时，就会产生污染。家庭、农业和工业用水活动释放到环境中的有机和无机物导致了有机和无机污染。当然，一些城市和农村的生活污水未经处理就直接排放到水中，更加剧了水污染程度。如今，由于乡村普遍未建立供水管网，污水排放量自然也在逐年上升。此外，随着目前若干城镇供水网络的扩大，而没有同时建造新的下水道系统或修复现有系统，从而加剧了这些问题的快速衍生，导致了水体的污染，增加了公共健康危害。

家庭和城市输入水资源的成分是病原体、营养物质、悬浮固体、盐类和需氧物质等。

水污染的主要来源之一是人类不受控制排放的污染物，虽然一些国家对供水项目进行了大量的投资，但在卫生系统方面总体投资不足，导致水资源受到有害污染，水资源带来的健康效益减少。要找到污水处理和污水安全排放的解决办法是一项非常艰巨的挑战，因为这需要一个综合的过程，其中涉及技术、经济和财政多方面的考虑。显然，通过一系列治理努力能够得以排放的污水量是难能可贵的，我们应该倍加珍惜，努力做到不浪费任何污水排放许可权力，因此，在确保了有权排放污水的条件下对污水排放权的有效利用与合理配置显得尤为重要。

污水排放权这一概念的研究始于 20 世纪 60 年代，由当时的美国研学者戴尔斯首次提出，并将该权利定义为“权利人依法向环境排放污染物的权利”。当前，污水排放权是指排放者在环境保护监督管理部门分配的额度内，并在确保该权利的行使不损害其他公众环境权益的前提下，依法享有的向环境排放污水的权利。现阶段，我国很多主要河流都出现了水体有机污染现象，河流湖泊富营养化严重，已危害到国民健康、国家安全和社会经济可持续发展。加强我国水环境水体污染防治工作是一项长期而艰巨的工作，很多流域通过工业点源治理、实施排污费制度、排污许可证制度和污染物排放标准等水污染控制政策，大多水体点源污染问题都已经得到了控制。但是，流域水污染管理问题却一直存在，为解决该问题涌现出的相关研究与措施也从未停止。

资源管理中的一个关键问题是在兼顾效率和公平的情况下将公共资源合理地分配给参与者。从经济增长的角度来看，每个参与者的污水排放许可证被视为一种必要资源，这是有限和竞争性的消耗。环境管理当局也面临着总量控制的效率和公平问题，例如，点源污水排放的总的最大日负荷下的排放许可证要由政府授权，并对人们可以排放到自然水体中的污染物数量进行分类。

随着我国城市化进程的加快和经济的快速发展，水污染问题日益严重。区域水污染问题的解决有赖于区域内各子区域的水环境保护协商与合作。但由于减少污染物排放量，科学合理地分配污染物排放量以及其他涉及各地方政府、地方企业或团体利益的环境管理政策的不同，使得水环境污染控制与管理问题变得比较复杂。当前，我国已经越来越重视环境的重要性。然而，由于历史原因，时常存在污染物排放量高而产量低的地区或区域拥有大量的排污权的情况，这无疑是一种资源的浪费。排污权的研究重点是如何在实践中将有限的环境容量使用权公平合理地分配给各个排污者。公平原理和相关的最优化模型在这个问题的研究中得到了广泛的应用。因此，通过建立不同产业间的相互合作，促进排污权的重新分配，从而推动产业转型并减少资源的浪费，也是非常值得研究的。

三、污水排放权配置与交易的概念及演进

污水排放权的配置对一个地区的经济发展具有重要意义，它还决定着该地区的产业结构。与此同时，污水排放许可证的配置是中国“十一五”水资源管理规划的一个重要部分，“效率”一词是基于经济考虑，也是基于环境保护。排污许可证作为一种资源、一种经济物品是有限的，应该尽可能以少成本、多收益来合理使用。污水排放量相等的情况下拥有更多的生产能力的一方就应该获得更多的污水排放许可。毕竟，作为一个发展中国家，经济发展是中国政府最关心的问题之一。这就是为什么“经济效率”在中国水利行业凸显的如此重要的原因。一方面，环境保护是水资源管理计划的目标。所以“效率”的另一个含义是，在未来给定的污水排放量控制下，对环境的影响应控制在最低水平。另一方面，“平等”原则强调流域内分享排污许可证的平等权利。每个人、每个团体和每个区域都有平等的权利分享水资源以及污水排放许可证。考虑到平衡环境质量和经济增长的需求，在配置污水排放许可证时效率和公平之间的冲突显得尤为关键。特别是政策制定者面临的挑战是如何在总量控制保护环境质量的总体目标和受排污权分配影响的利益相关者的经济利益之间进行权衡。因此，决策者在决策时必须考虑社会、经济和环境平等。经济发展和环境保护之间的权衡对于像中国这样的发展中国家来说是极其重要的。以往 Rose 和 Stevens 等也有相关研究，但还是主要集中在如何更加公平地分配污水排放许可，但忽略了考虑效率等其他因素。

中国经济发展过程中出现了一个普遍的现象：地方环保部门将较为宽松的排污权给予早期工业企业。这反映了地方政府对这些企业的鼓励和支持，以吸引其他工业企业进入该区域。后来进入该地区子区域的排污权将逐步受到严格限制。当区域水环境容量接近饱和时，区域的可排污量进一步递减。这是区域排污权的初步配置方法。近年来，我国许多经济发达地区推动了产业转型，加快了优质地方经济的发展，排污权配置在这一过程中发挥了重要

作用。制造业排污权初始分配方法显示出明显的停滞和缺陷。这在一定程度上阻碍了区域产业转型和经济发展。

随着流域水环境污染问题的不断凸显，不少学者针对流域水环境承载力展开研究。Green 提出河口水质预测模型，根据水质、河口流体动力学和承载能力分析了洪都拉斯南部河口的最大可能捕捞量。针对流域水环境管理面临的难题，李响等以安徽省太平湖流域为例，结合一维水质模型、沃伦威得尔模型以及狄龙模型等水质模型的应用，在流域水质监测的基础上核算了太平湖及主要入湖河流的水环境容量。现有的国内外文献中，流域水环境系统评估领域的大部分研究基于污染源、污染指标、降雨量和径流量、植被覆盖率等流域水生态系统特征对流域水环境质量、水环境承载力、水环境容量三方面特性进行了深入研究，同时又将系统动力学、GIS 技术、数据预测模型等理论方法运用到流域水环境评估中。由于季节、气候、排放源等因素，流域水环境系统具有时间和空间上的复杂性和不确定性。当前从系统视角的综合考虑水环境的研究较少，大多是对系统的某一特性进行评估。因此构建以流域环境承载力、最大负荷容量为约束，控制污染物总量，保护流域生态结构和功能完整性，协调经济环境可持续发展的流域水环境系统动态评估方法显得尤为重要。

排污权“一刀切”分配模式存在局限性。因此，设定区域差异情景、行业差异情景、一般耦合情景和综合耦合情景具有研究意义。Dafna 等认为不同区域应该采取不同的初始排污权分配方式才能够使社会效益达到最优。Park 等运用波尔兹曼原理提出了多区域参与的初始分配模型，尝试将排放指标公平地分配给中国、美国等八国。段海燕和王宪恩建立了总量指标分配的差异性公平体系，研究了我国污染物排放总量控制指标差异性公平配置理论及法律制度。段海燕等综合考虑区域差异、行业差异等，研究总量控制指标差异性公平分配模式。

在水环境日益恶化的背景下，排污权交易制度也得到了一定的发展。Montgomery 从理论上证明了基于市场机制的排污权交易体系明显优于传统的环境政策。Hung 等提出了适用于河流的排污权交易体系，允许不同区域之间根据交易比自由在市场中进行排污权交易。王艳艳结合河流水质模型、纳污能力计算模型、减排潜力计算模型核算可交易排污权，并研制基于纳污控制的排污权交易多目标优化模型。为使得污水排放权的配置更加公平与合理，也有很多研究者针对排污权的配置问题不断进行优化，Sun 提出一个综合考虑环境效益、经济发展和社会公平的多准则框架，利用环境基尼系数（EGC）法分配排污许可证。并以 2004 年天津市为例，说明了这一跨学科框架的应用。高筑等利用单目标决策模型，对基于水功能区划的污染物排放初始分配进行了研究。并提出了一个具有总排污量约束的省级初始水权激励分配模型，并建立了一个可行的省级初始水权激励分配模型。蒲正宁等建立了一个多目标初次分配模型，优化了太湖的经济效益和环境贡献。Liu 建立了一个不精确的机会约束线性规划模型，用于流域水污染的优化管理，并应用于邛海流域的水质改善，目标是实现总成本最小化。

流域水资源的可持续规划与控制是流域水管理的重要组成部分。Sun 针对流域水资源管理和水污染控制的决策支持问题，提出了一种基于环境公平性的流域水资源管理和水污染控制决策优化模型。徐玖平提出了一个模糊随机环境下的双层优化污染负荷分配规划模型，以协助河流污染综合控制。赵来军从宏观层面探索了为减少多个管辖合作区域内的污染策略。也有将其利用来进行排污权配置的相关研究，并且具有重要的现实应用意义。Guo 通过建立基于模糊联盟博弈理论的排污权收益分配模型，并通过这些联盟在区域内对排污权进行重新分配，保证在污染物排放总量不变的情况下，增加区域总产值。同时，在遵循公平合理的配置原则下，采用模糊 Shapley 值法将合作中获得的利益分配给各个联盟的参与者。这确保了联盟的可行性和长期稳定性。在这些模糊联盟框架下，每个参与者可以根据实际情况和自己的要求进行谈判和妥协，以确定资源和支付的具体分配状态。Huang 通过制定利用污水排放许可证控制水污染的相关策略，为污水排放许可证的交易奠定了坚实的基础。配置污水排放许可证是启动市场的先决条件。过去的研究主要在为有效分配污水排放许可证提供方案，但这些方案往往忽略了各地区在排放历史方面的差异。这其实是一个不可忽略的考虑因素，因为公平原则可能要求过去被允许污染的地区将来只能得到较少的污水排放许可，这无疑会对排污权的配置产生一定的影响。Huang 利用一种改进的熵比例分配方法，该方法综合考虑了省域内 GDP、人口、水资源和排放历史等因素的差异，并以我国 30 个省份的化学需氧量（COD）分配为例，说明了建议的排放许可分配机制。此外，通过比较拟议分配方案获得的污染分配许可证与不考虑历史污染的分配方案，研究结果显示，在分配废水排放许可证时，将排放历史作为排污权配置的一个考虑因素，可以得到更加公平的经济利益分配。Sun 等人则将一种基于信息熵和最大熵的分配方法引入到流域层面的排污权分配中。信息熵法

(IEM) 选取了 GDP、人口、水环境容量和水资源量四个指标组成了一个多指标体系。以中国七大流域为例，说明了化学需氧量 (COD) 在全国流域层面的分配情况。

污水总量控制是水质管理中常用而有效的措施。排污权分配是总量控制中的热点问题，涉及所有的利益相关者。而在中国，可交易的许可证是首选。在第一步中，排放许可证将由政府自由分配给排放源，然后在一个有限的流域内建立一个自由的污水排放许可证交易市场，并由地方当局来监管。最初的分配需要所有利益相关者的接受。因此，排污许可证的初始分配是一项艰巨的工作。从经济增长的角度来看，排污许可证也可以被视为是一种必要的自然资源，是有限的和竞争性消耗的。因此，在初始分配中，环境管理权面临着利益相关者和地方政府最关心的效率和公平问题。在水资源管理中，效率和公平对决策是否成功都起着非常重要的作用。在发展中国家，"效率"通常意味着经济的增长。在经济方面，污水排放许可权是有限的并且会被完全消耗的。这些贡献使得许可证成为一种资源和一种经济商品，应该被经济地使用。谁的生产率更高，污水排放量更少，谁就应该获得更多的排放许可。毕竟，作为一个发展中国家，经济发展是地方政府最关心的问题之一。另一方面，水资源管理和总量控制的目标是保护环境。因此，在给定排放总量的情况下，人类活动对环境的影响应控制在最低水平。这也意味着在未来，大自然的自净能力应该得到"有效"地利用。在社会方面，"平等"原则强调在流域内分享排污许可证的平等权利。每个人、每个团体和每个公司都有平等的权利来分享水资源以及污水排放许可证。此外，政策制定者也希望各大流域之间的经济表现差距能够尽可能地缩小，这可能会带来一些社会问题。尽管自然条件不同，中国鼓励工业从发达地区向欠发达地区转移。为了平衡环境质量和经济增长，排污许可证分配中效率和公平的冲突是重要的。效率和公平之间的权衡对于像中国这样的发展中国家来说极其重要。

熵的概念起源于热力学。1948 年，Shannon 在信息论中引入了熵的概念，它可以度量系统的无序度。在信息论中，熵是与随机变量相关的不确定性的度量。在一个不确定系统中，有一个随机变量可以用来表示系统状态，每个随机变量的每个值还对应一个概率。此时可以对信息熵进行描述。信息熵可以描述系统的无序程度，定量判断系统的不平等性。如同在热力学系统中，最大熵意味着系统在已知的约束条件下已经达到高度无序和稳定的状态；换句话说，达到了一个可能性最大的状态。这就是熵最大化原理。信息熵和熵最大化原理已经扩展到管理和决策，例如 Larsen 等人已经在水资源管理、能源利用、景观分析和经济增长质量等领域有过研究。在中国，相关的研究主要还是集中在自然生态系统和城市生态系统之间的能源消费结构、土地利用结构和人口空间分布等方面。如上所述，当考虑社会和经济事务时，水资源管理是一个非常复杂的决策过程。为此，本文引入信息熵作为衡量各大流域多准则污染物负荷系统不平等性的指标。所选择的多重标准可以确保经济增长和环境保护在许可证分配中得到兼顾。根据最大信息熵理论，熵越大，流域间的不平等越小。更重要的是，利用信息熵，可以在配额分配过程中通过合理的方法确定不同标准的权重。

虽然以上研究基本上都是基于效率和公平的方法来分配污水排放许可的，但是开发合理可行的排放许可分配方法仍然是当前面临的一个巨大挑战。Yuan 等人提出了一种分配方法，旨在实现对人口、土地面积、环境接收能力和国内生产总值的公平分配，并将其纳入多指标基尼系数。通过使用层次分析法为每个指数分配权重，以前的方法进步得到了加强；并通过引入新的不等式因子来量化剩余不等式。将这些方法应用于江苏省 13 个城市化学需氧量排污许可证分配的案例研究。通过优化这种方法获得的分配减少了目前的不公平程度，被认为比等比或平均量基准方法更有利于实现污染减排目标。

污水排放的累积影响通常是通过排放许可制度来进行管理的，根据这一制度，当某一管理单位的许可总量小于或等于该单位可接受的总污染负荷时，由于对污水排放的限制可能会影响污水处理的生产率和成本，排放许可证通常就会被视为经济商品，Sun 等人就预计应该会出现对污水排放许可证分配的一系列竞争。通常，以最大化流域整体社会经济效益，并同时最小化管理单位之间的不平等性的方式来配置污水排放许可时，这是污水排放许可政策的总体目标，Nikoo 与 Waaub 等人都在做类似的研究。这也是相关环境管理机构的关注点。然而，不论使用哪种社会经济指标以及如何以透明和建设性的方式来平衡多种替代指标，仍然是一个全球性的挑战。尤其是在预计排放量大幅减少的情况下，可能会产生严重的社会经济影响和差异。在这方面，Zhang 表明中国的工业区是一个很好的案例研究。自 1996 年以来，中国政府对工业和生活来源的化学需氧量（COD）和氨氮（NH3-N）采用了污染物总量控制的方法。根据该政策，水污染物排放许可证通常都会根据流域各行政区域的当前污染物负荷进行相应的分配，并根据政府的国民经济和社会发展 5 年计划每 5 年重新分配一次。通常，主要通过以下四个步骤得以实现：第一步，国家环保部确定各省的水污染物排放总量。第二步，省级环保局（EPB）向各市级环保局分配排污许可证，第三步，各市级 EPB 分配县级许可证。最后，对每个注册的点源进行排污许可分配。由以上可以看出，这四个步骤其实可以分为两种类型的分配：从区域到区域和从区域到点源，并在这之后可能会进行排污许可证交易行为。与此同时，Sun 等人指出中国中央政府对所有主要河流和流域的排污许可证实行统一的比例削减。换句话说，每 5 年允许的污染物排放总量应该会减少一个目标百分比。然而，Miao 等人在 2016 年指出应统一减少并不考虑次区域之间的许多社会经济差异，如财富以及对特定自然资源的依赖和产业结构等。为了解决这一问题，中国中央政府正试图加强排污许可证相关制度，包括为区域到区域的分配类型构建改进的分配方法。

传统上，中国的水资源管理结构是基于政治管理结构，而不是地理位置。水资源管理的最高级别是中央政府环境保护局（EPB），它有权决定各省的废水排放总量。然后，排放许可证将从上级 EPB 分配到下级 EPB，从省级分配到县级，最后分配到每个点源。本研究是对中国七大流域的理论许可分配方案。这是水资源管理第一步的主要部分。中国自然地表水系按地理位置可分为七大流域：松花江流域、辽河流域、海河流域、黄河流域、淮河流域、长江流域、珠江流域。在总量控制中，第一步是在全国范围内将废水排放许可证分配给各大河流流域。然后，第二次分配将根据该省的地理位置将许可分配给每个省。之后，中央 EPB 可以将排污许可证发放给各省 EPB，让各省自行制定总量控制计划。最初，大流域级别的许可分配更多地基于传统的溯往原则，各大流域的许可河流流域由中部 EPB 给出的统一缩减率计算。然而，在本研究中，IEM（综合生态系统管理）被引入的分配方案将更多地考虑社会和经济方面。

信息熵的概念已经被引入到环境管理中，但是很少有研究将信息熵和最大信息熵原理应用到水资源管理的总量控制中。IEM 则强调分配过程中的平等，而多重标准体系兼顾平等和效率。现有的基于公平原则的方法，往往忽略了区域经济、社会和环境自净能力的差异。采用德尔菲-层次分析法或综合指数评价法虽能在一定程度上反映地区差异的影响，但未能在分配结果与指标之间建立强有力的逻辑联系。Sun 就通过采用信息熵的概念来衡量人口、经济和环境资源指标对区域单位污染物负荷的不同程度。信息熵是衡量水污染物总量分配公平性的标准。实例研究表明，该方法可以对人口、经济和环境资源指标的单位污染物负荷排放强度进行均衡调整。一旦确定了每个大流域的污水排放许可证的数量，许可证将分配给流域内的每个省。环境基尼系数（EGC）的研究为水平分配提供了一种可行的方法。排污许可证是一种竞争性消耗资源，公平是排污许可证分配中与效率一样重要的考虑因素。

总污染负荷可调节控制污水排放总量，并可用于控制环境质量。此类政策已在美国和日本等发达国家实施。像中国这样的发展中国家也在尝试类似的监管。这些计划使得排放许可证逐渐成为了稀缺资源。因此，不同的地区与区域开始竞争排放许可。显而易见，每个地区都希望自己能够获得更高的污水排放许可数，因为排放许可在一定程度上直接影响了该区域的经济发展。因此，污水排放许可证的不均衡分配导致了经济利益的不均衡配置。然而要实现这一目标需要考虑的一个因素是调整分配的空间分辨率政策和政治管理区。中国以前的大多数研究都是在流域空间尺度上进行的，主要集中在量化上游活动对下游分配的影响。实际空间管理尺度的研究对于实施拟议的排放分配方案非常重要。这就是我们的研究首先要在省一级进行的原因。

除了空间尺度，任何分配框架都应考虑各省的历史排放趋势，以确保排放许可的公平分配。在分配许可时考虑历史责任已被广泛用于温室气体排放配额分配。污水排放许可证通常通过拍卖或溯往的方式来分配。拍卖旨在创造经济有效地分配，已被广泛用于碳市场。然而，由于利益相关者之间不合作的巨大潜在成本，拍卖的分配机制受到越来越多的质疑。污水排放许可分配的一大挑战是将历史责任纳入现有的分配框架。之前的配置办法也考虑到了历史责任，但整体效率不高。根据经济原则，拍卖被认为是有效的，特别是对于长期的全球排放，如二氧化碳（CO_2）。特别是，建立在二氧化碳拍卖基础上的碳税体系，Cramton 和 Kerr 研究发现这是有助于创造一个具有广泛经济效益的完全竞争的拍卖市场的。然而，在实践中，MacKenzie 等人通过研究发现拍卖对于污水等当地污染物有些不可行，主要是因为利益相关者拒绝合作。从利益相关者的角度来看，自由分配的许可证明显优于拍卖的许可证，因为自由分配的许可证可以将租金转移给利益相关者。此外，与长期存在的污染物不同，污水在某些情况下可能会更严重地影响人们的生活。因此，排污许可证的分配不仅要考虑经济效率，还要考虑社会公平和环境质量。另一方面，溯往是一种基于利益相关者历史记录的自上而下的方法。由于能够对污染管制的分配效果提供更大的政治控制，Stavins 发现溯往原则已被广泛应用。代理商接受这种政策的关键因素是可交易许可证的分配影响在英格兰西南部的一个小型集中养殖集水区进行了一项控制硝酸盐污染的排放许可初始分配研究，并检查了潜在代理人在溯往原则下对各种分配规则的偏好。结果表明，偏好的分配方案取决于代理人的相对议价能力。与拍卖方法不同的是，如果利益相关者通过选择更高的排放水平来增加其溯往的金额，溯往计划会导致效率损失。勃林格和兰格通过提供一个优化模型来表明溯往计划不应取决于利益相关者在总质量分配中的先前排放水平，从而对仅基于历史信息的静态溯往计划提出了批评。Mstad 提出了一种可交易排放的分配方法，如 SO_2 和 CO_2，允许国际资本市场进行交易。与纯粹的溯往不同，许可证的分配是基于生产的实际排放水平以及所使用的资本和劳动力的数量。这项研究表明，当试图通过国家间不协调的政策在全球范围内减轻环境污染时，母国可以按照资本使用的比例发放免费排放许可证，以防止通过国际资本流动的泄漏。同样，为了防止资本从一个流域向另一个流域泄漏或进行污染物交易，必须将污水排放许可证交易限制在一个有限的区域内。MacKenzie 发现污水排放许可证的分配主要集中在 CO_2 排放上。在发展中国家，资源管理和环境保护需要特别关注社会平等、经济发展和可行性。例如，中国中央政府在国家一级为所有主要河流和流域制定了统一的污水减量率，以实现国家总量控制的目标。然而，如果不考虑社会、经济和环境条件的差异，每个次区域或点源不可能直接遵守这种“统一的减少率”。

基尼系数是一个广泛使用的衡量收入不平等的经济指标，它首先被用于环境管理，作为资源使用不平等的指标。有许多研究都引入 EGC 作为污水排放不平等的指标，然后将其发展为一种污水排放许可分配的方法。该方法基于污水排放许可是一种资源的思想，并且在污水排放许可分配中，公平与效率一样是重要的考虑因素。在优化中，当前的污水排放量被视为初始条件，因此实际上分配是基于排放的历史数据。因此，分配是对溯往的修改。这项研究的主要目标是确定污水排放的分布，并了解排放不平等的问题。因此，我们可以将结果用于流域污水排放的总量控制，以提高对其他类型资源的管理的效率和有效性。为了更清楚地了解排放不平等，EGC 方法选择了四个标准，包括人口、国内生产总值、土地面积和环境容量，代表当地的社会、经济和环境状况。另一方面，多重标准体系使 EGC 在污水许可证分配中的应用更容易被利益相关者和当地环保机构接受。基于多准则有四种不同的 EGC，最小化它们是一个多目标优化过程。传统上，我们通过构造单个集合目标函数来解决这个问题。然而，如何创建单个组合对象来合理地表示这四个 EGC 是一个关键点。在分配过程中，我们无法判断哪个标准比其他标准更重要。

利益相关者倾向于给予 GDP 等经济因素更大的权重，而地方 EPB 则希望分配更多地考虑环境条件。因此，我们最后采用等权集合目标函数。本研究集中在排放许可分配的第二步。所以在这个过程中，参与和协商的是省级的 EBP 和县级的 EBP。利益攸关方会议和公众参与将只在县级 EBP 举行。听证会后，县级 EPB 将把利益相关者和公众以及当地政府的反馈纳入许可分配。在过去，最大的冲突是排放许可证的份额。所以在我们的研究中，分配比以前更加客观；决策者可以尽可能排除人的主观意见。专家决策在“平等”和“效率”之间的分配没有重量平衡。在实践中，县级 EBP 和地方政府对这种分配方式非常满意。下一步，县级将把排污许可证分配到每个点资源，这是决策者面临的优势和挑战。优点包括水资源管理的灵活性。中国省级水管理规划每 5 年修订一次；而县级 EPB 可以根据当地情况每年修改其水资源管理计划。另一方面，步骤 3 中的指南没有提供一个客观的方法来分配排放许可给每个点源。因此，当地的 EBP 只能根据公众听证会和谈判以及他们的日常经验来做这项工作。这是决策者必须面对的最困难的挑战，也是未来研究应该关注的一个关键问题。White 用基尼系数来描述地球生态足迹的分布，它包含四个相同单位的组成部分。然而，在这项研究中，我们无法找到一种方法将四个标准直接合并成一个标准，因为这种合并可能会忽略废物分配中的重要信息。对这一问题的进一步研究将有助于对污水排放不平等的评价和描述。针对上述缺点，Sun 提出了一种新的污水排放许可分配机制，该机制通过考虑省级排放历史来考虑公平性。作为主要的污水排放污染物之一，化学需氧量（COD）排放许可证在中国 30 个省份之间的分配被用来说明所提出的机制，并与现有的国家计划以及最近的研究提出的方法的结果进行比较。

自 1996 年以来，中国政府制定了一项污染负荷总量控制政策，并根据当前的污染负荷每 5 年向各行政省分配污水排放许可证。然而，中央政府的统一污染许可证分配方案没有考虑每个省的社会、经济和环境差异。因此，分配可能不尊重公平原则，并可能引起各省的强烈不满。随着中国水污染的加剧，公平对待各省的废水排放分配政策对中国的可持续发展至关重要。中国的水资源管理结构基于政治管理结构，而非地理位置。通常，第一步是由中央政府的环境保护机构决定每个省的废水排放总量。这一步非常关键且具有挑战性，因为每个省都是自治的，并希望争取到更多的排放许可，因为更高的排放许可可以直接转化为更多的经济利益。因此，每个省都是效用最大化的代理人。中国大陆的 31 个省市区在经济增长、社会特征和环境方面有很大差异。此前，为了促进经济繁荣，中国政府允许一些省份污染更多，而无须承担污染成本。目前，中国政府正在尝试一条环境友好的发展道路，并将污染成本内化到发展努力中。将这种政策平等地应用于所有31个省份可能不公平，因为这些省份有不同的社会经济和环境构成，但最重要的是，它们的排放历史高度不对称。

在分配污水排放许可证时，只考虑每个地区当前的社会经济和环境状况显然也凸显了一定的局限性，因为一些地区在历史上一直享有低成本污染的权利。Tao等则使用了一个新的框架，该框架考虑了各省的经济、社会和环境状况以及排放历史，在31个省份之间分配给中国的COD排放总量。从这项研究的结果中得出的主要结论如下：（1）大部分经济状况较差的西部地区，如云南、四川、贵州等，减排力度较小，这意味着这些省份将被赋予更高的排放限额。（2）工业大省，如江苏、山东、广东、辽宁和浙江，将被分配较高的减排率。这是一种让这些省份为他们过去的高排放承担责任的方式。（3）经济发达的省份，如北京、天津和上海，应该进一步减少排放量。因为这些省份有较强的经济实力，所以他们可以承受削减。在这一领域仍有许多研究需要进行，例如，确定与各省水质状况相关的水污染许可证分配的更细尺度（省流域级）。将来，我们的方法也可以应用于其他污水排放污染物（例如氮、磷、生化需氧量或总有机碳）。总的来说，我们希望这项研究提供有价值的见解，可以帮助政策制定者做出可持续、有效和公平的减排决定。

近年来，为了增强流域污水排放配置的公平合理性以及解决实际案例中跨流域水污染相关问题，管理者与研究者们提出了一系列新的解决办法，这些污染控制办法深刻地影响着我国实现区域可持续协调发展的内在要求。为解决河流流域水质的整体下降问题，中国人大常委会办公厅于2016年5月正式发布了《关于完善生态保护机制的意见》。明确了“受益人补偿与保护人补偿”原则，迅速形成受益人向保护人支付赔偿的合理补偿标准。生态补偿标准被认为是将公共产品溢出效应内部化的工具之一，Guan等提出可以通过鼓励资本供应、产业转移、水权和碳交易在受污染的上下游地区之间建立纵向补偿关系。在此标准下，流域环境合作中部分地区的污染控制损失可以得到相应的补偿，环境合作的失败可以得到进一步纠正，从而促进跨界污染的合作治理，实现区域间发展力量的平衡。在实践中，流域跨界污染具有明显的长期性和动态性。在这种信息不对称下，似乎很难在参与者之间实现一种特定的平衡，即有限理性。

博弈参与者只能通过动态博弈才能达到最终的平衡，Zaccour 则通过利用微分对策准确地克服传统博弈方法的不足，将博弈论扩展到使参与者能够无限期地改变他们的策略。并充分考虑了整个博弈系统中污染物排放累积过程对区域环境的影响。最重要的是，博弈方可以在一个时间间隔内作出决定，并计算为一个跨期优化问题。在短期内，个体理性的地方政府在与其他地区合作为减少污染排放、实现集体理性目标方面面临着巨大的困难。然而，从长远来看，不同地区之间反复的相互博弈可以使政府采取合作行动，使双方的利益最大化。

因此，考虑到污染物排放累积过程在博弈系统中对区域流域环境的影响，微分对策方法已被证明是一种比较适用的工具，被许多研究人员普遍应用于从两个方面研究跨界污染的控制。一方面，政府被认为是决策者，也就是说，直接决定一个地区减少排放的产出和资本减少。例如，早些时候，范龙模拟了两个相邻国家之间控制跨界污染的简单动态博弈，强调当两国政府仅限于采用线性策略时，非合作行为可能导致两国的整体利益损失。同样，根据非零和动态博弈理论，Maler 等人在研究过程中发现政府间的国际合作比其他类型的污染治理合作更为重要。前者在跨界污染酸雨调查中特别强调开环马尔可夫总结的完美均衡博弈，后者在跨界污染博弈中更强调清洁技术的开发和采用。随后，Bertinelli 等人观察了两个国家在不同博弈环境下遭遇跨界二氧化碳污染时的战略行为。通过与开放策略的比较，可以发现反馈策略可能因此减少社会浪费。另一方面，工业企业作为自然资源的直接消费者和环境污染的主要制造者，在许多研究中都涉及博弈分析框架。在最近的调查中发现了多种参考文献，如 Yeung 通过构建跨境污染的合作微分对策模型，学者们在政府和行业层面取得了均衡和时间一致的结果。然而，以往的调查相对缺乏，Shi 等采用微分对策方法，特别是利用制定生态补偿标准，结合跨区域水环境偏好的最优污染控制政策。Jiang 则通过引入生态补偿准则，建立了一个跨区域边界的污染消减微分对策模型，该模型涵盖了连续时间内的上游或下游地区。在此基础上，采用了最优控制理论，以流域福利净现值最大化为目标函数，研究了 Stackelberg 博弈和合作博弈契约下流域环境质量的最优反馈均衡问题。最后，以湖南湘江流域为例，验证了上述模型与数值模拟相结合的实际有效性，研究结果为制定解决跨区域水污染冲突的环境政策提供了一个有效的方法。

但由于当前我国流域初始排污权分配方法不统一，流域内水污染物浓度分布不均，不同地点，不同排放源所产生的水污染性质差异等复杂因素，关于将差异化排污权分配与排污权交易相结合的研究较少，且大多在理论方面。因此，从定量分析层面，采用多目标决策法，对排污交易视角下差异化污水排放权配置模式的研究、对解决当前资源短缺且污染严重问题具有重大意义。

在以上研究的基础上，《京都议定书》还制定了三种污染物减排机制：排放权交易机制、联合履行、清洁发展机制，其中联合履行、清洁发展机制主要限制温室气体（包括水汽、二氧化碳、氧化亚氮、甲烷）的排放。对于水污染控制主要采用排放权交易机制，以缓和水污染的严峻形势，逐步改善水质水况。排放权是依法享有的具有限制性的排放污水的权利，目前排污企业获得这种排放权利主要有初始分配、转让、拍卖等几种方式。水污染物的排放权交易是基于对水环境容量总量的控制为前提，采取限制性排污的措施。排放权交易机制在考虑环境资源承载力的前提下并综合当前环境及经济形势，遵循“谁污染、谁付费”的原则的一种量化环境管理措施，由于其污染治理成本低、实践效果好、具有灵活性等优势逐渐成为一种各国广泛采用的治理污染的政策工具。排放权灵活性体现在，一是当企业的治污成本高于购买排放权费用时，企业选择购买排放权，当购买排放权所需费用大于治污成本时，企业选择自己治理；二是当企业购买的排放权剩余时可以将剩余的排放权转让给需要的排污企业，使资源合理利用；三是排放权交易的参与主体可以根据自身需要和对未来排放权交易前景的预期进行排放权的存储和借贷。

排污权交易是在一个有额外排污削减份额的公司和需要从其他公司获得排污削减份额以降低其污染控制成本的公司之间的自愿交易。它以一定地区在一定期限内污染物总量的控制为前提和目标，充分有效使用当地的环境容量资源，以经济政策和市场调节手段鼓励企业通过技术进步减少污染，进而进行企业间的排污权买卖行为，最大限度减少治理污染的成本，提高治理污染效率的一种控制污染的环境保护手段。排污权交易同传统的管理政策相比，能够更多、更快地实现污染物排放的削减。排污权交易计划的灵活性使得商人们能够评价他们的最佳控制方案，如选择内部控制或通过市场与其他人合作取得排污削减，同时，也向公众保证了他们履行排污削减的责任。它是用市场这只“无形之手”来控制环境污染的一种较为有效的方式。与强制性环境制度相比，排污交易制度是控制环境污染更为合理有效的经济手段。

四、污水排放权交易定价机制研究

在过去的几十年里，中国的非点源水污染治理工作进展缓慢，针对非点源污染的监管研究也很少。中国在控制点源水污染方面也做了许多努力，通过制定和实施严格的规章制度，对城市和工业进行集中治理试验污水，传统污染物如化学耗氧废物和细菌的问题已经得以改善。但不幸的是，水生环境条件并没有随着这些点源控制而得到相应的改善。环保局指出该问题主要究于非点源排放仍然存在。中国作为世界上最大的化肥生产国和消费国之一，农业流域的过量营养负荷被认为是非点源污染的主要来源。近几十年来，富营养水越来越多地排入湖泊，造成了前所未有的富营养化。据SEPA报道，富营养化已成为中国大型淡水湖如太湖、巢湖和滇池的主要水环境问题。并有一项研究表明，非点源营养物占输入太湖的总氮（TN）的59%和总磷（TP）的30%。在巢湖和滇池，总氮的贡献率分别为63%和33%，总磷的贡献率分别为73%和41%。中国对非点源污染的研究始于20世纪80年代初，对一些重要的湖泊和河流进行了相关的研究。然而，与点源相比，对非点源的减排努力依然缺乏，针对非点源监管的研究也非常的少。中国非点源污染控制困难的原因主要有以下两个：（1）非点源污染排放部分依赖于降雨量等随机变量。很难在源头确定和测量非点源排放；（2）传统上，农民不负责控制农业活动造成的污染。因此，传统的命令和控制规则对于农业非点源是无效的，应该应用基于经济激励的政策。近年来，点源和非点源之间的流域减排交易备受关注。人们已经注意到，污染减排交易可以作为一种经济有效的方法来处理中国的非点源污染。点-非点源排污交易的开创性尝试已经在一些地方得到成功实施，例如美国环保局显示的在科罗拉多州的Dillon水库和美国北卡罗来纳州的Tar-PAM河流域应用的交易计划。点-非点源交易的论点分为以下两部分：（1）经济论点：一般来说，非点源控制的成本低于点源控制，Crutchfield（2015）等人研究发现，交易将允许具有较高减排成本的点源以相对较低的成本赞助实施非点源减排。因此，实现水质目标的总成本是可以降低的；（2）物理论据：非点源贡献取决于局部特征，如土地利用、气候和地质。点源经营者可能比远处的监管者更有条件确定局部的水质问题；Letson（2018）等人研究发现在非点源占总排污量大部分的流域，未能控制非点源排放可能导致无法实现水质目标。然而，与点源不同，非点源的排放受温度和降水等随机事件的影响。Stephenson（2019）指出这些负荷并不能准确测量，但实际上代表了实际排放负荷的概率分布。非点源排放的内在不确定性会影响点-非点源交易的结果。在早期的研究中，虽然非点控制的不确定性已经得到了一些讨论，但很少关注如何模拟分水岭点-纳入非点源排放不确定性的非点源交易。Shortle（2019）提出了一个相关的分析，是利用边际减排成本比较，分析了随机排放源之间的分配效率。Malik（2016）等人并在此基础上进行了进一步的研究。他们使用 Zilberman 农业技术采用模型模拟了非点源行为，并分析了执行成本和与非点负载相关的不确定性对最优交易比率的影响。Bystrom（2016）等人研究了湿地用于控制随机非点源污染的经济合理性标准。Zhang 等人则指出点源和非点源之间的流域减排交易可能是解决这一问题的一种具有成本效益的有效方式。然而，非点源排放的内在不确定性会影响点源与非点源排污交易的可行性和结果。而这样研究的目的则是建立包含非点源排放不确定性的分水岭点源与非点源减排交易模型，并检验其对交易均衡和交易比率的影响。非点源排放的不确定性是通过设定一个可接受的概率来考虑的，通过该概率实现流域排放约束范围。并可利用流域优化模型，明确说明最优减排分配和交易比例。研究发现，非点源排放的差异、分配给非点源减排的可靠性要求以及点源和非点源的边际减排成本都对它们有着显著的影响。由于非点源排放的变化可能在减排水平上增加或减少，因此在不同情况下讨论这些因素的影响，对中国点源与非点源交易模式的未来发展方向具有深远意义。

Soltani（2020）提出了一种新的河流农业区排污许可证实时交易方法。采用非线性多目标优化模型确定可用地表取水量和污水排放许可量。然后，可用的许可证总量在农业用水者之间进行相当的重新分配，与他们的可耕地成比例，水资源使用者可同时透过双边及循序渐进的方式，申请取水许可证和污水排放许可证，以利用他们在用水效率和农业回流量方面的差异。在每一个步骤中进行的交易，要么带来更多的利益，要么带来更少的回流。合作博弈则用于重新分配通过不同时间步骤的交易产生的利益，该方法适用于伊朗西南部 karkheh 河流域的 payepol 地区等。实时优化模型预测，在耕作年度开始时，农田年可利用水量为 1.9227 亿立方米（mcm），实时优化模型估计年总效益高达 4607 万美元，需要将 631 万立方米的回流转入蒸发池。公平地重新分配污水排放许可证，可将这些价值分别转化为 3538 万美元和 1369 万美元。结果表明，所提出的方法在实时水和污水负荷分配及排放许可证交易具有强有效性。

从农田返回的水流是邻近水体的重要污染源，例如河流，这些水体通常是这些土地的主要灌溉水源。这种错综复杂的关系使分配有限的水源同时保持可接受的水质水平成为一项复杂而富有挑战性的任务，需要新的方法来解决。很多研究都集中在水和污水负荷分配的优化模拟框架的应用上。在过去的几十年里，基于市场的方法被提倡为一种成本效益高的水资源分配方式，允许不同水生产率的用户之间进行贸易。同样，可交易污水排放许可证也被提议作为一种经济激励措施，Jarvie（2019）等人在鼓励减少污染排放方面具有不同效率水平的用户遵守环境标准。虽然一些研究已经应用了空气污染交易开发的一系列方法，Weber（2018）等的研究还开发了专门针对水污染许可证的系统。这种框架的一个显著例子是Hung等通过关注水流的单向性提出了一个交易比率系统。此外，中国政府亦致力扩大临时发展大纲图的涵盖范围，以纳入多项水质指标，包括以简单的加权方法计算总量多种污染物排放许可证或应用扩展交易比率系统作为对以上交易比率系统的修改。

回顾过往的工作，我们发现研究提倡的水量及污水负荷分配模式通常仅适用于规划阶段所需的基建设施。Soltani（2018）提出的新的双边分步实时交易用水量和污水排放许可证分配方法确定了具有多种作物的各种农业用水用户的实时用水和污水处理许可证和交易政策。为了准确估计农业回流的数量和质量，利用互换农业水文模型。除此之外，还将一部分回流引入蒸发池，被视为控制排入河道的总污染物负荷量的最佳管理方法。

如果用水权不是传统的分配方式，那么在分配可用的取水许可证时通常会考虑公平措施。通过建立非线性优化模型，可以解决在农业用水者之间公平地重新分配最优水量和最优排量的问题。而公平性测度旨在平衡每个用户在地表取水许可总量中所占的份额及其相对耕地面积。排放回流到河流的许可证直接重新分配，即按每个用户的相对可耕地面积成比例分配。由于蒸发池的容量有限，使用所有分配的取水许可证可能会违反回流量和下游水质的限制。因此，模型通过假设农业用水者可以绕过部分未使用的分配的水，直接返回到河流中。由于地表水预测和实时分配是不断更新的，许可证的公平重新分配也应该在每个实时间隔上进行修订。因此，Soltani（2020）还提供了用于公平分配取水和废物排放许可证的非线性优化的完整公式和变量定义。

公平分配取水和污水排放许可证通常不会为整个系统创造具有成本效益的条件。交易公平重新分配的许可证为用水者提供了一个机会，可以利用他们在用水需求、农业效益、水的生产力以及农业回流的数量和质量方面的差异，实现近乎最佳的总效益，并更好地管理水的数量和质量。研究通过展示这种双边的、逐步的方法，用于同时交易取水许可证和污水排放许可证的泛化应用，其主要步骤方法如下：

第一步，要识别潜在买家和卖家及可交易许可证的数量。根据实时优化模型的结果分配取水许可证和废物排放许可证的区别。再通过公平分配模式，确定可交易许可证的数量。获得较多公平分配许可证的用户，与其最佳许可证相比，是可能的取水许可证及/或污水排放许可证的卖家；而获得较少许可证的用户则是潜在的买家。

第二步，要进行潜在的贸易伙伴的匹配。从上游开始，每个潜在的买家都要考虑每一笔可能的许可证交易，与每一个潜在的卖家。从每位卖方提供的取水及/或污水排放许可证总额中，买方将获取所需的金额。就每种可能的交易而言，两个可能的交易参与者的许可证在交易后会按其价值修改，而其他用水者的许可证则不会更改。

第三步，评估交易、选择最佳交易和更新许可。针对所有可能的交易运行实时分配优化模型，并添加修改后的许可作为约束。在水量和水质限制范围内，双边贸易如能产生最佳的目标函数，便会被确定为最佳目标。买卖双方的许可证将相应更新，而其他使用者的许可证则保持不变。

最后，按照每个选定的交易步骤，重复以上三个步骤，直至达到一致，即没有更多的交易许可证，或交易无法改善目标函数。如果忽略交易成本，则双边交易后的最终目标函数将与实时分配模型所得到的最优值相匹配。并对每个实时间隔对未来河流流量预测进行更新，同时对实时优化和公平再分配结果进行相应的修正。根据每个实时间隔分配的取水许可证和污水排放许可证的变化。这种方法对河流的水质改善以及流域整体经济发展都具有重要的指导意义。

第五节　技术路线和章节内容安排

一、技术路线

本书的研究主题为基于多目标决策方法的水污染管理研究，其整个技术路线如下图 1-15 所示。

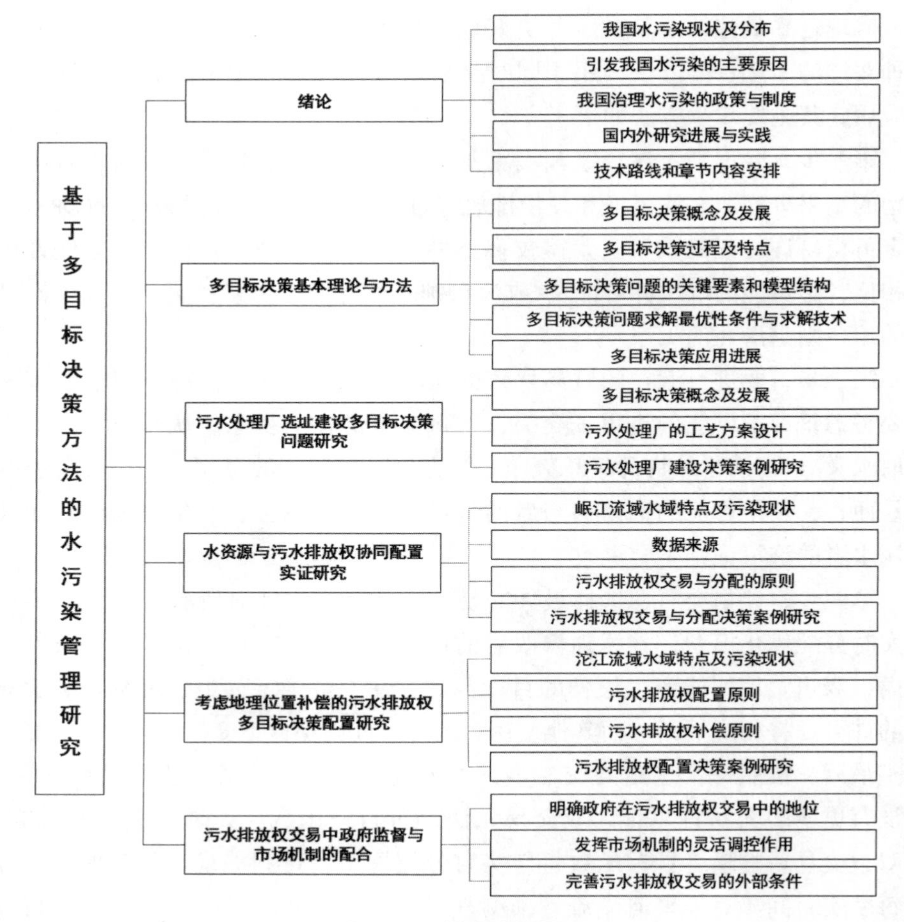

图 1-15　技术路线图

二、章节内容安排

本书共分为六章，第一章　绪论。首先从我国水污染现状和分布情况梳理总结我国水环境和水污染情况，包括我国水污染现状及其主要分布情况。然后分析了引发我国水污染的主要原因，包括城镇污水排放标准不统一，污水处理未能全部达标，以及个人与工业的行为选择。接着对我国治理水污染的政策与制度进行了简要概括，主要有污水处理相关政策、污水排放总量制度、污水排放许可制度三大类。最后对国内外污水处理厂选址建设、污水排放以及排污权配置与交易等相关研究进行了文献综述。

第二章　多目标决策理论与方法。首先介绍了多目标决策的概念及发展，其次分析了多目标决策的过程及特点，然后对多目标决策问题的关键要素和模型结构进行了详细阐述，接着描述了多目标决策问题求解最优性与求解技术，接下来介绍了粒子群优化算法、遗传算法、蚁群算法等经典优化智能算法，最后概述了多目标决策的应用进展。

第三章 污水处理厂选址建设多目标决策问题研究。基于污水处理厂的建设背景、影响因素、以及工艺方案设计，提出了污水处理厂建设计划的一般多目标决策优化模型，并以成都郊区污水处理厂为例对其进行了实证检验。

第四章 水资源与污水排放权协同配置实证研究。探讨如何实现水资源与污水排放权的协同配置，并建立了多目标优化模型对四川省岷江流域进行了实证分析。

第五章 考虑地理位置补偿的污水排放权多目标决策配置研究。基于排污权配置的公平性和流域整体经济效益的最大化，构建流域污水排放权配置的多目标决策模型，并以沱江流域为例进行了实证分析。

第六章 污水排放权交易中政府监督与市场机制的配合。指出在污水排放权交易过程中，政府要扮演好服务者的角色，利用自身公权力为排污权交易创造一个良好的市场环境，并完善污水排放权交易的外部条件，以激励更多企业参与到污水排放权交易过程中，充分发挥市场机制的灵活调控作用来降低污水排放总量，实现水环境质量改善。

第二章　多目标决策基本理论与方法

在原始信息贫乏时，人们对某一问题的研究相对单一，追求某一方面的目标（效益）最大化。然而在现实社会中，人们在对某一事物做出选择和判断时考虑的目标往往是多方面的，面临的决策问题也就越复杂。因此，多目标决策方法的重要地位在管理实践中逐步上升。一般的，具有两个及两个以上目标的决策问题称之为多目标决策问题，对应的解决方法称之为多目标决策方法，它常常被用来解决现实复杂的管理问题。本书将多目标决策方法应用于水污染管理研究中，为环境规划方案中选址问题、污水排放权配置问题提供决策技术与理论方法，具体而言，从污水处理厂选址问题到污水排放权配置与交易问题、水资源与污水排放权协同配置问题等实际问题，深度拓展多目标方法应用。

第一节　多目标决策概念及发展

一、多目标决策的概念

决策是日常生活的重要组成部分，无论是政府、组织，还是个人和企业，随时随地都在做决策。在决策问题中，只含有一个目标的决策问题称为单目标决策问题，当决策问题中涉及的目标是两个及两个以上时，称之为多目标决策问题。多目标决策是指决策者在面临多个目标之间相互对立、相互矛盾情形时所进行的决策问题，决策者们做出的方案需要最大程度的满足所有考虑的目标（陈守煜，1997）。例如，人们购买某件商品，既要追求价格低廉又要追求品质高贵，这本身就是两个相互竞争的目标的决策问题；在流域分水方案中，分水方案既要使公众满意度最大化又要使经济效益最大化，且还需要污水排放量最小，这是三个目标的决策问题；在工厂选址问题中，往往要追求地理位置优越、环境污染少、高效和低成本，这是四个目标的决策问题。

然而针对大型水利水电工程等更加复杂的巨系统，如生态环境系统、能源供应系统、社会经济系统等，需要综合考虑的目标就更多了，决策者们面临的问题就越加复杂和困难。对于这些互相矛盾对立的目标，其中不乏定量指标，当然也还有定性指标，决策者很难判断哪种解决方案更具有优势。

当针对一个现实的管理决策问题时，采用多目标决策方法，能够给出更加契合实际、结论更加逼真、更加合理的解决方案（陈珽，1983）。实际上，无论是个人、企业，还是大型的复杂工程系统、社会经济系统，其决策过程始终是在考虑有限资源条件下，找到一个满意的方案。例如，流域水污染的管理涉及社会经济、生态环境以及资源保护等问题，如果我们用单目标决策方法去解决此类问题，所考虑的限制条件将更加严格，且该类问题的内外部关系不能被有效表达，最终的解决方案将不符合实际。因此，利用多目标决策方法去解决当代资源开发、工程建设、轨道交通、企业管理、社会经济发展和各种资源配置等大型复杂问题，具有更强的可操作性和实践性。

多目标决策方法在考虑到各种问题的决策要求的同时，还能扩大问题本身的范围，这有利于决策者选出最优决策方案。多目标决策方法能够通过给出各个目标之间大量利弊得失的转换，对比关系扩展决策信息，帮助决策者选择和判断。另外，通过多目标问题求解技术可以给出所有满足条件的方案集，进一步根据决策者的偏好和价值判断给出相对应的决策方案。

二、多目标决策的发展

市场经济家帕累托（Pareto，1896）从政治制度和市场经济的视角，把许多实质上无法比较的主要目标转化为单独的主要目标去寻优，并引入帕累托最优化的定义。诺伊曼和摩根特姆（Neumann&Morgenatem，1944）从对策论视角指出了有多个决策者、彼此之间相互矛盾的多目标决策问题。柯普曼（Kcopman，1951）从生产、分配的活动中分析指出了多目标最优化问题，并且引入了“Pareto 最优化”的定义；马考维茨（Markowitz，1959）则探讨了投资方法的选择问题。在运筹学方面中，库恩与塔克（Kuhn&Tucker，1951）在数理规划方面首先给出了一个极值问题，并给出了证明非线性规划最优解法存在的基本条件，即有名的 Kuhn-Tucker 定理，为后续的数理规划的发展奠定了算法基石；至于经济学家方面，他们最关注的则是以多项目为表征的有限资产配置问题（Koopmans，1951）；心理学家对多目标决策问题的贡献是如何从多维方案中作出满足自己的选择，托根森（Torgenson，1958）提出了

“标度方法”（Scaling Method）用于帮助个人进行决策。基恩与莱夫法（Keeney & Raiffa，1976）所创立的多属性效用概念，把这三门课程的研究内容融为一体并用于决策分析中。在美国，则有由洛克菲勒基金会等组织所赞助的哈佛水资源研究计划，在多目标决策的概念、理论与应用等方面都产生了重要的影响，从 20 世纪 60 年代开始已有大量成果的发表。20 世纪 60 年代，目的规划法已经是一种最主要的目标控制技术。查德（Zadeh，1963）在控制论方面给出了多目标的最优化理论，并提出了几个基本概念。

20 世纪 70 年代，是多目标决策理论发展和应用研究的关键时代，研究的领域主要是向量优化计算和非劣解的问题获得（Sakawa and Yano，1991）。但由于非劣解集的大规模导致了最终解无法确定，于是大量的交互式方案被提出。这一时期多目标策略研究也不断涌现，许多有关多目标（准则）策略的理论论著也陆续问世，1975 年还举办了首届的全球多目标策略大会。研究者们所提供的多目标策略方案大致有以下 4 种：(1) 基于贝玛德-罗伊的开创性工作的级别高于（Outranking）方法，这种方法在 ELECTRE 法和 PROMETHEE 法里得到实现，为多属性决策问题提供了强有力的解决工具；(2) 价格和效用理论方案。这些方法首先由 Keeney 和 Raiffa 提供，但其中一个比较特殊的方案则是由萨蒂提供的层次分析法（Saaty，1978，1980），并在 Expert Choice 软件包中实现：(3) 交互式多目标规划方法，由 Yu，Stanley Zionts，Milan Zeleny，Ralph Steuer 等做出开创性工作。最好的交互式方法是由 Pekka Kothonen 所发布的 VIG 软件包；(4) 基于群策略和谈判理论的方法，它将决策理论研究引入了新的更广泛的领域。

20 世纪 80 年代以后，随着学者们的研究注意力逐渐由多规则优化转入了对决策者进行的多规则策略支持研究，“优化”的概念逐渐演变成“满意”，学者们所思考的问题不再主要是建立在对决定人偏好构成因素和行为的不现实假定基础上的良好概念和结构下的问题，而是决策者的实际和决策活动，同时由于有了设备良好的人机通信接口，将问题解决的社会组织背景等因素作为研究的重点方面，以及现代计算机技术、认知科学、信息通信技术、计算机网络科学技术等的进展，给这些研究创造了机会。

对非线性多目标决策问题的分析来说，最常见的技术有：(1) 多目标线性加权方法；(2) ε 约束优化技术；(3) 代理值折衷法和人机交互式法等。虽然多目标的整体风险法简便易用，但是由于连接权值选择的正确与否，很可能导致计算机的损失和多目标非劣值的产生错误。再者，若多目标函数间具有非凸关系，该算法就可以产生目标函数间补偿的相互抵消现象。ε 约束法允许决策者以有序贯的形式确定目标的范围，而只有在具体的约束集给定的前提下，用这种方式才可以导致非劣解的产生。代理值折衷法是人机交互的手段把决策者的思维过程和行为倾向纳入决策中，通过计算不同方案间的折衷值来寻找最优的解。尽管这种技术也能处理非凸的多目标问题，但针对大规模复杂系统问题，决策者所要求的折衷变量的个数可能性是很大的、复杂的，一般不容易计算和实现。

中国对多目标策略的研究与运用是从 20 世纪 70 年代中后期才起步的，1981 年首届全球多目标决策大会就在北京举行。尽管中国起步相对较晚，但从 70 年代初至今，不少专家学者（如顾基发、宣家骥、应玫茜、陈光亚、陈挺、胡毓达等）都在多目标策划方面做出了较突出的成绩。近年来，有关多目标规划的研究更是不胜枚举。如文献（蒋尚华，1999）就给出了多目标决策中评价目标方案的两种指标：目标实现率和目标综合率，并设计了采用这二种指标的各种交互式多目标决策方式。

多目标决策在资源环境与经济协调发展领域的研究成果颇丰，主要以应用于水资源管理的成果较为显著。早在 20 世纪 60 年代初，叶秉如教授就把多目标规划引入到水利规划与管理之中。陈珽等（1983）提出一种在目标空间和权空间上对话的方法，并应用于大藤峡水库特征水位的选择；冯尚友等（1986）应用改进的多目标动态规划法对丹江口水库发电与供水系统多目标进行了综合分析；叶秉如等（1987）应用非劣解生成法、理想点法、改进权重法对三峡水库参数选择问题做了研究；董增川等（1991）研究了综合利用水库的多目标实时调度。

此外，多目标决策也多次运用到其他能源与经济协调发展问题中。赵媛等（2001）以江苏省为例运用多目标决策对能源与社会经济环境协调发展问题展开研究；张士强（2004）将多目标决策方法运用到山东省能源结构优化调整与可持续发展研究；卢庆华（2005）结合能源经济可持续发展问题，运用多目标决策的具体方法，研究了山东省能源经济可持续发展问题；李强强（2009）基于多目标动态投入产出优化模型的能源系统研究。除此之外，多目标决策在大型水利系统、工程建设、商业成本管理等方面也极具应用价值和推广价值。

第二节　多目标决策过程及特点

一、多目标决策过程

多目标决策过程是指构建决策问题的模型及其做出最终决策的一个完整过程，具体可以归纳为如下4个步骤：

第一步：给出具体决策问题，明确系统建立与诊断的需要。决策者对于整个决策系统的改变和趋向时，能够判断出决策系统所处的状态以及面临的问题。综合形成总体目标。

第二步：将第一步给出的系统问题具体化。把复杂的总体目标集转化为特定的可计算的多目标集，并能够清晰明确的说明系统全部的基本要素、决策变量、目标和系统边界以及系统环境等。

第三步：构建模型和参数估算。根据第二步给出的多目标集和系统环境，构建符合系统的模型，用来表示系统关键变量的组成和它们之间内在的逻辑关系，便于后续综合分析。需要注意的是建立的模型可以是简单的线性规划模型、非线性模型、图表模型、复杂的物理模型和数学模型等，它们都应该含有若干变量和具体函数，其中的模型一定是能够生成可解决系统问题的主要函数。另外，各个变量是可以测度和计算的，便于后续方案的比较和分析。

第四步：综合分析各个方案之间的优劣。根据决策者的偏好和决策规则，选取不同的排序方案，对每个方案进行两两比较并进行综合评价，从而选取出适合该系统较高效用的方案。

二、多目标决策的特点

多项目方案中理想的状态是“最优化原则”，而现实中追求的是“满意化原则”（Buckley，1990）。我们在处理工程、研究、工程以及企业控制等领域的问题中，假如在选择与确定中只选择一条主要原则，那么单目标最优化技术也可以找到最优化方法。但是在现实中，尤其是在大规模的复杂体系中，公司常常必须同时考虑多种准则才能确定目标并选定方案（Markowitz，1959），而在这些前提下，只有运用多种的选择手段，公司才能克服困难。而在可持续经营的大背景下，公司在寻求经营利润最大化的同时，也需要兼顾社会效益、环境效益方面的要求（Chanas，1989）。在企业管理中，必须同时兼顾价格、品质、效益的方针，力求时间最少、品质最佳、效益最高。这些问题综合集成便是多目标决策问题。

多目标决定是指在多种任务之间互相矛盾、相互竞争的条件下做出的决定。导致多目标政策存在的最基本问题是政府决策者所面临的政策系统存在着层次性、联系性和多维度等不同特征。而近代以来多目标政策思想和方法的形成与演变，最根本的问题就是作为科学决策方法的单目标政策数学模型，忽略了客观事物中普遍存在的多目标特性（Ichihashi and Tanaka，1990）。在现代工农业生产、新能源开发、城市交通、企业管理、社区经济发展，以及对各类有限资源合理分配等复杂问题中考虑多目标策略方法有着以下必然性和优势：（1）选择多目标策略方法其成果将更合理，更真实，易于被人类社会所接受；（2）有利于减少决策失误，促进决策的科学化和客观化；（3）能够满足问题的不同决定条件和扩展决定范围，便于管理者选择的最优化均衡方法（Zeleny，1982）。

西方经济学家的另一种重要假定是指出公司的管理者均为“理性人”，他们的行动只受“利益最高化”规则所支配，他们进行社会活动毫无其他可能性，只以寻求最高利益为惟一的目标，而且这个总体目标通常是固定不变的，不受周围环境的约束和限制，因此而形成的数学方法便是单目的性优化模式。但是，现代社会的发展已经证实，“理性人”的假定完全不符合现代管理科学的要求。西蒙特别关注于现代组织的经营行为，否决了“理性人”的定义和“利益最高化”规则，明确提出了“管理者”和“让人乐意行动”原则，并强调现代管理政策的两个主要前提是：（1）管理者应该思考决策环境，期望获得一种让人乐意的目标水平；（2）任何企业经营团体都是一种协调体系，而构成它的不同组织之间也许都有不同的、或者是相互对立的任务，不过它们都应该彼此协调、一致解决。这二个主要前提可以很自然地将现代企业管理的决策问题，转换为更多目标与行动模式来说明。

多目标判定问题中最重要的特征主要有两种：目标间的不可公度性，以及目标间的冲突和矛盾。所谓目标间的不可公度性就是指对于不同目标之间缺乏一致的衡量指标，因此难以加以比较，而对于多目标判定问题的行动方案的评估则可以通过多种方法所带来的整体效果来实现。而所谓目标之间的冲突和矛盾就是说，如果使用一个方法去提高某一目标的价值，就会导致下一个目标的价值恶化。也因为多目标判定问题的以上两种特征，所以人们通常都无法将众多目标直接整合成单一目标，再通过单目标判定问题的手段去处理多目标判定问题。多项目间相互依赖、彼此影响的联系体现了所研究课题的内部联系的本质，也提高了多项目决策问题解决的困难与重要性。

多目标决策提问也可以单纯地按照解决问题的过程中，在改善之前（事先公布喜好）、在改善当中（逐渐公布喜好）、在改善过后（事后公布喜好）所获得决定人的喜好情况来划分。但由于多目标决策提问中对象间的对立性，多目标决策提问往往既不具有普遍含义下的最优预期解，也不具有一个这样的解，而是在满足限制要求的情形下，使不同对象之间分别获得了相应的最优预测值。多目标决策问题的求解方法，在数理规划中也叫做最非劣解法；在某些统计学家和市场经济家也叫做最有效解法；而福利经济学家则叫做 Pareto 的最优解法。

第三节　多目标决策问题的关键要素和模型结构

一、多目标决策问题的关键要素

一般的，多目标决策问题主要涉及如下 5 个关键要素：

(1) 决策变量 $x=(x_1, x_2, \cdots, x_n)^T$；

(2) 目标函数 $F(x)=[f_1(x), f_2(x), \cdots, f_n(x)]$；

(3) 可行集(约束条件)

$X \subseteq R^N$，$X=\{x \in R^N \mid g_i(x) \leqslant 0, i=1, 2, \cdots, M; h_j(x)=0, j=1, 2, \cdots, L\}$

(4) 对于决策者的偏好程度，在目标集 $F(X)=\{f(x) \mid x \in X\}$ 上存在偏好关系 $<$ 以反应决策者的偏好。

(5) 解的定义，根据决策者的偏好关系 $<$ 下定义 $F(X)$ 在可行域上的最优解。

与传统的单目标数学规划问题不同的是，多目标决策问题中，通常不存在使得所有目标函数同时达到优化后的最优解。换句话说，可行集 x 只是某一些目标函数的最优解，并不是其余目标函数的最优解。因此，在多目标决策问题中绝对最优解通常是不存在的，此时需要考虑另外一种解的概念 —— 非劣解（帕累托有效解）。非劣解是指：在解集中，如果可行解 x 是非劣解，那么不存在另外的可行解 x' 使得 x' 的各个函数目标值 $f_k(x')$，$k=1, 2, \cdots, n$ 都不劣于可行解 x 的各个目标函数值 $f_k(x)$，$k=1, 2, \cdots, n$，同时还满足至少有一些 k_0，$f_{k_0}(x')$ 都要优于 $f_{k_0}(x)$。然而，在解集中一般存在很多的有效解，使得多目标决策的一个本质问题就是如何根据系统和决策者的主管判断价值对非劣解进行优选和比较。决策者的主观价值判断表现为他认为某些可行解 x 比 x' 更好（或者说 $f(x)$ 比 $f(x')$ 更好），也就是在 X（或 $f(x)$）上定义了一个二元偏好关系。

一般而言，决策者根据某种决策规则和偏好关系在非劣解之间进行有效权衡，从而找到最终的满意解，但是不同的决策者在非劣解解集中选择的满意解一般是不同的。

二、多目标决策问题的模型结构

（一）模型结构

一般的，多目标决策问题可以构建成如下模型：

$$\min(\text{或}\max)\quad F(x)=(f_1(x),\ f_2(x)\cdots,\ f_n(x))$$

$$s.t.\begin{cases}h_j(x)=0,\ j=1,\ 2,\ \cdots,\ L\\ g_i(x)\leqslant 0,\ i=1,\ 2,\ \cdots,\ M\\ x\in R^N\end{cases}\tag{2-1}$$

即可行域为 $X\subseteq R^N$，$X=\{x\in R^N \mid g_i(x)\leqslant 0,\ i=1,\ 2,\ \cdots,\ M;\ h_j(x)=0,\ j=1,\ 2,\ \cdots,\ L\}$

（二）多目标优化的解集

对于多目标优化问题的解集，通常不存在 $x^*\in X$，使得目标函数 $f_i(x^*)\ \forall i\in[1,\ n]$ 同时达到最优值，因此，在多目标优化问题中，其解集可以根据偏好关系定义绝对最优解、有效解和弱有效解。

在描述多目标优化问题的解集之前，我们来定义多目标优化里面的相等、严格小于、小于、小于且不等于（支配）的含义。假设 R^N 是所有 N 维实数向量空间，其中有 $y=(y_1,\ y_2,\ \cdots,\ y_N)^T$，$z=(z_1,\ z_2,\ \cdots,\ z_N)^T$，则：

$$
\begin{cases}
\text{相等} & y = z \Leftrightarrow y_i = z_i,\ i = 1,\ 2,\ \cdots,\ N \\
\text{严格小于} & y < z \Leftrightarrow y_i < z_i,\ i = 1,\ 2,\ \cdots,\ N \\
\text{小于等于} & y \leqslant z \Leftrightarrow y_i = z_i,\ i = 1,\ 2,\ \cdots,\ N \\
\text{小于且不等于(支配)} & y \leqslant z \Leftrightarrow y_i = z_i,\ i = 1,\ 2,\ \cdots,\ N;\ \text{且}\ y \neq z
\end{cases}
\tag{2-2}
$$

下面我们按照公式(2-2)的记号来给出帕累托最优解的相关概念:

(三)解集的相关概念

帕累托支配:对于 $\forall x_1,\ x_2 \in R^N$,当 k 取遍所有的值($k = 1,\ 2,\ \cdots,\ n$)都有 $f_k(x_1) \leqslant f_k(x_2)$,则称 x_1 支配 x_2。

绝对最优解:设 $x^* \in D$,如果对于 $x \in D$,都有 $f(x^*) \leqslant f(x)$,也就是说当 k 取遍所有的值($k = 1,\ 2,\ \cdots,\ n$)都有 $f_k(x^*) \leqslant f_k(x)$,我们称 x^* 是多目标决策问题的绝对最优解。

有效解:设 $x^* \in D$,如果不存在 $x \in D$,使得 $f(x) \leqslant f(x^*)$,也即满足条件 $f_k(x) \leqslant f_k(x^*)$,且 $\exists i \in [1,\ K]$,$f_i(x) \leqslant f_i(x^*)$,则我们称 x^* 是多目标决策问题的有效解。有效解也称为帕累托最优解,其含义是当 x^* 是帕累托最优解时,则在解集中找不到这样的可行解 $x \in D$,满足决策者偏好情况下使得 $f(x)$ 的每个目标值都不比 $f(x^*)$ 的目标值差,并且 $f(x)$ 至少有一个目标比 $f(x^*)$ 的相应目标值好,就是说 x^* 是最好的,不能再进行改进。

弱有效解:设 $x^* \in D$,如果不存在 $x \in D$,使得 $f(x) < f(x^*)$,也即满足条件 $f_k(x) \leqslant f_k(x^*)$,且 $\forall k \in [1,\ K]$,则我们称 x^* 是多目标决策问题的弱有效解。弱有效解的含义是如果 x^* 是多目标问题的弱有效解,则找不到另外的可行解 $x \in D$ 使得 $f(x)$ 的每个目标值都比 $f(x^*)$ 的目标值严格($<$)的好。

帕累托最优解集:给定多目标决策问题的有效解(帕累托最优解)所构成的解集,我们称这个解集为帕累托最优解集。需要注意的是帕累托最优解集中的解是相互非支配的,即两两不是非支配关系。

帕累托最优前沿:帕累托最优集中每个解对应的目标值所组成的集合称为帕累托最优前沿,可以用图 2-1 来表示。

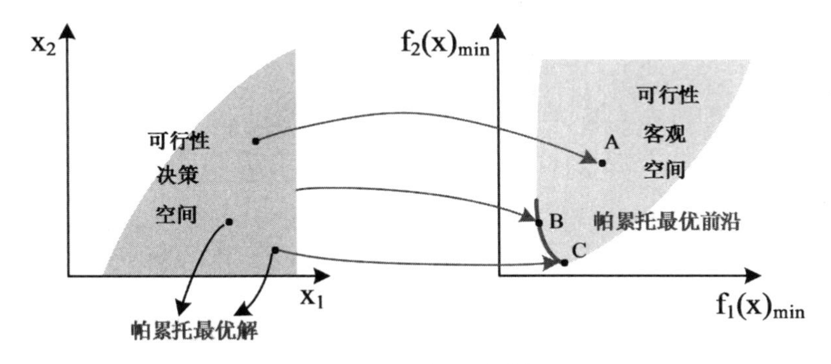

图 2-1　帕累托最优前沿

第四节　多目标决策问题求解最优性条件与求解技术

一、多目标优化的最优性条件

前面我们已经介绍了多目标决策的一些基本概念，对于多目标决策问题求解而言，一般是将多目标问题转换为单目标问题。然而对于单目标问题，其解的最优性条件是由库恩和塔克（Kuhn & Tucker）在 1951 年推导并证明，我们称此最优性条件为 Kuhn-Tucker 条件，该条件后面逐渐成为目标规划中众多算法的基础。本节将从单目标决策问题的 Kuhn-Tucker 条件从发，介绍多目标决策问题的 Kuhn-Tucker 条件。

（一）单目标决策问题的 Kuhn-Tucker 条件

我们知道，单目标决策问题的一般形式表达如下：

$$\max f(x)$$
$$s.t.\begin{cases} h_i(x)=0,\ i=1,\ 2,\ \cdots,\ L \\ g_j(x)\leqslant 0\quad j=1,\ 2,\ \cdots,\ M \end{cases} \tag{2-3}$$

其中，称 x 为欧式空间中的 n 维决策变量，也即是由 n 个决策变量组成的决策向量，有 $x=(x_1,\ x_2,\ \cdots,\ x_n)$。为了便于理解和计算，我们规定 $f(x)$，$h_i(x)$，$g_j(x)(i=1,\ 2,\ \cdots,\ L;\ j=1,\ 2,\ \cdots,\ M)$ 具有一阶连续偏导数。

在给出 Kuhn - Tucker 条件之前，我们先介绍几个关键概念，以便于厘清该条件的具体定义和算法流程。

正则点的定义如下：假设 x^* 是满足 $h_i(x)=0$ 和 $g_j(x)\leqslant 0$ 的点，令 m 是使得 $g_j(x^*)=0$ 的所有下标 j 的集合。如果梯度向量 $\nabla h_i(x^*)$，$\nabla g_j(x^*)(i=1, 2, \cdots, L, j\in m)$ 是线性无关的，我们称 x^* 为式(2-3) 约束条件中的一个正则点。

其中梯度向量 $\nabla h_i(x^*)$，$\nabla g_j(x^*)(i=1, 2, \cdots, L, j\in m)$ 定义为：

$$\nabla h_i(x^*)=(\frac{\partial\ h_i}{\partial\ x_1}, \frac{\partial\ h_i}{\partial\ x_2}, \cdots, \frac{\partial\ h_i}{\partial\ x_n},)^T,$$

$$\nabla g_j(x^*)=(\frac{\partial\ g_j}{\partial\ x_1}, \frac{\partial\ g_j}{\partial\ x_2}, \cdots, \frac{\partial\ g_j}{\partial\ x_n},)^T$$

于是，我们将式(2.3) 的 Kuhn - Tucker 最优性条件阐述如下：

设 $f(x)$，$h_i(x)$，$g_j(x)$ 在欧式空间中的某一开集上一阶连续可微，如果 x^* 是式(2-3) 约束条件中的一个正则点，则存在 Lagrange 乘子集 $\lambda^*\in\Re^L$ 和 $\mu^*\in\Re^M$，并且有 $\mu^*\geqslant 0$，使得如下条件成立：

$$\nabla f(x^*)-\sum_{i=1}^{L}\lambda_i{}^*\ \nabla h_i(x^*)-\sum_{j=1}^{M}\mu_j{}^*\ \nabla g_j(x^*)=0 \tag{2-4}$$

$$\mu_j^*g_j(x^*)=0 \tag{2-5}$$

我们取 x^* 为式(2-3) 中满足约束条件的正则点，假设存在 Lagrange 乘子集 $\lambda^*\in\Re^L$ 和 $\mu^*\in\Re^M$，并且有 $\mu^*\geqslant 0$，有式(2-4) 和(2-5) 成立。

$$\nabla^2 f(x^*)-\sum_{i=1}^{L}\lambda_i{}^*\ \nabla^2 h_i(x^*)-\sum_{j=1}^{M}\mu_j{}^*\ \nabla^2 g_j(x^*) \tag{2-6}$$

为正定矩阵，那么 x^* 为式(2-3) 中的局部最小值。

另外对于求解极小化的单目标优化问题，可以通过增加负号将其转化为求解极大值问题，进一步再利用 Kuhn-Tucker 条件进行求解。

（二）多目标决策问题的 Kuhn-Tucker 条件

本节以最大化多目标决策问题为例，其一般模型如下：

$$\max\quad F(x)=(f_1(x), f_2(x)\cdots, f_n(x))$$

$$s.t.\begin{cases}h_j(x)=0, j=1, 2, \cdots, L\\ g_i(x)\leqslant 0, i=1, 2, \cdots, M\\ x\in R^N\end{cases} \tag{2-7}$$

即可行域为 $X\subseteq R^N$，$X=\{x\in R^N\mid h_j(x)=0, j=1, 2, \cdots, L; g_i(x)\leqslant$

0，$i=1$，2，…，$M\}$。我们已经知道，式(2-7)一般没有最优解，但可以找到其非劣解。

结合前面单目标决策问题的 Kuhn-Tucker 条件，式（2-7）的解的非劣性条件和式（2-3）的最优性条件非常相似。在这里，我们首先给出式（2-7）的非劣解的 Kuhn-Tucker 必要性条件如下：

设向量 $x \in X$，并且有 x 是满足式(2-7)中的正则点。同样，这里 $f_k(x)$，$h_i(x)$，$g_j(x)$（$k=1$，2，…，n；$i=1$，2，…，L；$j=1$，2，…，M）满足连续可微条件，如果 x 是式(2-7)的非劣解，则必然存在 Lagrange 乘子集向量 γ，λ 和 μ，其中 $\gamma=(\gamma_1, \gamma_2, \cdots, \gamma_n)^T$，$\lambda=(\lambda_1, \lambda_2, \cdots, \lambda_L)^T$，$\mu=(\mu_1, \mu_2, \cdots, \mu_M)^T$，并且满足 $\gamma_k \geqslant 0$，$\gamma_{k_0} \geqslant 0$，$k=1$，2，…，n，$1 \leqslant k_0 \leqslant n$，$\lambda_i \geqslant 0$，$i=1$，2，…，$L$；$\mu_j \geqslant 0$，$j=1$，2，…，$M$ 使得

$$\gamma_k \nabla f(x^*) - \sum_{i=1}^{L} \lambda_i{}^* \nabla h_i(x^*) - \sum_{j=1}^{M} \mu_j{}^* \nabla g_j(x^*) = 0 \tag{2-8}$$

$$\mu_j^* g_j(x^*) = 0 \tag{2-9}$$

本节将不在讨论一般多目标决策问题非劣解的充分条件，仅给出凸规划情形下的结论：若目标函数 $f_k(x)$（$k=1$，2，…，n）均是凸函数，并且所有的 $\gamma_k \geqslant 0$（$k=1$，2，…，n），其可行域 X 是凸的，则式(2-8)和(2-9)也是 x 为非劣解的充分条件。

二、多目标决策问题求解技术

多目标决策问题一般不存在唯一的最优解，在求得的解集中，我们称之为非劣解解集（帕累托最优解集）。因此，多目标问题的最终决策只能从帕累托最优解集中根据决策者偏好选出最优均衡解，尽可能的满足所有目标的要求。求解多目标决策问题的常用技术包括非劣解生成技术、离散多目标优化决策技术、连续多目标优化决策技术，这几种方法各有自己的特点和应用范围。本节将简要介绍几种方法。

（一）非劣解生成技术

非劣解生成技术是求解多目标决策问题常用的方法之一。其方法是首先将多目标优化问题通过一定技术手段将其转化为单目标优化问题，然后直接利用现有的单目标优化问题求解程序，生成多目标优化问题的非劣解解集。就非劣解生成技术而言，其适用性和实用性比较广泛，它既可以应用于个体

决策、群体决策和不确定性条件下的决策，并且在求解的过程中，不需要决策者给出任何形式的偏好结构。这里我们只介绍权重扰动法和约束法。

1. 权重扰动法

权重扰动法在多目标求解过程中根据客观实际和决策者的权衡将每个目标赋予相应的权重，然后将各个目标函数的加权和作为单一的目标函数，求出该单一目标函数的最优解即非劣解集中的帕累托最优解。通过设定不同的权重组合得到对应的解，最终生成非劣解解集。一般而言，这些权重均是经过标准化的，也即 $\sum \omega_i = 1$。

这里我们将式(2-7) 采用权重法可以转换成如下权重问题 $P(w)$：

$$\max \sum_{k=1}^{n} \omega_k f_k(x) = w^T f(x)$$
$$f(x) = (f_1(x), f_2(x), \cdots, f_3(x))$$
$$s.t. \begin{cases} h_j(x) = 0, \ j = 1, 2, \cdots, L \\ g_i(x) \leqslant 0, \ i = 1, 2, \cdots, M \\ x \in R^N \end{cases} \tag{2-10}$$

其中权重向量为：

$$w \in W = \{w \mid w \in R^n; \ \omega_k \geqslant 0; \ k = 1, 2, \cdots, n; \ \sum_{k=1}^{n} \omega_k = 1\} \tag{2-11}$$

根据式(2-10) 和(2 - 11) 可知，在利用加权方法求解非劣解时，若给定权重向量 w_0，求解 $P(w)$ 可以得到帕累托前沿解 x_0；如果 x_0 是 $P(w^0)$ 的唯一解，或每一组 w_i 是严格的正值($w > 0$)，于是可以证明 x_0 是该多目标优化问题的一个帕累托前沿解。另外我们可以通过迭代求解过程，继续选择多组 w 来求解 $P(w)$，可以得到多个目标问题的若干个帕累托前沿解。这种情况对目标函数和约束集 X 是凸性的，可应用 $P(w)$ 生成多目标问题的帕累托解集；否则，不能生成非劣解。另外，由于这种方法需要不断改变各个目标函数的权重值 w_i，因此也被称为权重扰动法。

基于权重扰动法，针对某些简单的多目标问题，一般可采用解析法来求解帕累托前沿解，即可以直接利用 Kuhn-Tucker 条件寻求前沿解。针对较为复杂的多目标问题，可利用数值法进行求解。下面将从案例来说明其具体应用。

1）解析法案例

例 2.1　设如下多目标优化问题为

$$\min(L_1(x), L_2(x), L_3(x)) \tag{2-12}$$

$$
s.t\begin{cases} g_1(x) = x_1 + 2x_2 \leqslant 10 \\ g_2(x) = x_2 \leqslant 4 \\ g_3(x) = -x_1 \leqslant 0 \\ g_4(x) = -x_2 \leqslant 0 \end{cases} \tag{2-13}
$$

其中

$$L_1(x) = (x_1 - 1)^2 + (x_2 - 1)^2$$

$$L_2(x) = (x_1 - 2)^2 + (x_2 - 3)^2$$

$$L_3(x) = (x_1 - 4)^2 + (x_2 - 2)^2$$

解：这里将采用权重法将多目标优化问题转化为如下权重问题 $P(w)$：

$$\min\{w_1 \cdot L_1(x) + w_2 \cdot L_2(x) + w_3 \cdot L_3(x)\}$$

且满足约束条件(2-13)，其中，$w_i \geqslant 0$，$w_1 + w_2 + w_3 = 1$，$i = 1, 2, 3$。进一步将原极小值的优化问题转化为极大值的优化问题

$$
\max L(x) = -\begin{Bmatrix} w_1(x_1 - 1)^2 + w_1(x_2 - 1)^2 + w_2(x_1 - 2)^2 + \\ w_2(x_2 - 3)^2 + w_3(x_1 - 4)^2 + w_3(x_2 - 2)^2 \end{Bmatrix}
$$

$$
s.t\begin{cases} g_1(x) = x_1 + 2x_2 - 10 \leqslant 0 \\ g_2(x) = x_2 - 4 \leqslant 0 \\ g_3(x) = -x_1 \leqslant 0 \\ g_4(x) = -x_2 \leqslant 0 \end{cases}
$$

根据 Kuhn - Tucker 条件可以得到

$$\frac{\partial L}{\partial x_1} = -[2w_1(x_1 - 1) + 2w_2(x_1 - 2) + 2w_3(x_1 - 4)]$$

$$= -2x_1 + 2(w_1 + 2w_2 + 4w_3)$$

$$\frac{\partial L}{\partial x_2} = -[2w_1(x_2 - 1) + 2w_2(x_2 - 3) + 2w_3(x_2 - 2)]$$

$$= -2x_2 + 2(w_1 + 3w_2 + 2w_3)$$

$$\nabla g_1(x_1) = 1,\ \nabla g_1(x_2) = 2,\ \nabla g_2(x_1) = 0,\ \nabla g_2(x_2) = 1,$$

$$\nabla g_3(x_1) = -1,\ \nabla g_3(x_2) = 0,\ \nabla g_4(x_1) = 0,\ \nabla g_4(x_2) = -1,$$

根据式(2-4) 变化可得

$$-2x_1 + 2(w_1 + 2w_2 + 4w_3) - [u_1 \times 1 + u_2 \times 0 + u_3 \times (-1) + u_4 \times 0] = 0$$

$$-2x_2 + 2(w_1 + 3w_2 + 2w_3) - [u_1 \times 2 + u_2 \times 1 + u_3 \times 0 + u_4 \times (-1)] = 0$$

整理得到

$$2x_1 - 2(w_1 + 2w_2 + 4w_3) + u_1 + u_2 = 0$$
$$2x_2 - 2(w_1 + 3w_2 + 2w_3) + 2u_1 + u_2 - u_4 = 0 \quad (2\text{-}14)$$

根据式(2-5) 变化得

$$u_1(x_1 + 2x_2 - 10) = 0$$
$$u_1(x_2 - 4) = 0$$
$$u_1(-x_1) = 0 \quad (2\text{-}15)$$
$$u_1(-x_2) = 0$$

和 $x_1 + 2x_2 - 10 \leqslant 0$，$x_2 - 4 \leqslant 0$，$x_1 \geqslant 0$，$x_2 \geqslant 0$，其中$\mu_j$，$j = 1$，2，3，4 为第$j$个约束的 Kuhn-Tucker 乘子。

对于这个特定的约束不等式问题，约束条件式(2-13) 中没有一个对最优点是有约束力的。对 w_i 和μ_j 及 $w_1 + w_2 + w_3 = 1$，求解式(2-14) 满足所有非负要求的解是不存在的。比如当 $x_1 = x_2 = 0$，则从式(2-15) 中变化得到$\mu_1 = \mu_2 = 0$，于是式(2-14) 可转化为如下条件。

$$-2(w_1 + 2w_2 + 4w_3) - u_3 = 0$$
$$-2(w_1 + 3w_2 + 2w_3) - u_4 = 0$$

且当 $w_1 + w_2 + w_3 = 1$ 时，上式没有非负解。当式(2-15) 有约束力时，那就意味着$x_2 = 0$，$x_1 = 10$。从式(2-15) 中可以得到$\mu_2 = \mu_3 = 0$，将这些值回代式子中，可以得到

$$-20 - 2w_2 + 4w_3 - u_4 = 0$$

那么则有

$$w_3 = \frac{1}{4}(20 + 2w_2 + u_4) \geqslant 5$$

显然，这并不不满足$0 \leqslant w \leqslant 1$ 的要求。再作同样的分析可以得出，仅有可能的解是$\mu_j = 0$，$j = 1$，2，3，4 和

$$x_1^* = w_1 + 2w_2 + 4w_3$$
$$x_2^* = w_1 + 3w_2 + 2w_3 \quad (2\text{-}16)$$

另外，我们假定

$$x^1 = \begin{pmatrix}1\\1\end{pmatrix},\ x^2 = \begin{pmatrix}2\\3\end{pmatrix},\ x^3 = \begin{pmatrix}4\\2\end{pmatrix},$$

可以得到

$$x^* = \begin{pmatrix} x_1^* \\ x_2^* \end{pmatrix} = w_1 \cdot x^1 + w_2 \cdot x^2 + w_3 \cdot x^3 \tag{2-18}$$

由于每个目标函数 $L_i(x)$，$i = 1, 2, 3$ 均是凸性的，所以 x 可由方程(2-18)来确定，它就是的 $P(w)$ 唯一解。当给定 $w_i \in W$ 时，x 也是方程式(2-12)和(2-13)的非劣解，其非劣解集 x^* 为式中所表示的凸集，即

$$x^* = \begin{cases} x^* \mid x^* \in R^2, \ x = w_1 \cdot x^1 + w_2 \cdot x^2 + w_3 \cdot x^3, \\ w_i \geqslant 0 (i = 1, 2, 3), \ w_1 + w_2 + w_3 = 1 \end{cases} \tag{2-19}$$

这个非劣解如图 2-2 所示：

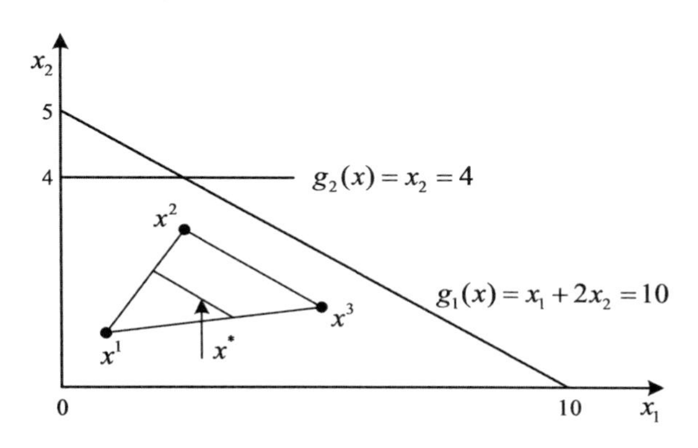

图 2-2　非劣解图示

2）数值法案例

数值法在各个目标权重的可行域范围内，通过不断扰动权重值用以生成全部或有代表性的非劣解，从而供决策者选出均衡解。当目标函数和约束集合没有特殊要求(除凸性外)时，数值解法的程序一般是先将 w_i 离散为 0 ~ 1 的有理数，然后对 w_1，w_2，…，w_p，的各种组合求解 $p(w)$ 问题，从而生成原问题的非劣解。下面结合例来说明应用权重法数值解生成该问题的非劣解。

例 2.2　已知如下多目标优化问题为

$$\max(L_1(x) = 5x_1 - 2x_2, \ L_2(x) = -x_1 + 4x_2)$$

$$s.t \begin{cases} -x_1 + x_2 \leqslant 3 \\ x_1 + x_2 \leqslant 8 \\ x_1 \leqslant 6 \\ x_2 \leqslant 4 \\ x_1, \ x_2 \geqslant 0 \end{cases}$$

解：首先写出 $p(w)$ 的问题

$$\max(w_1 \cdot (5x_1 - 2x_2) + w_2 \cdot (-x_1 + 4x_2)) \tag{2-20}$$

满足上述约束条件。

其次分别优化各个目标，即在各处满足上述约束条件下求解 $L_1(x)$ 和 $L_2(x)$ 的最大值，并将其极值点 $B(x_1 = 6,\ x_2 = 0)$ 和 $E(x_1 = 1,\ x_2 = 4)$ 及相应的目标函数值 $L_1 = 30$，$L_2 = -6$ 和 $L_1 = -3$，$L_2 = -15$ 分别绘于本例题的决策空间（图 2-3）和目标空间（图 2-4）上，其中过 B 点的线性无差异曲线，斜率为 $(-w_1/w_2) = (-w_1/0) = -\infty$，是通过 B 点的垂直线；而过 E 点的线性无差异曲线是一条水平线，其斜率为 $(-w_1/w_2) = (-0/w_2) = 0$，显然这两个单目标问题的解均是唯一的无劣解。

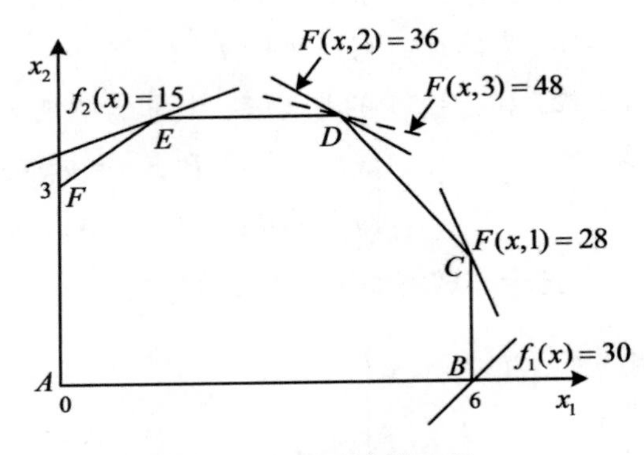

图 2-3　权重法决策空间

我们再次扰动权重值，一般将权重离散为 0 ~ 1 的有理数，也可以取任意的有理数。为了在目标空间确定线性无差曲线的斜率，取用权重值的相对值（即其比率 w_1/w_2）才更有意义。为了简便起见，取 L_1 的权重 $w_1 = 1$，则权重问题将成为

$$\max L(x,\ w_2) = 5x_1 - 2x_2 + w_2(-x_1 + 4x_2) \tag{2-21}$$

该权重问题满足原约束条件。

这里 w_1 不再是权重目标函数的变量，因为它在这轮以后的迭代求解过程中是不变的。现在可任意选定 w_2 的变化范围，如从 0 变化到 3，这意味着将以 $(w_1,\ w_2) = (1,\ 0) = (1,\ 1) = (1,\ 2) = (1,\ 3)$ 分别求解 $p(x)$ 问题，然而当 $w_2 = 0$ 的情况已经求过，现在取 $w_2 = 1$，则问题(3-21) 的目标函数为

$$\max L(x,\ 1) = 4x_1 + 2x_2$$

满足约束条件，其解发生于图 2-3 中的 C 点，其值为 $x_1 = 6$，$x_2 = 2$，$L(x,\ 1) = 28$，即 $L_1 = 26$，$L_2 = 2$。这个结果也可对应地绘制于图 2-3 中，无差曲线的斜率为 $-1/w_2 = -1/1 = -1$，切于目标可行域边界线上的 C 点。

C 点的线性无差曲线方程可从式(3-21) 中导出

$$L(x,\ 1) = L_1 + L_2 = 28$$

$$L_2 = -L_1 + 28$$

如图 2-3 所示

当 $w_2 = 2$ 时，权重目标函数为：

$$\max L(x, 2) = 5x_1 - 2x_2 + 2(-x_1 + 4x_2)$$

满足原约束条件。问题的最大值位于图2-4中的 D 点，其值为 $x_1 = x_2 = 4$，$L(x, 2) = 36$，$L_1 = L_2 = 36$。对于 $w_2 = 2$ 的情况，$L(x, 2) = L_1 + 2L_2 = 36$，无差异曲线为 $L_2 = -\frac{1}{2}L_1 + 18$，切于 D 点。

当 $w_2 = 3$ 时，权重目标函数为 max? $L(x, 3)$，约束集不变。问题的最大值仍发生于 D 点，如图 2-3 和图 2-4 所示。

最后进一步对非劣解进行校核。结果发现，只要 $7/5 \leq w_2 \leq 5$，极值 D 点都是权重问题的最优解。假设 w_2 值变化于 0 ~ 4，并且每次增加两个数，即 $(w_1, w_2) = (1, 2) = (1, 4)$，$C$ 点将被溃漏，在图2-4中将出现 BD 连线的近似非劣目标解。这个近似解虽然是可行的，但对直实的非劣目标集（$BCDE$ 折线）而言，却是一个劣解。

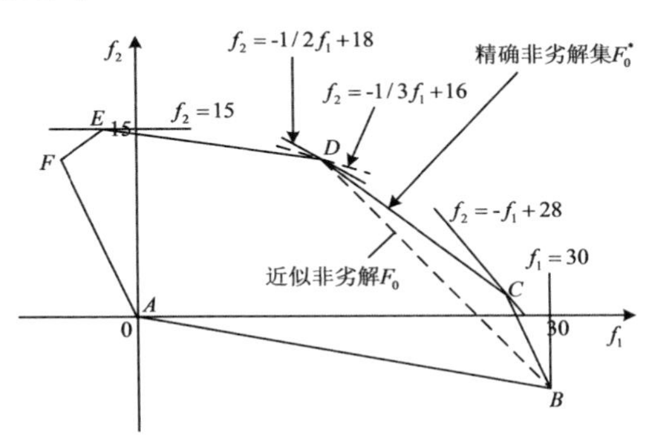

图 2-4　权重法目标空间

显然，用这种方法生成非劣解全集，需要每次摄动权重值不能过大；否则，误差很大，所生成的非劣解可能不是真正的非劣解。还应指出，权重 w 必须是非负的；否则，负权重（$-w$）等于将原问题的最大换成了最小问题。当权重法用于生成非劣解集时，通过摄动不同权重值来生成不同的非劣解。但是，它只在非劣解集为严格凸集时才能全部生成。当它为非凸集时，非凸的那部分则不能鉴别。

2. 转化约束法

（1）通过求解约束问题生成非劣解也是多目标优化问题的常用方法。约束转化法是从全体目标中选择一个最重要的作为主目标，把其余的目标函数都视作为约束条件。这样由主目标函数及此一组新增加的约束条件就建立一个单目标最优化求解模型来求解。

这种方法能生成全部的非劣解 x^*，至少在理论上，对非凸性和凸性问题都能适用。

约束法的最普通的形式记为 $P_k(\varepsilon)$

$$\min L_k(x)$$
$$s.t.\begin{cases} x \in X \\ L_i(x) \leqslant \varepsilon_i \end{cases} \quad (2\text{-}22)$$

其中，ε_i 为第 i 个目标的上限值 $i=1, 2, \cdots, p, i \neq k$。

设 ε^0 为一向量，并且对问题 $P_k(\varepsilon^0)$ 是可行的。若 x^0 是 $P_k(\varepsilon^0)$? $(1 \leqslant k \leqslant p)$ 的唯一解，或对每个 $k=1, 2, \cdots, p$，解 $P_k(\varepsilon^0)$，则 x^0 即为向量优化问题的一个非劣解。这就意味着向量优化问题中至少有某些非劣解能够通过求解 $P_k(\varepsilon)$ 得出，其中只要 ε 的选取对 $P_k(\varepsilon^0)$ 是可行的。

换句话说，对任何给定的非劣解 x^*，对每个 $k=1, 2, \cdots, p$ 也能找到 ε，使得 x^0 是 $P_k(\varepsilon)$ 的解。这样的 ε 是由

$$\varepsilon^* \ (\varepsilon_1^*, \varepsilon_2^*, \cdots, \varepsilon_{k-1}^*, \varepsilon_{k+1}^*, \cdots, \varepsilon_p^*)^T$$

给定的，其中

$$\varepsilon_i^* = L_1(x^*), \ i=1, 2, \cdots, p, \ i \neq k$$

由于这种方法需将各个目标依次为基本目标，并相应地不断变动约束值 ε_i，所以又称为扰动约束法。

约束法的解法也有解析法和数值法之分。解析法与权重解析法类似，首先将原问题写成合适的约束形式，然后应用最优性的必要条件（*Kuhn - Tucker* 条件），通过分析求得多目标问题得非劣解集。这里只介绍数值解法。

（2）具体计算过程

约束法得数值算法得计算过程如下：

第一步：构造决策变量与目标函数值对应表。

（1）求解 p 个目标得各自极值，寻求各个目标得最优解，如第 k 个目标得最优解为 $x^k=(x_1^k, x_2^k, \cdots, x_n^k)$；

（2）计算每个目标值 $L_1(x^k)$，$L_2(x^k)$，?，$L_p(x^k)(k=1, 2, \cdots, p)$；

（3）排列各目标值于表（表 2-1）中，其中得行相应于决策变量 x^1，x^2，$\cdots$，x^p，而列标记为目标值。

（4）找出第 k 列得最大（或最小）值，记为 M_k；找出第 k 列得最小（或最大）值，记为 n_k。对 $k=1, 2, \cdots, p$ 均根据次步骤找出。

表 2-1　p 个目标得决策变量与目标值

决策变量	$L_1(x^k)$	$L_2(x^k)$	…	$L_k(x^k)$	…	$L_p(x^k)$
x^1	$L_1(x^1)$	$L_2(x^1)$	…	$L_k(x^1)$	…	$L_p(x^1)$
⋮	⋮	⋮		⋮		⋮
x^k	$L_1(x^k)$	$L_2(x^k)$	…	$L_k(x^k)$	…	$L_p(x^k)$
⋮	⋮	⋮		⋮		⋮
x^p	$L_1(x^p)$	$L_2(x^p)$	…	$L_k(x^p)$	…	$L_p(x^p)$

第二步：找多目标问题转化为约束问题（3-22）

第三步：在第一步找到得 n_k 和 M_k 中，表示出目标 k 在非劣集中得变化范围，即 $n_k \leqslant L_k \leqslant M_k$。这个范围就是 ε 得变化范围。然后，选择 ε_k 值得数目，以便用于生成非劣解，这里将 ε_k 不同值得数目记为 r。

第四步：对 ε_k，$(k=1, 2, \cdots k-1, k+1, \cdots, p)$ 值得每种组合求解约束问题，这里

$$\varepsilon_k = n_k + \frac{t}{r-1}(M_k - n_k),\ t=0, 1, 2, \cdots, r-1 \tag{2-23}$$

其中，ε_k 值的组合数有 r^{p-1} 个。若 r^{p-1} 数目约束问题是可行的，则每一个约束问题均可产生一个非劣解(且这些目标约束是具有制约能力的)，这些解均是非劣解集中有希望的近似解。

依目标函数和约束条件的特性，r^{p-1} 个约束问题可用适宜的数学规划去求解。下面举例说明。

例 2.3　引用例 2.2，应用约束转换法求解。

第一步：构造决策变量与目标函数值矩阵。首先，求解各个目标的最优解。目标 $L_1(x)$ 唯一解，其中 $x^1=(x_1^1, x_2^2)=(6, 0)$，$L_1(x^1)=30$，$L_2(x^1)=-6$，目标 $L_2(x)$ 也有唯一解，$x^2=(x_1^2, x_2^2)=(1, 4)$，$L_1(x^2)=-3$，$L_2(x^2)=15$。它们对应值如表 2-2 所示。

表 2-2　两个目标的决策变量及目标值

决策变量	目标值	
	$L_1(x^k)=5x_1^k-2x_2^k$	$L_2(x^k)=-x_1^k+4x_2^k$
$x^1=(6, 0)$	30	-6
$x^2=(1, 4)$	-3	15

从表 2-2 中可以看出

$$M_1 = 30,\ n_1 = -3,\ M_2 = 15,\ n_2 = -6,$$

第二步：建立约束问题。任选 L_1 为基本目标，L_2 为约束条件，于是问题为：

$$\max L_1(x) = 5x_1 - 2x_2$$

$$s.t\begin{cases} x \in X \\ L_2(x) = -x_1 + 4x_2 \geq \varepsilon_2 \end{cases}$$

第三步：确定 ϵ_2 值的变化范围。从表 3.2 中可知 $n_2 \leq \epsilon_2 \leq M_2$ 或 $-6 \leq \epsilon_2 \leq 15$。$\epsilon_2$ 取值的数目 $r = 4$，即解约束问题共 4 次。由方程式计算 ϵ_2 得

$$\varepsilon_2 = -6 + \frac{1}{3}t[15 - (-6)]$$

或 $$\varepsilon_2 = -6 + 7t,\ t = 0,\ 1,\ 2,\ 3$$

即为 $\epsilon_2 = -6$，1，8，15，求解约束问题 4 次。

原问题的决策空间和目标空间的可行域如图 2-5 和图 2-6 所示。约束问题的简化形式也表示于图 2-5 和图 2-6 上。在两个空间中，约束问题有 4 个不同的可行域，即在 4 个 ε_2 值中，每个值都有各自新的可行域。在图 2-5 中，当 $\varepsilon_2 = -6$ 时，新的可行域恰好是 X，即 $L_2(x)$ 切穿 X 于点(6，0)；而 $L_2(x)$ 在新可行域点(6，0) 处达到最大。当 ε_2 从 -6 增加到 1 时，相应于方程式向东北方向移动，当 $\varepsilon_2 = 1$ 时，可行域减缩为 X 的一部分，位于 $L_2(x) = 1$ 处。此时，$L_1(x)$ 的最优值位于新可行域上的点(6，1.75)。当 $\varepsilon_2 = 8$ 时，非劣解在点(4.8，3.2) 处。当 $\varepsilon_2 = 15$ 时，非劣解点在(1，4) 处。

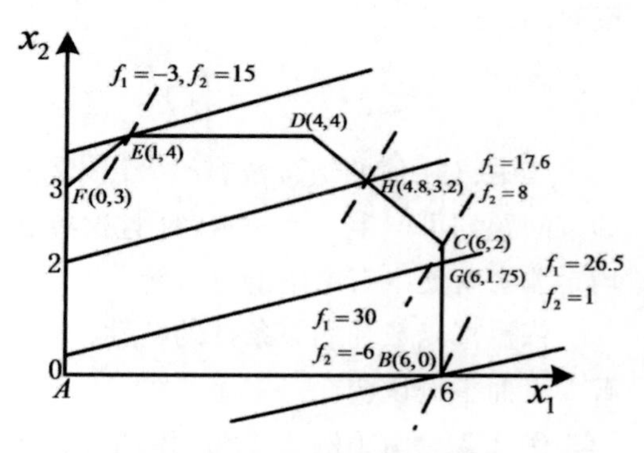

图 2-5　约束法的决策空间

约束法在目标空间的求解过程展示在图 2-6 中。新的约束呈现为水平线。目标 $L_1(x)$ 的最大值在 $L_2(x) = 1$ 的水平线与原非劣解集边线相交处，即 $L_1(x) = 26.5$。当 $L_2(x) = 6$ 和 $L_2(x) = 15$ 分别为两个界限时，$L_1(x)$ 分别等于 30 和 -3。当 $L_2(x) = 8$ 时，$L_1(x)$ 的最大值为 17.6。

应该指出，当 ϵ_2 的取值间隔较大时，像权重法一样，约束法求得的非劣

解集也是有误差的，如图 2-6 中的点线所示。然而，约束法与权重法求得的近似解是差别的。约束法并不是在非劣值的极点处求得非劣解，因为原可行域已被修正，而在权重法中，可行域是不变的。

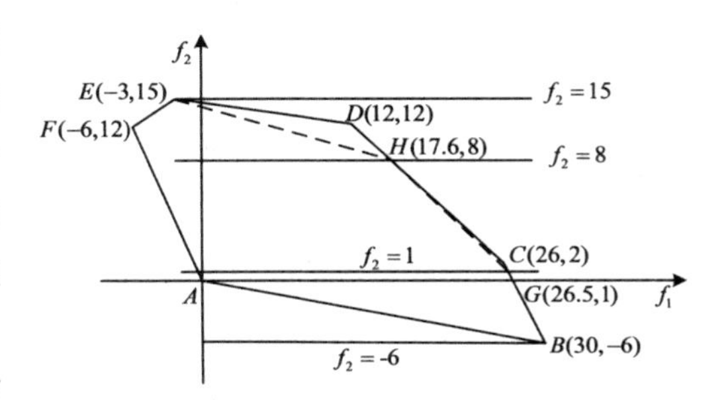

图 2-6　约束法的目标空间

以上两节所介绍的权重法和约束法具有简单直观的优点，是求解多目标优化问题的基本方法。但是这两种方法中，不管哪个方法，计算量均是很大的，因为这两种方法均必须对各个目标依次选为基本目标进行重复计算，其计算量随目标数目的增加而呈指数形式增加。若用 N 个权重系数 w_i 或 N 个上限值 ε_i，目标个数为 P，则需求解的单目标问题的数目将达 $S = N^{P-1}$ 个。因此，上述两种方法一般用于 $P = 2$ 或 3，当目标多于三个以上时，不仅计算量很大，而且失去了非劣解集的图示分析的优越性。

（2）离散多目标优化决策技术

上面我们介绍了非劣解生成技术，它是一种比较客观的多目标求解方法，在针对有优先结构次序的多目标求解而言，决策者存在偏好次序，在作出最终决策时，对某些目标存在一定的偏好。本小节讲解的多目标问题决策技术，完全依赖于决策者偏好的决策信息，以便做出最终的均衡决策。

对于决策者的偏好信息获取，存在两种方式，一种是交互式的，一种是非交互式的。交互式是指在决策过程中，分析者和决策者始终互相传递信息，保持信息迭代更新，逐步获取决策者的偏好信息结构，最终做出满意的决策；非交互式是指决策者在决策过程中只给出一次性的偏好结构，也即给出了多目标的优先级。本节所讲解的多目标决策技术均是从非交互式角度来进行求解。然而，我们知道多目标决策问题中，决策变量既可以是离散的也可以是连续的，决策变量离散情况下的决策方案是有限的，其决策方法主要包括加权决策法、方案初选法和基于理想点法等。在讲解这些方法之前，先介绍决策矩阵和属性的规范化方法。

1. 决策矩阵和属性的规范化

在工程实践中，例如工厂选址、商业产品评价、路径规划等问题属于方案有限的决策。这类问题的决策一般根据多种需求和准则进行综合评价和排序，最终根据决策者根据偏好信息选择最优的决策方案。例如，从水污染管理角度来看，需要从经济、社会、生态环境等方面对所有方案进行全面客观的描述和评价，最终根据评价结果在多种可行方案中选出最合适的方案。

1）决策矩阵

设 A 是一个离散的可行的有限方案集合，即 $A=\{A|A=a_j,\ j\in[1,\ n],\ n\geq 2\}$，$f_i$ 代表第 i 个属性由各个方案所产生的值所组成的向量，即 $f_i=(r_{i1},\ r_{i2},\ \cdots,\ r_{in})$，$i=1,\ 2,\ \cdots,\ m$，其中 r_{ij} 表示第 i 个属性第 j 个方案的水平，其决策矩阵表示为表 2-3 所示，该矩阵的作用是为决策分析提供基本数据信息，是各种评价分析方案的基础。

表 2-3　决策矩阵

属性	方案集					
	a_1	a_2	…	a_j	…	a_n
f_1	r_{11}	r_{12}	…	r_{1j}	…	r_{1n}
f_2	r_{21}	r_{22}	…	r_{2j}	…	r_{2n}
…	…	…	…	…	…	…
f_i	r_{i1}	r_{i2}	…	r_{ij}	…	r_{in}
…	…	…	…	…	…	…
f_m	r_{m1}	r_{m2}	…	r_{mj}	…	r_{mn}

在实际工程、管理等问题，不同方案的结果因指标不同等原因并不总是能够对两两方案进行直接比较，只能根据决策者偏好对方案进行优选和排序。然而决策者可能对某一属性值存在一定的偏好判断能力，但在做最终决策时无法根据属性值对方案进行满意度筛选，在这种条件下，如何对方案作出最佳选择呢？

2）属性的规范化

对于不同的方案比较，其指标等数据具有不同的量纲。决策者很难对不同的目标进行重要性排序。为了将不同量纲的多目标决策进行有效比较和分析，需要将各个目标进行归一化（标准化）处理，并把所有属性值或者目标值映射到[0，1]区间上，以消除量纲的影响，这就是所谓的规范化。这里将介绍几类常用的规范化方法。

①线性比例变换法

这种方法主要是将 $f_i(x)$ 视为向量，变换的核心就是将向量 $f_i(x)$ 中的所有分量去乘以该向量中的“最大分量”的倒数，若该向量是正向(属性值越大越好)目标，其变换如下：

$$r'_{ij} = \frac{f_i(a_j)}{f_i^{\max}(a_j)},\ f_i^{\max}(a_j) = \max_{1\leqslant j\leqslant n} f_i(a_j) \tag{2-24}$$

若是针对负向(属性值越小越好)目标，其变换应为：

$$r'_{ij} = \frac{f_i^{\min}(a_j)}{f_i(a_j)},\ f_i^{\min}(a_j) = \min_{1\leqslant j\leqslant n} f_i(a_j) \tag{2-25}$$

从上式我们可以看出，比例变换无法满足消除量纲和归一化的需求，并且能保证 $f_i(x)$ 中的最好值为 1，最差缺不等于 0。

② 非线性比例变换法

非线性比例变换法是将属性之差按照一定比例进行归一化和无量纲处理，也会根据正向指标和负向指标进行处理。

其中正向指标的变换为：

$$r'_{ij} = \frac{f_i(a_j) - f_i^{\min}(a_j)}{f_i^{\max}(a_j) - f_i^{\min}(a_j)} \tag{2-26}$$

负向指标的变换为：

$$r'_{ij} = \frac{f_i^{\max}(a_j) - f_i(a_j)}{f_i^{\max}(a_j) - f_i^{\min}(a_j)} \tag{2-27}$$

显然，非线性比例变换方法能够将不同目标之间的量纲归一化处理，不仅能够有效保障最优属性值为 1，并且能够使最差属性的值为 0。但是这种变换是不能将各个属性值(目标)按照一定比例进行变换，也只有变换后的 r'_{ij} 具有相对值的意义。

2. 加权决策法

方案集经过初选以后，被保留的方案还需要进行决策分析，以最终得到一个满意解。加权决策法便是一种用来进行这种决策分析的常用方法。加权决策法和第 3 章介绍的加权法有所不同，后者要求权重预先给定，前者则通过一定的客观事实，在决策者偏好的基础上，计算各因素的相对重要性次序的权重，然后根据权重对方案进行排序。本节介绍层次分析法（analytical hierarchy process，AHP）和权重调查方法。

①层次分析法

层次分析法是美国运筹学家、匹兹堡大学教授 Saaty 在 20 世纪 70 年代初提出的。它的特点是把复杂问题中的各种因素通过划分相互联系的有序层次使之条理化；根据对一定客观现实的主观判断（主要是两两比较），将每一层次引述的相对重要性进行定量描述；利用数学方法确定反映每一层次全部因素的相对重要性次序的权值；通过所有层次之间的总排序，确定所有方案的排序。

②层次分析法基本原理

首先将复杂问题层次化，构造一个递阶分析的结构模型，如图 2-7 所示。最高层表示总体目标；中间层（可能不止一层）表示具体目标或准则层；最低层为选用的评价因素，或措施，或方案层。

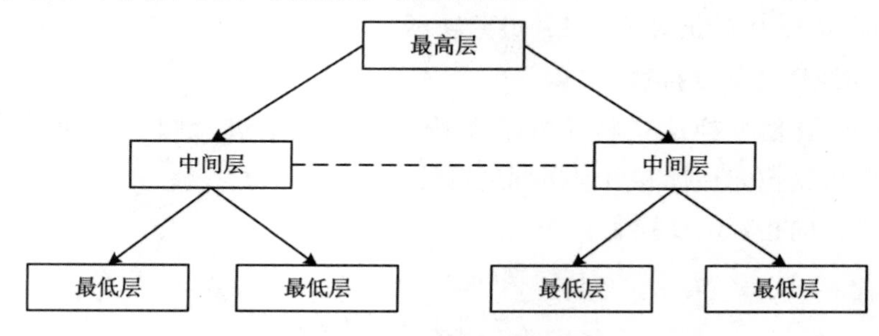

图 2-7　递阶加权层次结构示意图

建立模型后，问题即转化为层次中的排序计算问题。将每层的排序计算问题简化为一系列成对因素的判断比较，并根据一定的比率标度将判断定量化，形成比较判断矩阵。通过判断矩阵的最大特征值及其特征向量，可计算出某层次因素相对于上一层次中某一因素的相对重要性权重，这种排序计算称为层次单排序。为了得到某一层次相对上一层次的组合权重，可用上一层次各个因素分别与下一层次各个因素相互比较判断的准则，得出下一层次因素相对上一层次因素的相对重要性权值，然后用上一层次因素的组合权值加权，即得到下一层次因素相对上一层次整个层次的组合权值。这种排序计算称为层次的总排序。依次沿递阶层次结构由上而下逐层计算，即可计算出最低层次元素相对于最高层次的相对重要性权值，或相对优劣的排序值。

③层次分析法基本步骤

层次分析法的基本计算步骤如下，

i. 明确问题和建立层次结构。将系统的影响因素（自标，可行方案等）分门别类。层次结构是指根据系统中各因素的特点，将其分成不同层次。按照最高层、若干有关的中间层和最低层的形式排列起来。对于决策问题，最高层表示解决问题的目的：中间层表示采用某种方案实现预定目标所涉及的中间环节，中间层根据问题的复杂程度还可分为多个层次，如策略层、约束层和准则层等：最低层表示解决问题的可行方案。

相邻层次之间一般各元素只有部分发生联系。也就是说，不是某一层次的一元素与相邻层次的所有元素都发生联系。

ii 构造判断矩阵

因素的两两比较是用来获取决策者的偏好信息的一种比较实际的手段，AHP 方法要求决策者对每一个层次的各元素的相对重要性作出判断。这些判断用数值表示出来就是判断矩阵，它是 AHP 方法的信息基础。AHP 方法中的判断矩阵是指针对上一层次的某一元素，本层次有关元素之间的相对重要性。

iii 层次单排序及一致性检验

所谓层次单排序就是针对上一层次某个元素得到的判断矩阵，计算本层次与之有联系的元素的权值。这些权重反映了这些互有联系的元素的相对重要性。基本思路是首先根据判断矩阵计算各元素的权值，然后检验判断矩阵的一致性。

iv 层次总排序并择优

如前所述，层次单排序的意义是针对上一层次的某一元素而言，本层次有关元素之间的相对重要性。而所谓层次总排序则利用同一层次中所有元素的单排序结果，计算针对上一层次所有元素而言本层次所有元素的权值。这些权值反映同层次各元素之间的相对重要性。

层次总排序的思路是从上到下按顺序逐层进行排序，对于最高层下面的第层（次最高层），层次单排序就是总排序。

④方案初选方法

对于离散多目标决策问题而言，行动方案是已知的。这些方案并非都是非劣的。在应用决策方法求取满意方案之前，应发现并剔除那些明显劣的方案，以减轻决策分析的负担。这里介绍优选法、连接法和分离法等几种初选方案的方法。

（1）优选法

优选法直接应用非劣的定义剔除劣方案，其基本思路如下：若对于一属性，方案 A 优于方案 B，并且对于所有别的属性，方案 A 均不劣于方案 B，则方案 B 是劣方案，应剔除。

这种方法能剔除决策问题中所有的劣方案，下面要求确定各属性的权重，并且无须对属性值进行规范化。但这种方法不能体现决策者的偏好，即不能在非劣解中作任何取舍。例如，某个非劣方案中某些重要属性的取值较差，此法也不会将其剔除。

（2）连接法

这种方法考虑了决策者的偏好。它要求决策者对每个属性都提供一个能接受的下限值，称为剔除值。只有当某个方案对应的每个属性均不低于相应的剔除值时，该方案才不被剔除。

应用这种方法进行决策的例子很多，如大学生每门必修课的考试成绩不能低于60分；企业生产计划中每项经济指标不能低于规定的值，超奖少罚，这些都是规定剔除值的例子。这种方法自然存在片面性，也就是属性之间不能补偿。按照这种思路，一个方案只要它对于一个属性的值没有超过给定的剔除值，那么无论它对于别的属性取什么值，都不能将它作为可取方案进行考虑。例如，一位作文水平相当高的学生，可能因为数学成绩没有超过60分而失去深造的机会。

（3）分离法

这种方法也要求对每个属性提供一个剔除值，但与连接法的需求相反，它规定某一方案只要对于一个属性超过了该剔除值，就保留该方案。

例如，在选拔人才的决策问题中，有时规定有一技之长的人都可录用，这种选拔人才的方法就是分离法，它适合于用来选拔特殊的专门人才、冒尖的人才等。但是，这种选才的方法仅考虑了一技之长，而忽视了其他方面的缺点，并且平均发展的人不被重视。因此，分离法也有片面性。

（4）基于理想点法

Hwang于1981年第一次提出基于理想点的排序方法，随之被广泛应用于决策中的优化问题。该方法首先需要决策者根据实际问题定义一个理想方案（可能该方案不成立），将各备选方案与正负理想解的距离进行比较，以靠近正理想解和远离负理想解两个评价依据为基准，对各个待评方案进行排序并作出最优决策。

①基本原理

基于理想点方法（Technique for Order Preference by Similarity to Ideal Solution，TOPSIS）的基本思路是定义决策问题的正理想解和负理想解，并给定一种距离度量技术，依据度量技术去测度每一种方法与正理想解和负理想解的距离，该距离越靠近正理想解，则说明该方案最优。

正理想解是一种假定的偏好方案，简记为A^+，它往往是不成立的，并要

求 A^+ 所对应的各个属性的值至少达到各个候选方案中的最好值。负理想解是一个假定的最坏方案，简记为 A^-，它往往也是不成立的，且一般要求 A^- 所产生的各个属性值都至少不优于各个可行方案中的最坏值。为所有方案排序的决策规则就是把实际可行解与正理想解和负理想解进行距离测度，若某个方案可行解最靠近理想解同时又远离负理想解，则此解是方案集的满意解。

② 距离度量

为了度量可行方案靠近正理想解和远离负理想解的程度，需要采用一定的距离测度。基于理想点的决策方法采用了几何度量的测度手段来刻度相对接近距离。

几何距离测度。几何距离测度是通常的距离概念，包括欧式距离、切比雪夫距离等测度手段，当采用这种度量手段时，往往会碰到某个解尽管离正理想解最近，但是不能保证离负理想解远，致使决策结果不客观准确。

相对贴近测度。假定决策问题有 m 目标函数 $f_j(x)$，$j=1, 2, \cdots, m$，存在 n 个可行方案 A_i，$i=1, 2, \cdots, m$，并设定该问题的规范化加权目标的正理想点为 $Z^+=(Z_1^+, Z_2^+, \cdots, Z_m^+)^T$。用欧几里得范数作为距离的度量，于是任意可行解到正理想点的距离可以表示为：

$$D_i^{\ +}=\left(\sum_{j=1}^{m}(Z_{ij}-Z_j^+)^2\right)^{1/2} \quad i=1, 2, \cdots, n \tag{2-28}$$

这里 Z_{ij} 为第 j 个目标对于第 i 个方案的规范划权重值。

类似的，可以定义任意可行解到负理想解之间的距离。设该问题的规范化加权目标的负理想点 $Z^-=(Z_1^-, Z_2^-, \cdots, Z_m^-)$，

$$D_i^{\ -}=\left(\sum_{j=1}^{m}(Z_{ij}-Z_j^-)^2\right)^{1/2} \quad i=1, 2, \cdots, n \tag{2-29}$$

于是，针对任意可行解的相对贴近度定义为：

$$C_i^* = \frac{D_i^-}{D_i^+ + D_i^-} \tag{2-30}$$

显然，$0 \leqslant C_i^* \leqslant 1$，$i=1, 2, \cdots, n$，当 $D_i^-=0$ 时，$C_i=0$；当 $D_i^+=0$ 时，$C_i=1$；所以 C_i 越大，表明评价方案离正理想解的距离越小，离负理想解的距离越远，因而其评价结果较好。

③ 基于理想点法算法步骤

第一步　设多目标问题的决策矩阵为 X。由 X 可构成规范化的决策矩阵为 Z'，其中的元素为 Z'_{ij}。

$$Z'_{ij} = \frac{f_{ij}(x)}{\sqrt{\sum_{i=1}^{n} f_{ij}(x)}} \quad i=1, 2, \cdots, n \quad j=1, 2, \cdots, m \qquad (2\text{-}31)$$

其中$f_{ij}(x)$由决策矩阵给出。

第二步　构造规范化的加权决策矩阵 Z，其中元素为 Z_{ij}。

$$Z_{ij} = \quad {}_{j}Z'_{ij} \quad i=1, 2, \cdots, n \quad j=1, 2, \cdots, m$$

其中　${}_{j}$ 为第 j 个目标的权重。

第三步　确定正理想解 $Z^{+} = (Z_1^{+}, Z_2^{+}, \cdots, Z_m^{+})^T$ 和负理想解 $Z^{-} = (Z_1^{-}, Z_2^{-}, \cdots, Z_m^{-})$。

第四步　计算每个方案到理想点的距离和每个方案到负理想点的距离。

第五步　根据相对贴近度公式计算每个方案接近理想点的相对贴近度 C_i^{*}。

第六步　根据每个方案的相对贴近度 C_i^{*} 的大小对方案排序并做出决策。

（3）连续多目标决策问题

多目标决策是对多个相互矛盾的目标进行科学、合理的选优，然后做出决策的理论和方法。它是20世纪70年代后迅速发展起来的管理科学的一个新的分支。多目标决策与只为了达到一个目标而从很多可行方案中选出最佳方案的一般决策有所不同。

常用的方法有下述几种；

1. 化多为少法。即将多目标改为由一个统一的综合目标来比较方案。包括综合评分法、平方和法及约束法。

2. 目标分层法。把所有目标分别按其重要性排一个次序。

3. 分层序列法：将所有目标按其重要性程度依次排序，先求出第一个最重要的目标的最优解，然后在保证前一目标最优解的前提下依次求下一目标的最优解，一直求到最后一个目标为止。

4. 直接求非劣解法：先求出一组非劣解，然后按事先确定好的评价标准从中找出一个满意的解。

5. 目标规划法：对于每一个目标都事先给定一个期望值，然后在满足系统一定约束条件下，找出与目标期望值最近的解。

6. 多属性效用法：各个目标均用表示效用程度大小的效用函数表示，通过效用函数构成多目标的综合效用函数，以此来评价各个可行方案的优劣。

7. 层次分析法：把目标体系结构予以展开，求得目标与决策方案的计量关系。

8. 重排序法：把原来的不好比较的非劣解通过其他办法使其排出优劣次序来。

连续多目标问题的主要特点有：

（1）是具有多个目标的有限个决策变量相互制约的问题。

（2）多个目标函数以及多个决策变量之间具有已知的函数关系表达式。

（3）由多个约束条件组成的可行域中，存在无限多个的可行方案。

将已知目标函数均取最小时，连续多目标问题可由以下定义：

$$\begin{aligned} &\min F(x) = (f_1(x), f_2(x), \cdots, f_t(x)) \\ &s.t.\ x \in X \end{aligned} \tag{2-32}$$

$x = (x_1, x_2, \cdots, x_n)^T$ 表示以上连续多目标函数的决策变量，X 表示可行域，$F(x) = (f_1(x), f_2(x), \cdots, f_n(x))$ 表示目标函数。

与离散多目标问题类似，以上连续多目标问题通常情况下无法找到其最优解，一般情况下只能得到该问题的非劣解。若目标函数对应的价值函数表示为 V，那么以上连续多目标问题的非劣解就对应下列单目标数学规划问题的最优解，即：

$$\begin{aligned} &\min V(f_1(x), f_2(x), \cdots, f_t(x)) \\ &s.t.\ x \in X \end{aligned} \tag{2-33}$$

由以上描述可以得出：在已知多目标决策问题的价值函数的前提条件下，就可以减少对其他多目标决策方法的研究。然而，通常情况下，研究者得到的并不是对应价值函数的显式表达式，而时隐式的，此时，就需要根据已知信息利用不同的途径寻求决策者的偏好信息。并且可以把求解连续型多目标决策问题描述为以下一般问题：

$$\begin{aligned} &DS(f_1(x), f_2(x), \cdots, f_t(x)) \\ &s.t.\ x \in X \end{aligned} \tag{2-34}$$

其中，DS 表示决策者在不同偏好信息条件下选择的适当的决策方法，并在可行的方案集 X 中寻求一个满意解。

4 基于整体偏好的方法

（1）交互式方法

交互式决策方法一般都具有这样的特点：即在问题求解过程中，这类方法是需要决策者与决策分析者进行不断地对话，持续地参与决策过程，在决策者和分析者的相互作用中，逐步获得决策者的偏好结构，最后得到令人满意的决策。并且由于描述决策者偏好的具体方式不同，可以利用置换率或参考点等形成多种不同的决策方法。

交互式决策方法的一般步骤如下所示：

(1) 明确需要决策的问题，并将问题用数学模型进行描述。

(2) 对于现有的决策问题，求出一个决策者比较偏好的可行的非劣解。

(3) 与决策者交换信息，征求决策者对当前解的意见。

(4) 如果决策者很满意当前解或者决策过程的终止判断被满足，当前解为现有决策问题的最佳调和解，此时决策过程结束。否则，将按照下述步骤持续进行。

(5) 根据决策者的意见对决策方法进行调整、修改，求出在相应偏好下比较好的非劣解，返回第(3) 步。

(2) 均衡规划

均衡规划方法是连续多目标问题求解中常用方法之一。一般，应用该方法需要明确三个量：(1) 决策者对决策问题偏好的权重大小，用 ω 来表示；(2) 理想向量 f^*；(3) 与理想点的测度标准 L_l，l 为其参数。

为了方便描述，我们将理想向量定义为：$F^* = (f_1^*, f_2^*, \cdots, f_t^*)$，其中的任一单理想向量是由求解下述问题得到：

$$\begin{aligned} &\min F(x) = (f_1(x), f_2(x), \cdots, f_t(x)) \\ &s.t. x \in X \end{aligned} \tag{2-35}$$

若对以上 t 个目标函数都在 x^* 处取得可行域内的可行解，那么 $F^* = (f_1^*, f_2^*, \cdots, f_t^*)$ 则为该连续多目标问题的最优解，然而，这种情况一般是极少见的。因此，研究者通常是把该理想解当作是对非劣解的估算标准。此时，求解连续多目标问题就转化为了求解最接近理想点的可行解集，并从中挑选出符合实际问题的一个解。

那么，如何测量非劣解是否接近理想点呢？常用的测度标准为一族度量标准 L_l，它是对距离的一种几何刻画。当 $l = \infty$时，L_l 叫做切比雪夫范数；当 $l = 2$ 时，L_l 叫做欧几里得范数；当 $l = 1$ 时，L_l 叫做绝对值范数。L_l 还有以下两种表达方式：

$$L_l = \left[\sum_{i=1}^{t} \omega_i^l (f_i^* - f_i(x))^l \right]^{1/l} \tag{2-36}$$

或者

$$L_l = \sum_{i=1}^{t} \omega_i^l (f_i^* - f_i(x))^l \tag{2-37}$$

并且 $1 \leqslant l \leqslant \infty$。

若已知连续多目标决策问题有权重向量 $\omega = (\omega_1, \omega_2, \cdots, \omega_t)$，并将该问题的均衡解 x_t^* 作以下解释：

$$\min L_l(x) = L_l(x_l^*)$$
$$s.t. x \in X \tag{2-38}$$

式(2-33)的均衡解通过给定的权重集 $\omega = (\omega_1, \omega_2, \cdots, \omega_t)$ 对 $1 \leqslant l \leqslant \infty$ 进行求解与计算。令 $\omega_1 = \omega_2 = \cdots = \omega_t = 1$，并设 $\hat{f}_i = f_i^* - f_i(x)$，此时(2-33)可以表示为：

$$L_l = \sum_{i=1}^{p} \hat{f}_i^{l-1}(f_i^* - f_i(x)) \tag{2-39}$$

特殊的，当 $l = 1$ 时，有：

$$L_l = L_1 = \sum_{i=1}^{p} (f_i^* - f_i(x)) \tag{2-40}$$

此时，我们的目标实际值与理想值出现的偏差就是相同的了。

类似的，当 $l = 2$ 时，多目标问题：

$$\min F(x) = (f_1(x), f_2(x), \cdots, f_t(x))$$
$$s.t. x \in X, \ \forall \ i = 1, 2, \cdots, t$$

转化为：

$$L_l = L_2 = \sum_{i=1}^{p} \hat{f}_i(f_i^* - f_i(x)) \tag{2-41}$$

由于每个偏差权重的选取与其大小关系是相对应的，即我们选择的偏差越大，那么权重即越大。并且可以发现，当 l 的取值越来越大直至趋于无穷时有：

$$L_\infty = \max_{\forall i} \sum_{i=1}^{p} (f_i^* - f_i(x)) \tag{2-42}$$

等式(2-41)可以清楚的反映出 l 的选择来源于决策者对最大偏差的偏好，l 越大，说明决策者更关注最大偏差的情况，对权重大展现出来的情况更为关心。

在式(2-35)与式(2-36)提出度量决策者对不同目标重要性选择的偏好下，可以将式(2-35)和式(2-36)展示为：

$$L_l = \sum_{i=1}^{p} \omega_i \hat{f}_i^{\,l-1}(f_i^* - f_i(x)) \tag{2-43}$$

$(f_i^* - f_i(x))$ 通过对 l 的选择按照比例变化，目标权重按照 l 次幂变化，直

到当 l 取到无穷的时候，此时即：

$$L_{\infty}=\max_{\forall i}\sum_{i=1}^{p}(f_i^*-f_i(x))$$

但其实，我们在实际计算过程当中，需要对几个目标函数的偏差范围有一个衡量，即规范化目标函数的偏差，用式子代表，就相当于用$(f_i^*-f_i(x))/(f_i^*-f_i{}^0)$ 来代替$(f_i^*-f_i(x))$，这样可以保证各目标函数具有相同的范围，并且可以清楚地知道，该范围控制在(0，1) 区间内。

下面，我们对 f^0 作一个解释，f^0 是由下面这个式子计算出来的：

$$f^0=\min f_i(x) \quad s.t.\ x\in X,\ \forall i=1,2,\cdots,t \tag{2-44}$$

其中，X^* 作为 x 的非劣解集，可以将式子(2-37) 改写为：

$$\min L_l(x)=\sum_{i=1}^{p}\omega_i\left(\frac{f_i^*-f_i(x)}{f_i^*-f_i^0}\right)=L_l(x_l^*) \tag{2-45}$$

$$s.t.\ x\in X$$

在求解式子(2-45) 时，对于任意一个 l 满足 $1\leqslant l\leqslant\infty$，存在非劣点；当 l 取 $l=\infty$时，此时就至少有一个 x_∞^* 是非劣解，若将 x_∞^* 当中的非劣解放在均衡解集当中，那么均衡解集就是属于非劣解集 X^* 的。决策者理想的均衡解就可以在这个子集或均衡集当中来进行。若决策者能够在该解集中寻找到满意解的话，寻找理想点的过程结束；否则，要将不满足找到满意解的解集进行重新定义，对理想点进行重新定义，直至找到决策者想要的最佳均衡解为止。

第五节　经典优化智能算法

一、粒子群优化算法

（一）算法起源

粒子群算法（Particle Swarm Optimization，PSO）是由 Eberhart 和 Kennedy 于 1995 年提出的一种进化计算技术，该算法受到鸟群早捕食活动过程中相互传递信息的启发，进而利用群体智能优化建立一个易于计算的简化模型。粒子群算法在对生物集群活动行为观察的基础之上，利用群体中的个体信息共享机制促使整个群体的活动在问题的求解空间中产生解空间，最终通过迭代寻优获得最优解。粒子群算法在操作上易于实现，精度高、收敛性快等优点收到了学术界和工业界的重视，并在解决工程实践问题中表现出一定的优越性。

（二）算法模型

设想存在这样一个鸟群捕食的情景：一群鸟在捕食区域随机寻找食物源，并且在这个区域里只有一个食物源。假定所有鸟都不知道食物源在哪里，但通过信息交互它们知道当前的位置距离食物源还有多远。如何简单有效的对食物源进行搜索呢？我们首先想到的是寻找鸟群中离食物最近的鸟来进行搜索。于是，我们可以用一种粒子来表征上述情景中的鸟类个体，把每个粒子视为 N 维搜索空间中的一个搜索个体，其当前所处的具体位置可以作为对用优化问题中的一个具体的候选解。其中，粒子的飞行过程即为该个体的搜索过程，粒子的飞行速度可根据粒子历史最优位置和种群历史最优位置进行动态调整。因此，粒子具有两个属性：速度和位置，速度代表寻找最优解移动的快慢，位置代表移动的方向。而粒子群中每个粒子单独搜寻的最优解叫做个体值，粒子群中最优的个体值作为当前全局最优解。通过不断迭代上述过程，更新粒子的速度和位置，最终可以得到满足终止条件的最优解。

（三）算法具体流程

1. 初始化

首先，根据最优化问题设置目标函数的自变量个数（搜索空间维数）D，粒子群的个数 N，最大迭代次数 M，位置信息为整个搜索空间，我们在速度区间和搜索空间上随机初始化速度和位置，为每个粒子初始化一个飞行速度和位置(随机解)。

2. 个体极值和全局最优解

定义一个适应度函数。在每一次迭代过程中，粒子通过跟踪两个极值来更新自己的状态：一个是粒子更新本身状态寻找到的最优解，这个解称之为个体极值；另一个是通过整个群体目前找到的最优解，这个极值我们称之为本次全局最优解。另外也可以通过整个群体中的部分粒子作为邻居，此时在所有邻居中的极值就是局部极值。

3. 更新速度和位置公式

假设在一个 D 维目标搜索空间中，有 N 个粒子组成的一个群落，其中第 i

个粒子表示为一个 D 维向量：

$$X_i = (x_{i1}, x_{i2}, \cdots, x_{iD}) \quad i = 1, 2, \cdots, N,$$

第 i 个粒子的飞行速度也是一个 D 维向量，可以表示为：

$$V_i = (v_{i1}, v_{i2}, \cdots, v_{iD}) \quad i = 1, 2, \cdots, N,$$

第 i 个粒子目前为止搜索到的最优位置称为个体机制，可以表示为：

$$P_{best} = (p_{i1}, p_{i2}, \cdots, p_{iD}) \quad i = 1, 2, \cdots, N,$$

整个群体目前为止搜索到的最优位置为全局机制，可以表示为

$$g_{best} = (p_{g1}, p_{g2}, \cdots, p_{gD}) \quad g = 1, 2, \cdots, N,$$

在找到这两个最优值时，粒子可以根据如下公式来更新自己的飞行速度和位置：

$$v_{id} = w * v_{id} + c_1 r_1 (p_{id} - x_{id}) + c_2 r_2 (p_{gd} - x_{id}) \tag{2-46}$$

$$x_{id} = x_{id} + v_{id} \tag{2-47}$$

其中，w 称之为惯性因子，其值非负，可以通过调整 w 的值来对局部寻优和全局寻优进行调整，其值较大时，全局寻优能力强，局部寻优能力弱；其值较小时，全局寻优能力弱，局部寻优能力强。c_1 和 c_2 称为学习因子，也称之为加速常数，前者为每个粒子的个体学习因子，或者为整个粒子群的群体学习因子。r_1，r_2 为[0，1]范围内的均匀随机数。式子 $v_{id} = w * v_{id} + c_1 r_1 (p_{id} - x_{id}) + c_2 r_2 (p_{gd} - x_{id})$ 右边三部分含义如下：

$w * v_{id}$ 反应粒子的运动惯性，代表粒子维持原有先前速度的趋势，我们称之为惯性部分

$c_1 r_1 (p_{id} - x_{id})$ 反应粒子对自身历史经验的综合，代表粒子向自身历史最佳位置逼近的趋势。

$c_2 r_2 (p_{gd} - x_{id})$ 反应粒子群之间协同合作与知识共享的群体历史经验，代表粒子有向整个群体或邻域历史最佳位置运动的趋势。

每个粒子的更新方式可以用如下图 2-8 直观表示。

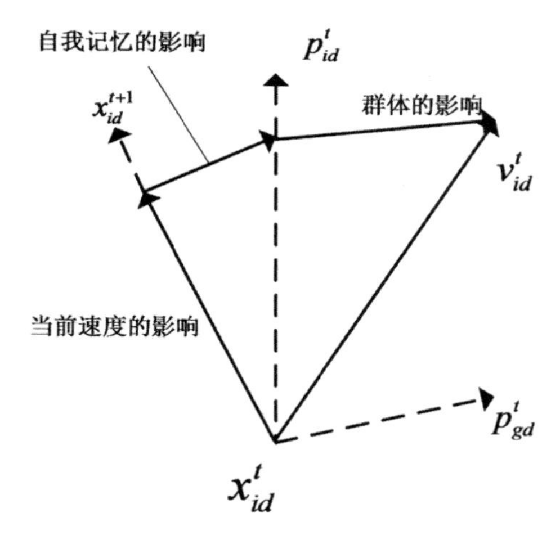

图 2-8　粒子群更新的方式

粒子群算法具有较强的搜索能力，在求解多目标最优解时表现出快速的收敛能力。通过代表整个解集种群，按照并行方式可以同时搜索多个 pareto 最优解。同时，粒子群算法的移植性和通用性比较好，适合处理多种类型的目标函数和约束，并且容易与传统的优化方法想结合，从而改进自身的局限性，更高效的解决实际问题。因此，将粒子群算法应用解决多目标优化问题具有较强的优势。

4. 程序设计

粒子群算法的基本流程图如图 2-9 所示，其具体过程可作如下解释：

（1）初始化粒子群，给定每个粒子速度 v_i 和位置 x_i 的初值，并当前位置设置为历史最优值 p_{bset}，群体中的最优个体作为当前的 g_{best}；

（2）在每一次迭代进化中，计算出每个粒子的适应度函数值；

（3）如果当前适应度函数值优于历史最优值，则更新个体极值 p_{best}；

（4）如果当前适应度函数值优于全局历史最优值，则更新全局极值 g_{best}

（5）对每个粒子的第 d 维的速度和位置分别按照速度和位置更新公式更新；

（6）如果满足终止条件（误差能够满足条件或者达到最大迭代循环次数）则退出，否则继续返回步骤二。

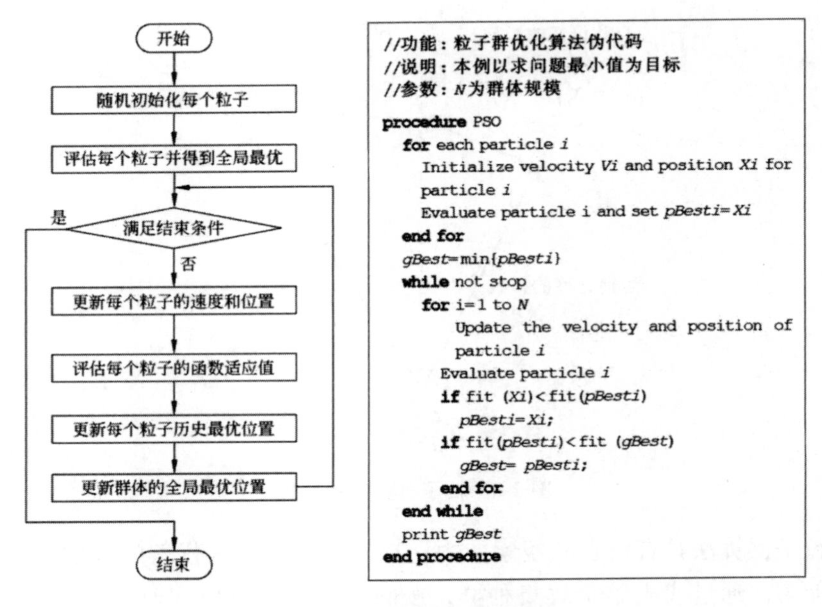

图 2-9 粒子群算法流程图

二、遗传算法

（一）算法起源

遗传算法（Genetic Algorithm，GA）最初是由美国 John holland 教授于 20 世纪 70 年代提出，该算法受大自然中生物进化机制的启发，通过达尔文生物进化论的自然选择和遗传学机理进行的生物演化计算过程，这种过程能够通过模拟生物进化来搜索最优解，其特点是遵循适者生存、优胜劣汰的法则，保留有用的个体和去除无用的个体。目前，遗传算法以其易于计算和编码的特征已被广泛应用于组合优化、大规模系统优化、自适应控制系统、机器学习和信号处理等领域。

（二）算法基本原理

遗传算法是模拟生物进化过程的演化计算，其计算始终根据自然进化过程搜索目标最优解，其具体过程包括遗传、变异以及自然选择等。该算法在适应度函数选择不当时，因交叉选择可能会导致局部收敛而不能达到全局最优解。

遗传算法是从代表求解问题可能潜在的解集的一个种群（Population）开始，而一个种群则由经过基因编码的一定数目的个体（Individual）组成。每个个体实际上是染色体（Chromosome）带有特征的实体，染色体作为遗传物质的主要载体，即多个基因组成的集合，其内部表现为某种基因组合，这种组合决定了个体形状的外部表现。由于仿照基因编码的工作很复杂，通常情况下需要简化，例如二进制编码，第一代种群产生之后，按照适者生存和优胜劣汰的原理，逐代演化产生出越来越好的近似最优解，当满足一定的终止条件后，随机产生帕累托最优解。

在每一代迭代更新的过程中，可以根据问题中个体的适应度（Fitness）大小来选择个体，并且借助于生物自然进化的的遗传算子（Genetic Operators）进行组合交叉（Crossover）与变异（Mutation），产生出代表新的解集的种群。这个过程将会导致种群像自然进化一样的后生代种群比前代更加适应环境，末代种群中最优个体将经过解码以后可以作为问题的帕累托最优解。

1. 相关术语

（1）染色体：和生物学中的概念一致，称之为基因型个体，一定数量的个体就组成了基因群体，群体中个体的数量称之为群体大小

（2）基因：是指染色体中的元素，主要用于表达个体的特征。例如，解码串 S=0101，这个串 S 里面的 0、1、0、1 分别称之为基因，其值称为等位基因。

（3）基因位：是指在算法中表示某一个基因在串中的位置，从左往右计算，例如串 S=0101 中，0 的基因位置有 1 和 3。

（4）交叉：指两个染色体交换部分基因得到两个新的子代染色体。

（5）变异：染色体某些基因位的数值发生变化，例如 S=0101 变成 0111。

（6）特征值：在串表示整数时，该基因的特征值与二进制数的权一致，例如在串 S=0101 中，基因位置是 4 中的 1，它的基因位置特征是 1。

（7）适应度：每个个体对环境的适应程度称之为适应度（Fitness）。它主要体现在染色体对环境的适应能力。这里为了便于度量每个染色体适应环境的能力，我们引入了适应度函数，该函数是计算每个个体在基因群体中被使用的概率。

2. 算法特点

遗传算法从问题本身的串集开始搜索，而不是从单个最优解开始逐步搜索。传统算法一般首先给定一个初始解逐步迭代寻求最优解，容易陷入局部

最优。而遗传算法则是从编码的串集中开始寻优搜索，覆盖面积大，利于搜索全局最优解。除此之外，遗传算法具有自组织、自适应和自学习性，可以在进化过程中根据环境信息进行自组织搜索，适应度大的个体具有较高的生存概率，并能够改善基因更加适应环境。其特征主要在于如下：

（1）首先根据问题选定一组随机候选解，用于后续步骤更新和检验。

（2）依据基因表达和特征值，结合经验选择来拟定适应性条件来测算随机候选解的适应度。

（3）选取适应度高的候选解，淘汰表现不佳的候选解。

（4）对生存下来的候选解进行遗传、突变和交叉等操作，迭代更新候选解。

（三）算法流程

（1）染色体编码：对于特定的优化问题，需要通过经验找到一种简单且不影响算法性能的编码方式，染色体编码方式将直接对染色体的交叉和变异操作构成影响。目前常用方式为二进制编码、字母编码、浮点数编码。

（2）群体初始化：群体初始化一般采用随机数初始方法，接着在给定的初始化群体中进行搜索。初始化染色体时必须注意染色体是否满足最优问题对有效解的要求。如果在初始化进行时保证初始化群体是优良的，将能够有效提高算法全局寻优能力。

（3）适应度函数评估：适应度函数用来评估各个染色体的适应值，进而对各个染色体进行区分。评估函数一般而言是通过问题的优化目标来确定。

（4）选择（算子）：种群的选择是优胜劣汰的过程，这样能够把优化的个体直接遗传到下一代。选择算子主要有适应度比例法、局部选择法、随机遍历抽样法等。

（5）交配（算子）：遗传算法起核心作用的便是遗传操作中的交叉操作，交叉是指将上一代的的两个染色体中的部分结构替换重组，形成新的染色体。通过交叉，遗传算法的寻优搜索能力将快速提高。

（6）变异（算子）：变异的核心在于对群体中的染色体的基因位做变动，对于交配后的性染色体的每一个基因位根据变异概率 P 判断该基因位是否进行变异。

具体算法流程图和伪代码如下：

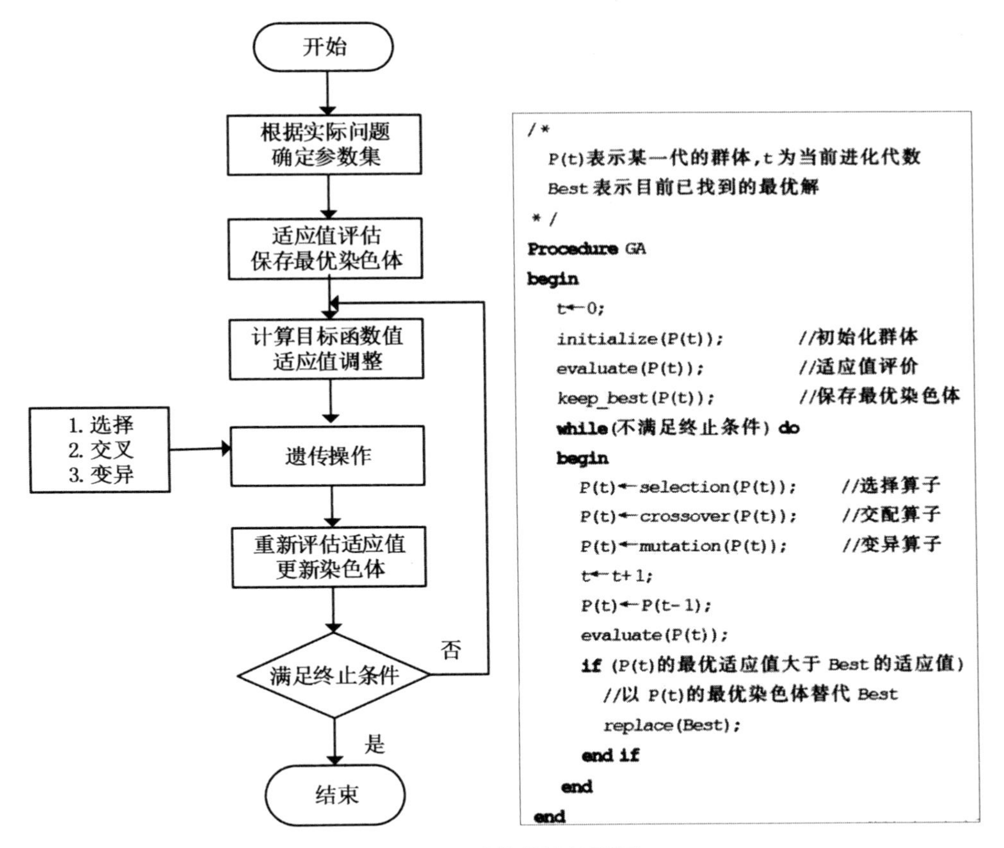

图 2-10　遗传算法流程图

三、蚁群算法

（一）算法起源

蚁群算法（Ant Colony Optimization）是 Dorigo 于 1992 年在其博士论文中提出的一种寻找最优路径的智能优化算法，属于概率型算法，它是受自然界中客观存在的蚁群在寻找食物源过程中的行动路径和信息传递的启发而发现的。蚁群算法被提出时主要用于解决旅行商中路径最优问题，后逐渐推广至大规模离散系统中存在的最优问题。该算法本身具有比较强的鲁棒性，且其优良的分布式计算机制促使蚁群算法便于和其他仿生智能算法相结合，拓宽了其应用范围，现在常用来解决大规模组合优化问题、选址问题、凸优化问题、机器学习和数据挖掘方面的寻优问题。

（二）算法思路

蚂蚁寻找食物源过程中的行动路径极其简单，其行为数量在 10 种以内。但是，蚂蚁寻找食物是一种群体型行为，成千上万只蚂蚁能够拥有巨大的智慧，这需要它们在行动路径中进行信息互动-信息素传递。这种信息素能够标识蚂蚁行走的路径。在寻找食物源的过程中，蚂蚁根据信息素的浓度选择前进的方向，并能够到达食物所在的地方。

在寻找食物源过程中，最开始的路径中没有信息素，因此蚂蚁行走的路径是随机的。在随机过程中会不断释放信息素，标识自己的行走路径。随着时间的推移，开始寻找食物源的蚂蚁寻找到了食物，此时可能存在很多条从洞穴到食物源的路径。然而蚂蚁的行动轨迹的随机分布的，因此在单位时间内，短路径上的蚂蚁数量比长路径上的蚂蚁数量要多，那么短路径上的信息素浓度也就相对越高。这为后面的蚂蚁们提供了强有力的方向指引，会不断有蚂蚁聚集到最短的路径上去。在长路径上的信息素会随着时间的推移而逐渐挥发。

蚁群算法整体背景可以概括如下：

（1）高度结构化的组织-尽管蚂蚁的个体觅食行为极其简单，但其群体觅食却能够组成高度结构化的社会组织，单只蚂蚁有明确的分工，且还有信息互通和传递。

（2）群集智能优化-蚁群在觅食过程中，在没有任何信息提示下能够有效找到洞穴到食物源的最短路径，同时还能绕过障碍物寻找最优。这是依靠觅食过程中蚁群间的信息传递。

（3）信息正反馈-蚁群在觅食过程中，在其行动路径上释放信息素，在其他蚂蚁选择行动路径时，会根据路径上的信息素浓度进行选择，并倾向于朝着信息素浓度高的路径上移动。

（4）自催化行为-当某条行动路径上走过的蚂蚁越来越多时，路径上留下的信息素也越多（随时间蒸发一部分），其信息素强度将增大，后来蚂蚁选择该路径的概率也越高，从而进一步增加该路径的信息素强度。

（三）算法具体流程

结合前面介绍的蚁群算法基本思路，可以将蚁群算法的具体步骤总结如下：

（1）根据最优问题设置初始化蚂蚁数量，初始信息素数量并设置为相等，分头并行搜索；

（2）每只蚂蚁在寻找食物源的行动路径上释放信息素，信息素越多，表明该路径更优，信息素越少，表明该路径越差。也即解的质量与信息素成正相关；

（3）蚂蚁路径的选择根据信息素强度大小，同时考虑两点之间的距离，采用随机的局部搜索策略。这使得距离较短的边，其上的信息素量较大，后来的蚂蚁选择该边的概率也较高；

（4）每只蚂蚁只能走觅食过程中的路线，为此设置禁忌表来控制好寻优；

（5）所有蚂蚁都搜索完一次就是对整个解空间迭代一次，而每迭代一次就对所有的解（蚂蚁）进行一次信息素更新，将产生新的解（蚂蚁），新的解（蚂蚁）将进行新一轮的并行搜索。

（6）更新信息素包括对原有信息素的挥发和寻优路径上信息素的增加。

（7）达到满足条件的迭代步数，或出现停滞现象（所有蚂蚁都选择同样的路径，解不再变化），则算法结束，以当前最优解作为问题的最优解。

（四）表达方式

我们以旅行商问题（Travelling salesman problem，TSP）的最短路径为例，来具体描述蚁群算法的实现过程。旅行商问题是指给定 n 个城市，一个旅行商从某一个城市出发，访问各城市一次且仅有一次后返回到原出发城市，要求寻找一条最短的旅行路径。我们把旅行商抽象为蚂蚁，并进行如下问题描述。

假设 n 个城市的集合表示为 $C=\{c_1, c_2, \cdots, c_3\}$，集合 C 中两两城市的集合表示为 $E=\{e_{ij}=(c_i, c_j)\mid c_i \in C, c_j \in C\}$，$d_{ij}$ 表示边 e_{ij} 的欧式距离，$i, j=1, 2, \cdots, n$，$G=(C, E)$ 是一个有向图，旅行商问题的目的是从 G 中寻找出长度最短的路径。

m 代表蚂蚁数量，k 表示蚂蚁编号，t 表示时刻，η_{ij} 代表启发因子，用来表征蚂蚁由城市 i 转移到城市 j 的启发程度，τ_{ij} 表示边 e_{ij} 上的信息素，$\Delta\tau_{ij}$ 表示每经过一次迭代边 e_{ij} 上的信息素增量，$\Delta\tau_{ij}^k$ 表示第 k 只蚂蚁在本次迭代过程中在边 e_{ij} 上留下的信息素量，ρ 代表信息素挥发的系数$(0<\rho<1)$，$1-\rho$ 表示信息素持久性系数，$p_{ij}^k(t)$ 表示时刻 t 蚂蚁 k 由城市 i 转移到城市 j 的转移概率，$J_k(i)$ 表示蚂蚁 k 下一步行动选择的城市集合

计算公式如下：

（i）城市转移概率 $p_{ij}^{k}(t)=\begin{cases}\dfrac{[\tau_{ij}(t)]^{\alpha}\cdot[\eta_{ij}(t)]^{\beta}}{\sum\limits_{s\in J_k(i)}[\tau_{is}(t)]^{\alpha}\cdot[\eta_{is}(t)]^{\beta}}, & 如果 j\in J_k(i)\\ 0, & 如果 j\notin J_k(i)\end{cases}$，

这里 α 表示信息素的相对重要程度，β 表示启发式因子的相对重要程度。

（ii）其中启发式因子的计算公式：$\eta_{ij}=\dfrac{1}{d_{ij}}$

（iii）初始化 $\tau_{ij}(0)=\Gamma$，也即每条边上的信息素量均相等。当所有蚂蚁完成一次搜索后，各个行动路径上的信息素为：

$$\tau_{ij}(t+n)=(1-\rho)\tau_{ij}(t)+\Delta\tau_{ij}$$

$$\Delta\tau_{ij}=\sum_{k=1}^{m}\Delta\tau_{ij}^{k}$$

$\Delta\tau_{ij}^{k}=\begin{cases}\dfrac{Q}{L_k}\end{cases}$，若蚂蚁 k 在本次搜索中经过边 e_{ij}0，否则，这里 Q 为大于 0 的正常数，L_k 为蚂蚁 k 在本次搜索过程中所走路径的总长度。

（五）算法步骤

（i）初始化参数：设置每条边的信息素量均相等，即 $\tau_{ij}(0)=\Gamma$，且 $\Delta\tau_{ij}(0)=0$，蚁群规模数量 m，信息素重要程度 α，启发因子相对重要程度 β 等；

（ii）将各个蚂蚁设置各定顶点，禁忌表为对应的顶点；

（iii）计算每只蚂蚁的城市转移概率 $p_{ij}^{k}(t)$，随机选择下个一顶点，更新禁忌表，再次计算转移概率，再选择顶点，再更新禁忌表，直到遍历完所有顶点 1 次，即成功迭代一次；

（iv）计算每只蚂蚁留在各个边的信息素增量 $\Delta\tau_{ij}^{k}$，重复步骤(3)，直到 m 只蚂蚁均周游完毕，蚂蚁迭代更新；

（v）计算各边的信息素增量 $\Delta\tau_{ij}$ 和信息素量 $\tau_{ij}(t+n)$；

（*vi*）记录本次迭代的行动路径，更新当前最优路径，清空禁忌表；

（*vii*）判断是否达到最优解的要求，或者看是否出现停滞现象。若是，则算法结束，输出当前最优路径；否则，重复步骤（2）－（7），进行下一次迭代。

算法流程图如图 2-11

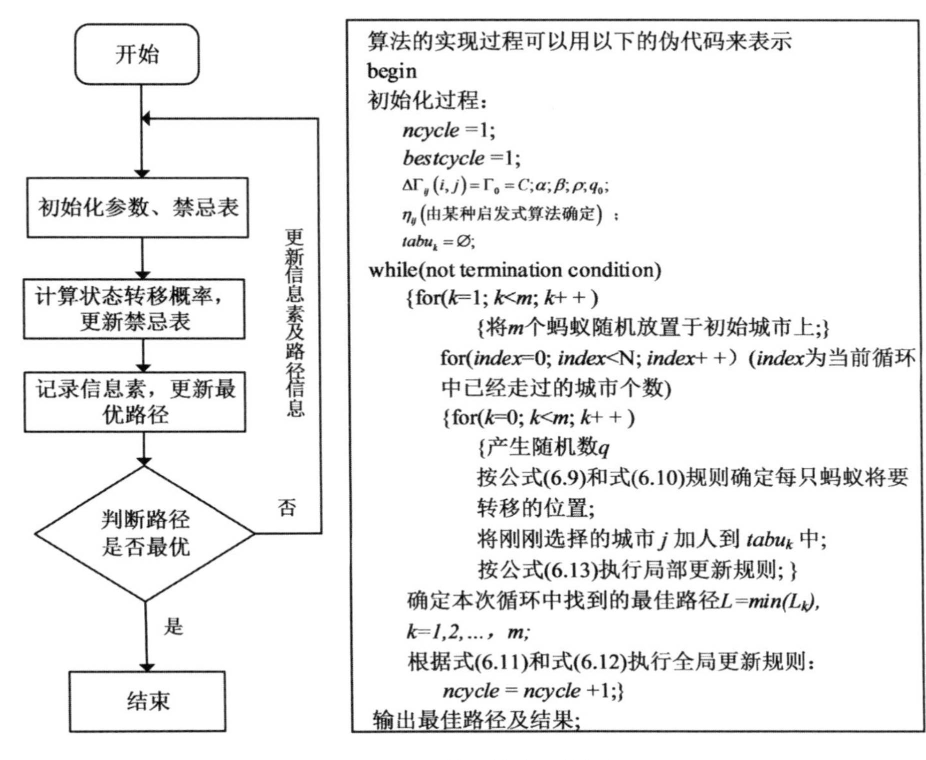

图 2-11　蚁群算法流程图

第六节　多目标决策应用进展

多目标决策在资源环境与经济协调发展领域的研究成果颇丰，主要以应用于水资源管理的成果较为显著。早在 20 世纪 60 年代初，叶秉如教授就把多目标规划引入到水利规划与管理之中。陈珽等（1983）提出一种在目标空间和权空间上对活的方法，并应用于大藤峡水库特征水位的选择；冯尚友等（1986）应用改进的多目标动态规划法对丹江口水库发电与供水两目标进行了分析；叶秉如等（1987）应用非劣解生成法、理想点法、改进权重法对三峡水库参数选择问题做了研究；董增川等（1991）研究了综合利用水库的多目标实时调度。

此外，多目标决策也多次运用到其他能源与经济协调发展问题中。赵媛等（2001）以江苏省为例运用多目标决策对能源与社会经济环境协调发展问题展开研究；张士强（2004）将多目标决策方法运用到山东省能源结构优化调整与可持续发展研究；卢庆华（2005）结合能源经济可持续发展问题，运用多目标决策的具体方法，研究了山东省能源经济可持续发展问题；李强强（2009）基于多目标动态投入产出优化模型的能源系统研究。总之，多目标决策已经逐渐发展成为一门独立的学科，多目标决策理论与方法现已经广泛的应用于人工智能、自然科学、能源环境、社会人口、工程管理、经济管理等领域，并且展现出强大的解决实际问题的能力。当然，还需要说明的是多目标决策仍然是一个发展迅速的新的研究领域，迄今为止还处在完善和发展阶段，其理论和方法都还有不少问题需要深入研究。

第三章　污水处理厂选址多目标决策问题研究

污水处理厂的选址非常重要，需要通过多目标决策的方法来进行定位，促使选址能够更加地科学、合理，其中在运用多目标决策方法的过程中需要解决一些基本问题。

第一节　污水处理厂建设背景及影响因素

一、污水处理厂建设背景

当前污水处理厂的建设存在很多问题，集中表现为以下五点。一是规划比较滞后，城市污水处理设施的选址不合理；二是存在盲目跟风现象，污水处理工艺选择不是很合理；三是设计比较保守，规模偏大造成设施能力部分存在闲置的状况；四是设计比较落后，传统方法现在已经不能获得令人满意的设计效果了；五是管理存在不规范不统一的问题，实际运行不能达到预期的效果。因此，面对这些现实存在的问题，当前我国污水处理厂的建设需要在多方面进行全面地加强和完善。

二、污水处理厂建设影响因素

污水处理厂建设方案的确是一项复杂的系统工程，它包含许多环节，其中首先要解决的是选址的问题，只有选址选好了，才能考虑污水的处理工艺、排放以及回水利用等问题。前期需要确定污水处理厂的位置，中期管理时涉及管理、维修等费用。结合城市污水理念的生态化转变，应当综合考虑污水处理厂址的基础环境条件、厂外配套管网的建设走向、污水厂恶臭对周边居住用地和敏感点的影响、污水处理水的再生回用、污水排放对受纳水体的影响。

这里从上述几个角度出发，阐述污水处理厂建设的影响因素。

其一，要对建设污水处理厂进行各项规划，其中包括了建设的整体规划以及各种专项规划，只有做好了规划，后续在建设的过程中才能更有方向和更有目标。其二，要遵守各项相关的法律法规及政策。例如要遵守《中华人民共和国城乡规划法》、《中华人民共和国环境保护法》、《中华人民共和国水污染防治实施细则》、《建设项目环境保护管理法》、《污水处理设施环境保护、监督管理办法》、《城市污水处理及污染防治技术政策》、《城市污水处理厂运行、维护及安全技术规程》、《城市污水处理厂附属建筑和附属设备设计标准》、《城镇污水处理厂污染物排放标准》等，这些都是污水处理厂设计建设必须要参考的依据。其三，要预算和控制好建设厂址的投资成本。污水处理厂的建设需要耗费一些资金，所以在建设的时候需要对建造的费用以及土地征收的费用等进行合理的资金投入。其四，要明确和利用不同的处理工艺。一般城市污水与城镇污水水质不同，需要不同的处理工艺。我国城市和城镇污水处理采用的工艺主要有：SBR 工艺系列、氧化沟工艺系列、传统活性污泥法、BIOLAK 工艺、BAF 工艺以及人工湿地等。其中，SBR 工艺系列、氧化沟工艺系列和活性污泥法是最为常见的工艺类型。其五，要做好对回水的利用工作。污水深度处理与再生回用是恢复水环境的必由之路，因此污水处理厂的回水利用（如工业回用或农业灌溉）效益也是确定建设方案时必须考虑的问题。

第二节　污水处理厂的工艺方案设计

一、污水处理厂的工艺方案简介

在确定工艺方案的时候，需要遵守一些原则，应当要慎重地进行选择。根据表 3-1 所示，可以看出很多二级处理的工艺。其中该表中的资料及数据来源于 2014 年版的《室外排水设计规范》，经过梳理之后绘制的关于污水处理厂的处理效率的表格。

表 3-1 污水处理厂的处理效率

<table>
<tr><td rowspan="3">项目
资料来源</td><td colspan="4">处理效率 %</td><td rowspan="3">备注</td></tr>
<tr><td colspan="2">一级处理</td><td colspan="2">二级处理</td></tr>
<tr><td>SS</td><td>BOD$_5$</td><td>SS</td><td>BOD$_5$</td></tr>
<tr><td>上海某污水厂</td><td>50</td><td>24</td><td>92</td><td>93</td><td>二级处理：活性污泥法
(1982~1984 年运行资料)</td></tr>
<tr><td>北京某中试厂</td><td>50</td><td>20</td><td>80</td><td>92</td><td>二级处理：活性污泥法</td></tr>
<tr><td>北京某污水厂</td><td></td><td></td><td>93</td><td>95</td><td>二级处理：活性污泥法</td></tr>
<tr><td rowspan="2">日本指标</td><td rowspan="2">30~40</td><td rowspan="2">25~35</td><td>65~80</td><td>65~85</td><td>二级处理：生物过滤法</td></tr>
<tr><td>80~90</td><td>85~90</td><td>二级处理：活性污泥法</td></tr>
<tr><td rowspan="2">我国规范</td><td rowspan="2">40~55</td><td rowspan="2">20~30</td><td>60~90</td><td>65~90</td><td>二级处理：生物膜法</td></tr>
<tr><td>70~90</td><td>65~95</td><td>二级处理：活性污泥法</td></tr>
</table>

污水处理厂工艺方案的选择还需要考虑初始污水是否都可以采用生化的方式来进行处理，以及初始污水的生化处理是否是可行的。根据污水处理厂的工程进水水质的相关参数以及污水的营养物比值来进行表格的绘制，从而解决初始污水的生化处理问题。

表 3-2 进水水质参数

项目	进水水质	单位
BOD5	200	mg/L
CODCr	400	mg/L
SS	220	mg/L
TN	55	mg/L
NH4-N	50	mg/L
TP（以 P 计）	4.5	mg/L

表 3-3 进水营养比

项目	比值	临界值
BOD5/CODCr	0.5	0.45（可生化性）

续表

项目	比值	临界值
BOD5/TN	3.63	3.5（有效脱氮）
BOD5/TP	44.44	20（有效除磷）

从上面的表格我们可以看出：一是 BOD5/CODCr 比值，这个比值可以用来判断污水是否可以生化处理，我们称之为可生化性，其中比值大于 0.45 的时候是比较好的状态，而小于 0.25 的比值表明其不容易生化处理。二是 BOD5/TN（即 C/N）比值，这个比值主要用来表示是否都可以对污水进行有效地脱氮，其中只有当比值大于 3.5 的时候，才能完成脱氮。三是 BOD5/TP 比值，这个比值主要是用来表示是否可以进行有效的除磷工作，其中只有比值大于 20 的时候，才可能有效果。

二、污水处理的工艺研究

污水需要经过多级的处理才能达到有效的状态，一般来讲通过一级二级处理以后，三级处理即是对污水进行深度处理。每一级污水处理的工艺是不一样的，需要根据实际情况选择相应的处理方法。

（一）污水处理的工艺要求与选择

我们对污水进行有效的处理，其目的是要让污水中的污染物去除，达到水质的净化。因此，了解污水中的具体污染物质是有必要的，如表 3-4 是具体的要求：

项 目	进水水质（mg/L）	出水水质（mg/L）	去除率（%）
BOD5	200	≤10	≥95.00
CODCr	400	≤50	≥87.5
SS	220	≤5	≥95.4
TN	55	≤15	≥72.7
NH4+-N	50	≤5	≥90
TP	4.5	≤0.5	≥88.9

从表 3-4 中可以看出我们预期的污染物去除率，每一种项目表现出来的大小是不一样的，其中最大的去除率是 SS，最小的是 TN。

首先，对 BOD5 和 SS 这两种污染物进行去除。对污水里面的 BOD5 物质进行去除主要是因为微生物具有较强的吸附和代谢的作用，BOD5 被降解后合成，进而实现污泥与水之间的分离，最终达到 BOD5 去除的效果。对污水里面的 SS 污染物进行去除主要是利用分子的网络作用以及滤料的吸附作用，从而实现降低 SS 指标的目的。其次，对 CODCr 进行去除的原理和机制与 BOD5 是差不多的，可以参照前面的做法进行去除。第三，对氨氮的去除主要有两种方式，具体来讲是以折点氯化法、选择性离子交换法、空气吹脱法等为主要方法的物理化学法，另一种方式便是生物法。第四，对污水中磷的去除主要有生物法和化学法两种方式。其中城市中的污水去除主要是以生物方法来进行的，但是必要的时候也会以化学的方法加以辅助。第五，对污水中的硝酸盐进行去除。硝酸盐主要来源于污水中的氨氮被氧化，我们去除硝酸盐主要是将硝酸盐里面的氮进行还原并变成氮气，以此来完成污水的脱氮过程，这个过程就是我们熟知的硝化过程。

（二）污水二级处理的工艺研究

污水经过初步的处理以后，要进一步地进行二级的强化处理，然而二级处理的主要工艺现在是生物脱氮除磷的方式。这种方式又可以从不同时间、空间和不同的角度分为三个大类。第一大类是按照空间来进行分割的连续流程方式，第二大类是按照实践来进行分割的间歇式方式，第三大类就是将两者整合起来的方式。

首先，第一大类的工艺具备多种具体的方法，主要有 A/O（厌氧/好氧）法、A/A/O 法、UCT（包括 MUCT）法、AB 法和氧化沟等。不同方法的工艺流程是不一样的，如下图所示，图 3-1 表示的是 A1/O 方法的具体流程，图 3-2 表示的是 A1/A2/O 这一方法的具体流程，图 3-3 是在前者之上解决 A1/A2/O 方法中回流的污泥里面的硝酸盐对厌氧放磷的影响问题而作出的改良版的 A1/O 方法的具体流程，图 3-4 是多点进水倒置 A1/A2/O 方法的具体流程图。图 3-5 是对活性污泥方法的工艺流程进行的绘制，图 3-6 表示的是改良型氧化沟这一方法的具体流程。除此之外，还有利用生物吸附、降解两段活性污泥法的 AB 法、曝气生物滤池（BAF）法等。

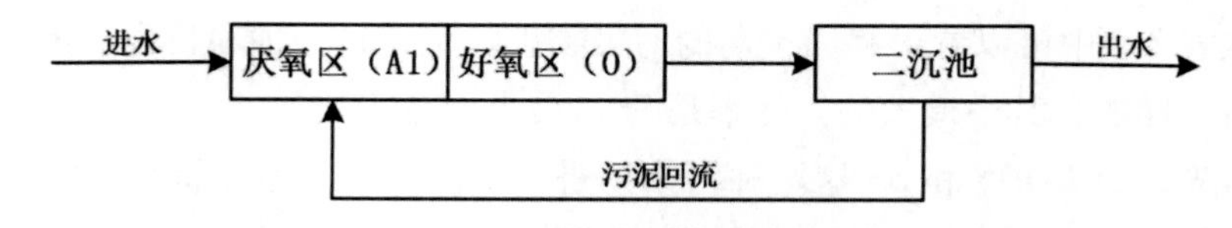

图 3-1　A1/O 法工艺流程框图

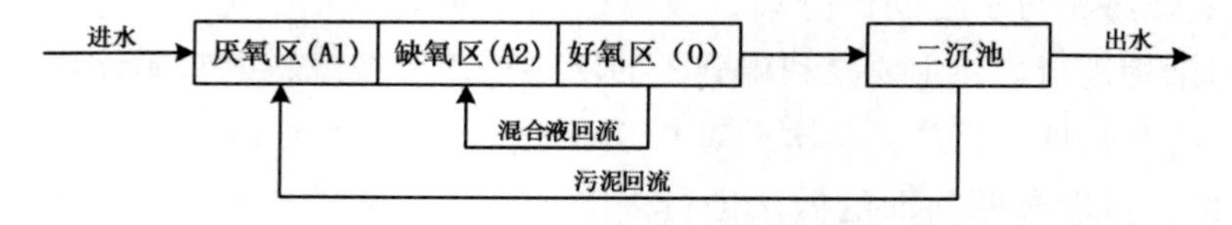

图 3-2　A1/A2/O 工艺流程框图

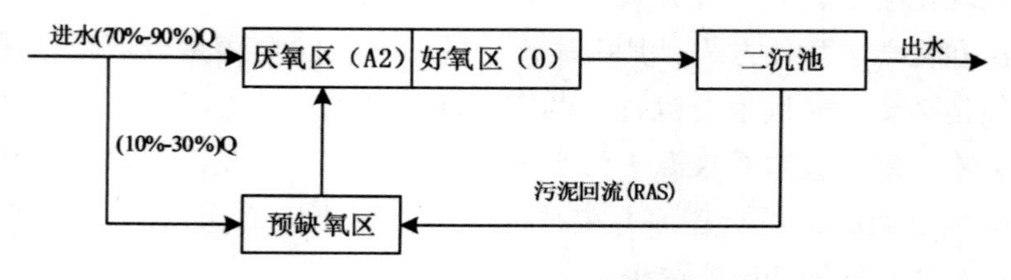

图 3-3　改良型 A1/O 法工艺流程框图

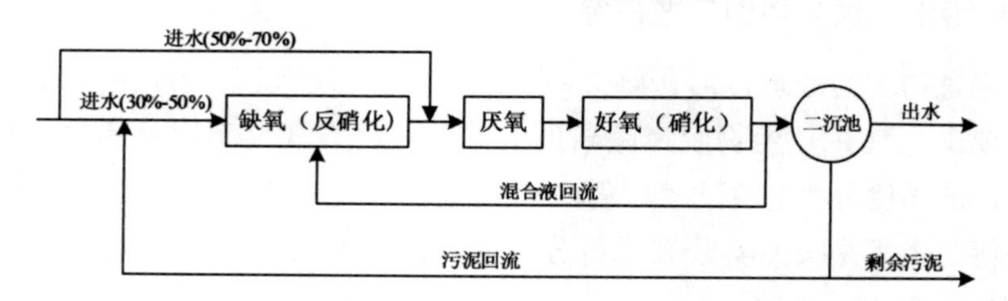

图 3-4　多点进水倒置 A1/A2/O 工艺流程框图

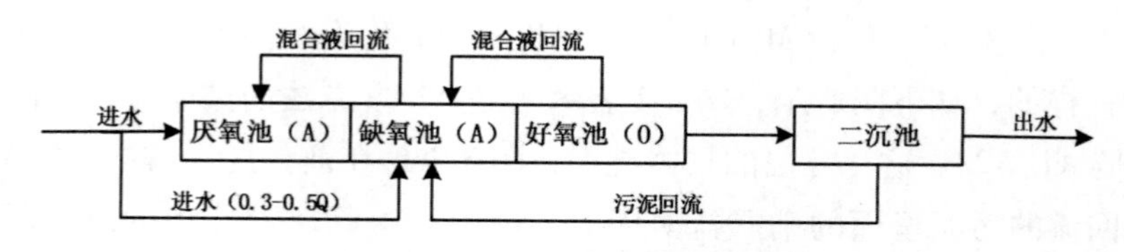

图 3-5　MUCT 工艺流程框图

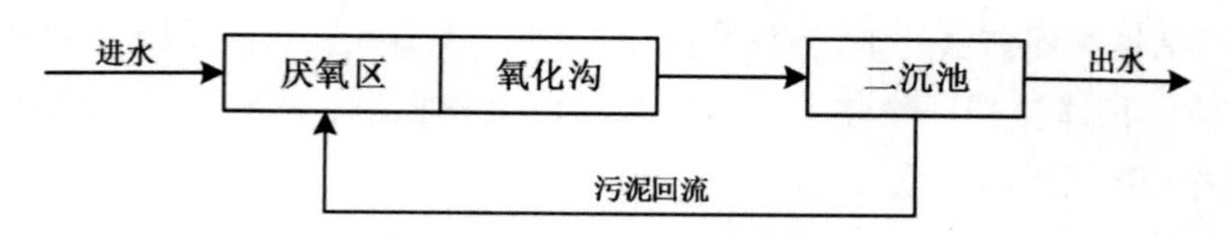

图 3-6　改良型氧化沟工艺流程框图

第二大类是按照时间分割的，这一类别中也有很多种工艺，主要包括传统 SBR、ICEAS、CAST、UNITANK 等方法。其中传统 SBR 的方法效果不是很好，除磷的效果也比较差，现在用的比较少。CASS（Cyclic Activated Sludge System）这一方法是以生物反应动力学原理和合理的水力条件为基础而开发的一种具有系统组成简单、运行灵活和可靠性好等优良特点的废水处理新工艺，图 3-7 所示为 CASS 工艺的循环运行操作过程，图 3-8 是平面示意图。除此之外，UNITANK 方法也运用得较好，其主要工艺流程如图 3-9 所示。

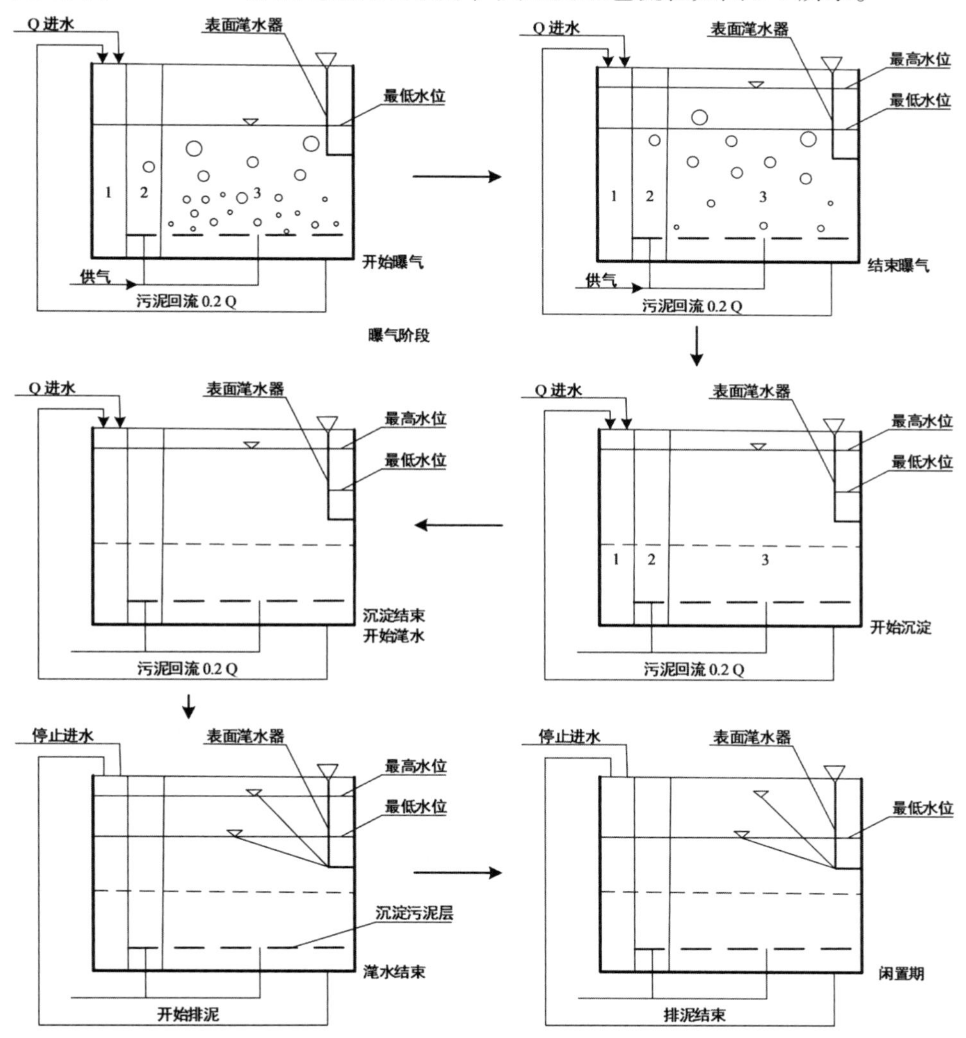

图 3-7　CASS 工艺的循环操作过程

（1. 生物选择区　2. 兼氧区　3. 主反应区）

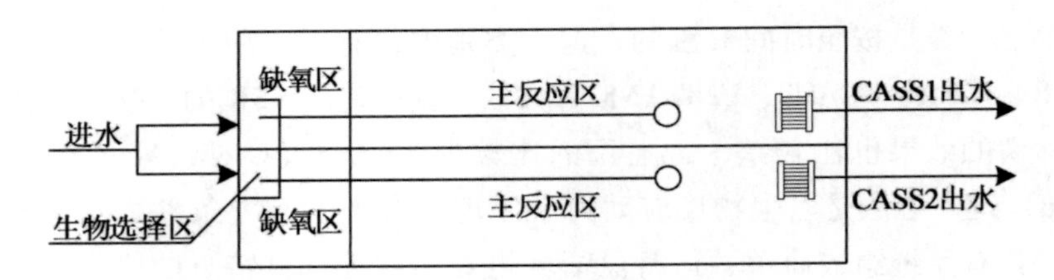

图 3-8　CASS 工艺平面示意图

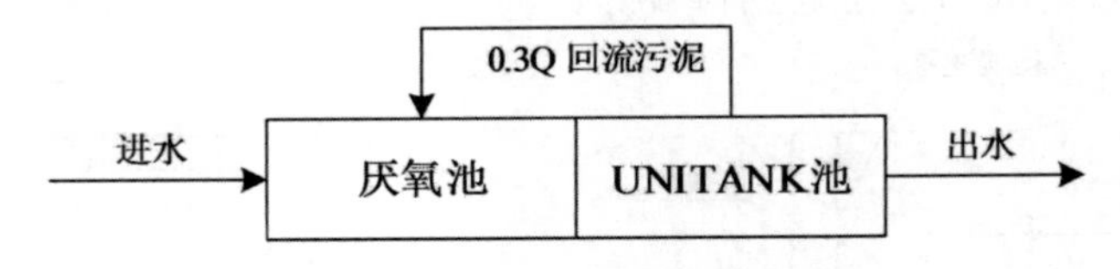

图 3-9　UNITANK 工艺流程框图

第三大类是将前面的不同种类的工艺进行有效地整合，这需要对二级处理方法做出一些比较研究。具体的特征比较如表 3-5 所示。

表 3-5　方案技术特点比较表

方案 技术项	A/A/O 工艺	CASS 工艺	改良型氧化沟
生化池基本功能与运行方式	生化池功能按照空间分开，具备厌氧区、缺氧区、好氧区。各区功能单一。 各区连续进水、曝气、需要内外回流，全天维持相同的基本运行模式。 全池连续进水连续出水方式。	生化池划分为选择区、缺氧区、主反应区。主反应区同时具备沉淀池功能。 各区间隙进水、曝气。进水、曝气强度随时间周期呈现周期性控制调整。小比例活性污泥连续回流，不需要硝化液回流。 单个池体间隙进水、间隙出水。多个池体配合后可形成的系统可实现连续进水、连续出水。	各沟连续进水、曝气、需要外回流，无内回流，全天维持相同的基本运行模式。 全池连续进水连续出水方式。

续表

方案 技术项	A/A/O 工艺	CASS 工艺	改良型氧化沟
基本操作模式及控制、管理难易	根据进厂水质、处理量，只对鼓风机曝气、污泥泵回流强度进行自动控制调整。 进行调整的因素少，控制简单，即便人工控制也易实现稳定、达标生产。 单池即能运行。	根据进厂水质、处理量、时间周期，对每池控制进水、停止进水、出水、停止出水、曝气、停止曝气进入沉淀、曝气期间强度调整、剩余污泥排放、剩余污泥不排放等项目。 各池在同一时间完成不同任务，配合协调才能保证全厂出水达标，人工控制且出水达标基本无法实现。 不能单池运行，多池配合工作。	根据进厂水质、处理量，只对曝气机械充氧、污泥泵回流强度进行自动控制调整。 进行调整的因素少，控制简单，即便人工控制也易实现稳定、达标生产。 单池即能运行。
除磷脱氮	各区功能单一、目标明确，协同处理。 具备除磷脱氮功能。 分区域实现释磷、硝化、反硝化。 当除磷、脱氮效率不能兼顾时，具备很好的选择性、控制性。脱氮率高。	每池分区中功能较多，按照时间周期转换担当不同角色。 具备除磷脱氮功能。同区域同步硝化反硝化。 由于运行工况复杂、同区域功能复杂，难于准确控制过程，较难实现高脱氮率。	各区功能单一、目标明确，协同处理。 具备除磷脱氮功能。 分区域实现释磷、硝化、反硝化。 当除磷、脱氮效率不能兼顾时，具备很好的选择性、控制性。 脱氮率高。
工程运用状况	城市污水处理厂工程实例非常多。 大、中型城市污水处理厂采用普遍。 实现一级 A 排放标准的污水处理厂采用普遍。	城市污水处理厂工程实例较多。 中、小型城市污水处理厂采用较多。 实现一级 A 排放标准的新建污水处理厂采用不多。	城市污水处理厂工程实例较多。主要是先期建成的污水处理厂。 实现一级 A 排放标准的新建污水处理厂采用不多。
占地情况	生化池较深，矩形池型长、宽尺寸灵活，对场地现状适应性强，占地较小。	CASS 池功能集中，矩形池，长宽比也比较灵活，池型紧凑，占地小。	氧化沟池深浅，占地大。椭圆外形长宽调整余地不大，对场地形状适应性不高，占地大。

3. 污水三级处理研究

通过一级初步处理和二级强化处理之后，污水还需要进行三级的深度处理，因为水中可能还存在一些比较难以去除的污染物。三级处理主要包含混凝沉淀法、过滤法、活性炭吸附法、臭氧化生物除氮法、离子交换法、电渗析法以及反渗透法等各种工艺方法。污水中需要去除的污染物不一样，需要采用的工艺方法也是不一样的，具体的组合方式如表 3-6 所示：

表 3-6 污水深度处理去除对象和所需采用的处理技术

去除对象		有关指标	采用的主要处理技术
有机物	悬浮状态	SS VSS	过滤、混凝沉淀
	溶解状态	BOD5 COD TOC TOD	混凝沉淀、活性炭吸附、臭氧氧化
植物性营养盐类	氮	T-N K-N NH3-N NO2-N NO3-N	吹脱、折点氯化、生物脱氮
			生物脱氮
	磷	PO4-P T-P	金属盐混凝沉淀 石灰混凝沉淀、晶析法、生物除磷
微量成分	溶解性无机物无机盐类	电导度 Na、Ca、Cl 离子	反渗透、电渗析、离子交换
	微生物	细菌 病毒	臭氧氧化、消毒（氯气、次氯酸钠、紫外线）

三、污泥处理的工艺与处置研究

对污水进行处理以后，绝大部分留下来的污染物就变成了污泥。其中对污泥的处理工艺选择以及其最终的处置研究是有必要的。

做好污泥处理的工艺选择很重要。一方面，污水当中的污泥产量与悬浮物质、溶解性污染浓度以及污水的净化率有关，准确地讲它们呈现的是正相关的关系。另一方面，要考虑如何对污泥处理的工艺进行科学的选择，此刻我们需要区分污泥是否需要消化，这也影响工艺的选择。需要对污泥进行消化处理一般选择常温消化（设计为中温消化），此种方式可以促使污泥进行灭菌以及达成无害化的状态，而此类污水处理厂多选用生物脱氮除磷的工艺来进行污泥的处理；不需要对污泥进行消化的处理工艺多选用的是重力浓缩、脱水和机械浓缩、脱水两种方式，而这两种方式有一些区别，主要如表 3-7

所示：

表 3-7　污泥浓缩脱水比较表

项目	机械处理	重力浓缩、脱水
主要构（建）筑物	1. 污泥贮泥池 2. 浓缩、脱水机房 3. 污泥堆棚	1. 污泥浓缩池 2. 脱水机房 3. 污泥堆棚
主要设备	1. 污泥浓缩、脱水机 2. 加药设备	1. 浓缩池刮泥机 2. 脱水机 3. 加药设备
占地	小	大
总絮凝剂用量	3. 5~5. 5kg/T · DS	≤3. 5kg/T · DS
对环境影响	无大的污泥敞开式构筑物，对周围环境影响小	污泥浓缩池露天布置，气味难闻，对周围环境影响大
总土建费用	小	大
总设备费用	一般	稍大
对剩余污泥中磷的二次污染	无污染	有污染

污泥的最终处置非常重要，国内外对这些污泥的处置方式各异，而我国现有的处理方式显得比较简单，即主要用填埋的方法处理。相比之下，国外的处置方式却有很多，比我国现有单一方式更丰富、多样和有效，诸如焚烧、卫生填埋、堆肥、干化利用以及投海等方式，这些方式有的值得我们学习，有的则需要进一步改进。因此，在处置过程中，我们需要多方位地考虑各类因素，从而实现污泥处置的优化目标。

四、中水回用的问题研究

中水的回用主要是为了实现水资源利用的有效性以及解决水资源的短缺问题。中水回用的首要问题就是对中水的标准做一个梳理和界定，我们主要按照《污水再生利用水质标准城市杂用水水质》来进行分析，具体的分类和参数如 3-8 所示：

表 3-8　生活杂用水水质标准及排放标准

项目	杂用水标准（用于绿化、浇洒、清扫）	（GB18918-2002）一级标准 A	（GB18918-2002）一级标准 B
浊度（NTU）	10	-	-
悬浮性固体（mg/L）	—	10	20
色度（度）	30	30	30
pH 值	6.0~9.0	6.0~9.0	6.0~9.0
BOD5（mg/L）	10	10	20
CODCr（mg/L）	—	50	60
NH3-N（mg/L）	10	5（8）	8（15）
游离余氯（mg/L）	管网末端水≥0.2	-	-
总大肠菌群（个/L）	3	-	-
大肠菌群（个/L）	-	103	104

由上面的表格我们可以得出，一级标准中的 A 标准和 B 标准都呈现出一个规律，即除了最后一栏中的大肠菌群，其他参数的差别不是特别大。

五、出水消毒及污水除臭的工艺方案研究

对出水的消毒是非常重要的，当前我国主要采取的消毒方式有液氯、二氧化氯、次氯酸钠和紫外光消毒等多种方式。

除了对出水进行消毒以外，对污水进行除臭也很有必要，因为污水中的诸如氨气、甲硫醇、硫化氢等物质往往会散发出特别难闻的臭味，因此为了空气清新和生活环境的美好，需要对污水采取一定的除臭措施。当前主要的除臭方法有水清洗和药液清洗、活性炭吸附、臭氧氧化、土壤脱臭、燃烧、填充式微生物脱臭等各种方式，但是经过实践检验之后发现，微生物脱臭法可能是目标效果比较好的一种方法。而微生物脱臭法的具体的工艺见图 3-10。

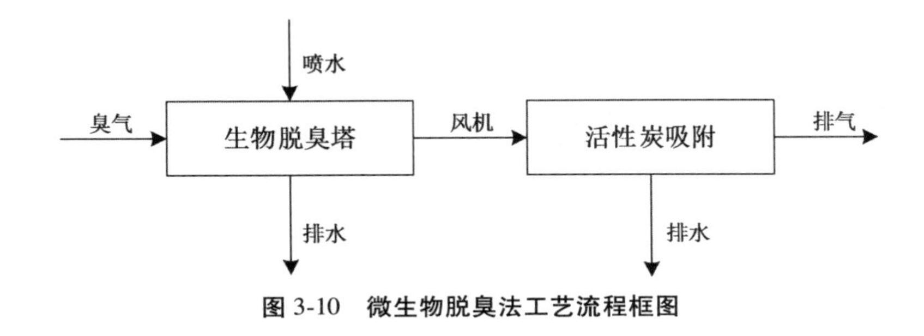

图 3-10　微生物脱臭法工艺流程框图

第三节　污水处理厂建设决策案例研究

案例研究是一种重要的研究方法，对于污水处理厂的建设和决策具有一定的现实价值。其中，四川省成都市郊 X 区城市常住人口约为 150，000。参照四川省人均生活用水量 128. 5 升／天，该地区生活用水总量约为 1. 9×104 立方米／天。根据预测的全国生活用水量的 90%计算，生活污水排放量约为 1. 7×104 立方米／天。除了生活污水外，由于该区拥有大量纺织厂和服装厂，工业用水量为 1. 5×104 立方米／天。以设计系数 0. 7 为基础计算，预测工业废水排放量约为 1. 1×104 立方米／天。因此，该区近期整体排污量为 2. 8×104 立方米／天，其中生活污水量占 60. 7%。

由于工业快速发展，工业废水排放量逐年增加，因此需要建立污水处理厂，以便处理废水并达到排放标准。区内共有三个地点可供选择，可选择一个或两个地点。由于该区位于洪水易发区，建设污水处理厂时不应忽视防洪问题。此外，还应考虑本区其他一些实际情况，如规划面积，主管道总体布局，配套技术流程等。本节结合该区的现实状况，从多各角度出发进行案例研究。

一、问题假设与符号说明

（1）因为建设污水处理厂需要有土地支撑，而土地的面积是有限的，因此我们假设需要建设的厂的数量不能超过 N 个。

（2）对污水处理的工艺进行编号，主要用 T_1，T_2，…，T_m 表示。

（3）我们假设 n 个污水处理厂的位置是一定的、不变动的，编号为 A_1，

A_2，…，A_n，设其单位时间内的污水处理能力分别为 Q_1，Q_2，…，Q_n，设各污水处理厂出水浓度分别为，$COD - V^{\alpha}_{out1}$，V^{α}_{out2}，…，V^{α}_{outn}，氨氮 $- V^{\beta}_{out1}$，$V^{\beta}_{out,\ 2}$，…，V^{β}_{outn}。

（4）假设污水处理厂建设区域的主要污水源分布是确定的，有 k 个，编号为 B_1，B_2，…，B_k，单位时间内的排污量分别为 q_1，q_2，…，q_k，且假设污水处理厂建设区域内污水浓度一致，即污水处理厂进水浓度均为，v^{α}_{in0}，v^{β}_{in0}。

（5）工厂建设投资成本表示为 $C_1(Q_i,\ T_j)$，$C_2(Q_i,\ T_j)$，…，$C_n(Q_i,\ T_j)$；厂外管网成本 $L_i(l_i)$，由管线的长度 l_i 决定；土地征收费用、居民户拆迁赔偿成本 $D_1(s_1)$，$D_2(s_2)$，…，$D_n(s_n)$，其中 s_i 表水污水处理厂占地面积。

（6）管理运行费用 $F_1(T_j)$，$F_2(T_j)$，…，$F_n(T_j)$，F_i 由三部分组成，污水处理工艺的运行费用、管理费用和维护维修费用，它与污水处理工程技术密切相关。

（7）污水处理厂对环境影响，主要考虑污水处理厂的噪声、恶臭对周边居住用地和敏感点的影响。综合考虑各环境影响因素，利用模糊多属性方法生成决策者对第 i 个待选点的评分值 δ_i，值越大表示认为它对环境的影响越大。

（8）中水回用率 λ_1，λ_2，…，λ_n，单位回水的经济效益 E_1，E_2，…，E_n。

（9）不确定性描述。不确定性广泛存在于各种社会现象，自然现象和工程实践中。作为一个复杂的系统，城市污水处理系统包括人类，物质和环境三个要素，并且具有输入，内部系统和输出三个关键过程。因此，它包括各种不确定性（见图 3-11）。

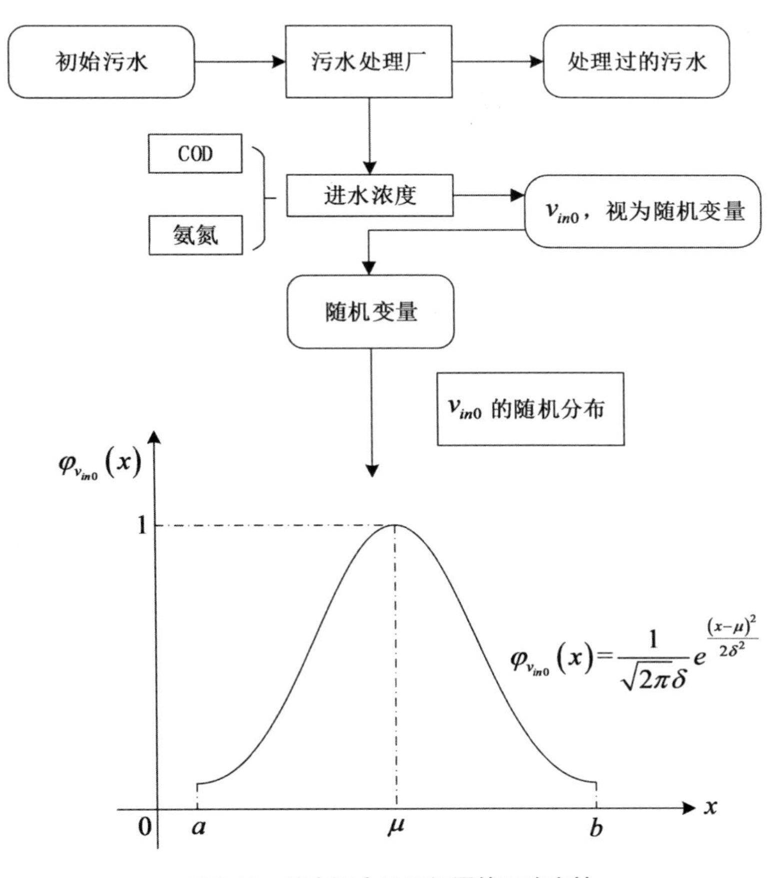

图 3-11　城市污水处理问题的不确定性

首先，自然界固有的不确定性包括水文、地理、温度、降水量和太阳辐射量，环境参数随着天气和其他条件的变化而不断变化。在污水处理系统中，由于诸如温度、湿度和辐射暴露等参数的变化，处理过的污水输出的原始污水输入条件，处理效果和环境影响受到不确定性的影响。例如，输入量与温度和降雨高度相关；处理效果与温度，光照和湿度有关。其次，污水处理系统人为活动造成的不确定性主要体现在投入和处理过程。例如，节水政策的出台可能会减少原有的污水量；非工作日生活污水更多，工作日工业污水更多。同时，可能的突发事件如管道泄漏可能会增加污水中的污染物水平。此外，处理厂工作人员的严肃工作态度对污水处理效果有积极影响。第三，工程系统引起的不确定性可以反映在输入和处理过程中。在投入过程中，随着工厂采用技术改进，原污水的污染物浓度可能会下降。在处理过程中，污水处理中的操作错误或监测污水检测的偏差会对污水处理产生负面影响。因此，从系统角度来看，污水处理问题在其子系统的许多方面都存在不确定性，并且这些特征有助于使用不确定性框架在环境背景下解决这个问题。

污水浓度是与每个工艺步骤和最终目标的决定相关的最重要因素。污水进水浓度可能影响处理厂的场地和技术选择，并进一步影响经济和生态目标。进水浓度涉及污染物数量和污水量，受各种不确定因素影响。因此，进水浓度也不确定，难以用清晰的数值来界定。本文中，进水浓度用两个指标来衡量：化学需氧量（COD）ν_{in0}^{α} 和氨氮ν_{in0}^{β}。相应的管理者只能预测大致遵循正态分布的进水浓度ν_{in0} 的最可能值，即$\nu_{in0} \sim N(\mu, \delta^2)$。利用不确定性背景，诸如选址，污水处理技术的选择，环境影响和经济效益等因素可以为污水处理厂制定科学的施工计划。不确定性方法确保污水处理质量，确保工厂稳定运行并符合处理标准。因此，施工方案是本文的重点（见图 3-12）。

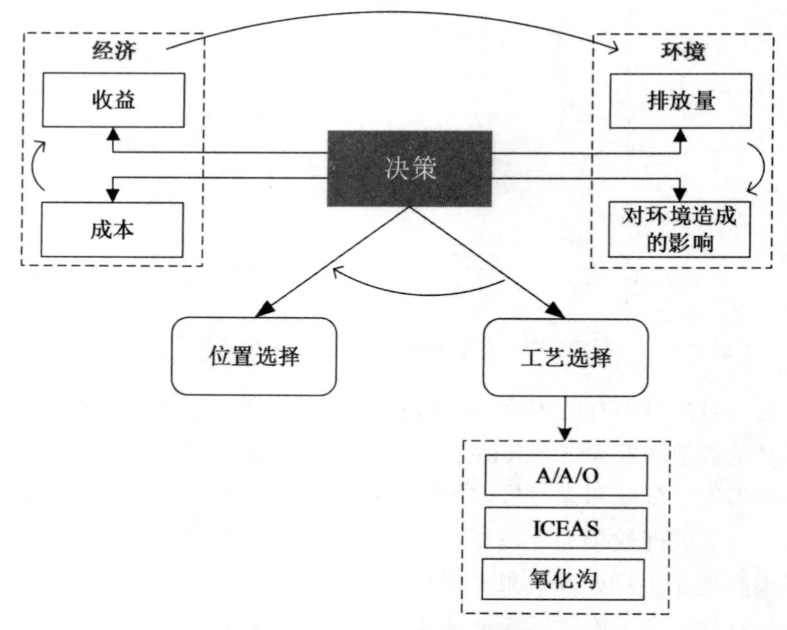

图 3-12　经济-环境决策框架

二、多目标决策模型建立

（一）目标函数

假设成本费用最小、回水利用效益最大、环境影响最小、污水处理效率最大 4 个目标。

x_i 表示第 A_i 个待选点是否为污水处理厂的情况：$x_i = 1$，则 A_i 是污水处理厂的选择点，$x_i = 0$，则 A_i 不是污水处理厂的选择点；y_{ij} 表示第 j 个工艺 T_j 是否被第 i 个处理厂选用：$y_{ij} = 1$，则 T_j 被 A_i 处理厂选用，$y_{ij} = 0$，则 T_j 没有 A_i 处理厂选用。

根据前面的假设 5，前期投资成本由工厂建设投资成本 $C_i(Q_i, y_{ij})$、厂外截污干管成本 $L_i(l_i)$ 和土地征收费用、居民户拆迁赔偿成本 $D_i(s_i)$ 组成，所以前期投资成本为

$$\sum_{i=1}^{n} C_i(Q_i, y_{ij}) x_i + \sum_{i=1}^{n} L_i(l_i) x_i + \sum_{i=1}^{n} x_i D_i(s_i)$$

根据前面的假设 6，管理运行费用为

$$\sum_{i=1}^{n} x_i F_i(y_{ij})$$

目标函数一为投入成本费用最小

$$\min f_1 = \sum_{i=1}^{n} C_i(Q_i, y_{ij}) x_i + \sum_{i=1}^{n} L_i(l_i) x_i + \sum_{i=1}^{n} x_i D_i(s_i) + \sum_{i=1}^{n} x_i F_i(y_{ij})$$

根据前面的假设 7，对环境影响为

$$\sum_{i=1}^{n} \delta_i x_i$$

目标函数二为环境影响最小

$$\min f_2 = \sum_{i=1}^{n} \delta_i x_i$$

根据假设 9，第 i 个污水厂回水效益为回水收入 $E_i \lambda_i Q_i$，所以回水利用的总效益为

$$\sum_{i=1}^{n} E_i \lambda_i Q_i x_i$$

目标函数三为效益最大

$$\max f_3 = \sum_{i=1}^{n} E_i \lambda_i Q_i x_i$$

污水处理厂建成后期望污水处理效率达到最大值，故目标函数四、五分别为 COD 和氨氮排出量最小

$$\min f_4 = \sum_{i=1}^{n} Q_i x_i (1 - \lambda_i) v_{\text{out}i}^{\alpha}$$

$$\min f_5 = \sum_{i=1}^{n} Q_i x_i (1 - \lambda_i) v_{\text{out}i}^{\beta}$$

2. 约束条件

污水处理厂的污染物处理能力应该不小于污水量，且污水处理厂实际处

理量应大于设计处理量的60%，即

$$0.6\sum_{i=1}^{n}Q_ix_i \leqslant \sum_{i=1}^{m}q_i \leqslant \sum_{i=1}^{n}Q_ix_i$$

污水处理厂建设前设计规划单位对总的投资额有一定规定，即建设投资资金应不超过总投资额的上限

$$\sum_{i=1}^{n}C_i(Q_i, y_{ij})x_i + \sum_{i=1}^{n}L_i(l_i)x_i + \sum_{i=1}^{n}x_iD_i(s_i) \leqslant M$$

其中，M 是投资额规定限额。

3. 根据污染物总量控制目标，污水处理厂建成后的出水必须达到一定的标准，即其主要污染物含量小于标准要求含量

$$\text{COD：}\sum_{i=1}^{n}Q_i,\ x_i(1-\lambda_i)v_{oui}^{\alpha} < W_{\text{COD}}$$

$$\text{NH}_3-\text{N：}\sum_{j=1}^{n}Q_j,\ x_j(1-\lambda_j)v_{\text{out}i}^{\beta} < W_{\text{NH}_3-\text{N}}$$

其中 W_{COD}、$W_{\text{NH}_3-\text{N}}$ 分别为该区域COD、氨氮排放总量控制标准。

4. 为使污水处理厂出水达到排放标准，出水中的污染物浓度必须达到设定的标准上限以下，即

$$v_{\text{out}i}^{\alpha} < \eta_0^{\alpha},\ i=1,\ 2,\ \cdots,\ n$$

$$v_{\text{out}i}^{\beta} < \eta_0^{\beta},\ i=1,\ 2,\ \cdots,\ n$$

其中，η_0^{α}，η_0^{β} 分别为设定的污水中COD和氨氮浓度上限值。污染物的排放标准一般分为三种：一级A(COD，50mg/l；NH_3 - N，8mg/l)，一级B(COD，60mg/l；NH_3 - N，15mg/l)，二级(COD，100mg/l；NH_3 - N，25mg/l)。

5. 污染物的处理率必须达到设定的下限以上

$$(v_{in0}^{\alpha}-v_{\text{out}i}^{\alpha})/v_{in0}^{\alpha} > \theta_0^{\alpha},\ i=1,\ 2,\ \cdots,\ n$$

$$(v_{in0}^{\beta}-v_{\text{out}i}^{\beta})/v_{in0}^{\beta} > \theta_0^{\beta},\ i=1,\ 2,\ \cdots,\ n$$

其中，θ_0 为设定的污染物处理率下限。

6. 污水处理厂建设个数不能超过一定限制

$$\sum_{i=1}^{n}x_i \leqslant N$$

7. 每个污水处理厂只能选择使用一种处理工艺

$$\sum_{j=1}^{m}y_{ij}=1,\ i=1,\ 2,\ \cdots,\ n$$

综合以上分析，则可以建立如下的多目标规划模型

$$\min f_1(x_i,\ y_{ij}) = \sum_{i=1}^{n}C_i(Q_i,\ y_{ij})x_i + \sum_{i=1}^{n}L_i(l_i)x_i + \sum_{i=1}^{n}x_iD_i(s_i) + \sum_{i=1}^{n}x_iF_i(y_{ij})$$

$$\min f_2(x_i) = \sum_{i=1}^{n} \delta_i x_i$$

$$\max f_3(x_i) = \sum_{i=1}^{n} B_i \lambda_i Q_i x_i$$

$$\min f_4(x_i, y_{ij}) = E[\sum_{i=1}^{n} Q_i x_i (1 - \lambda_i)(\tilde{v}_{in0}^{\alpha} - t_j y_{ij})]$$

$$\min f_5(x_i, y_{ij}) = E[\sum_{i=1}^{n} Q_i x_i (1 - \lambda_i)(\tilde{v}_{in0}^{\beta} - t_j y_{ij})]$$

$$s.t. \begin{cases} 0.6\sum_{i=1}^{n} Q_i x_i \leqslant \sum_{i=1}^{m} q_i \leqslant \sum_{i=1}^{n} Q_i x_i \\ \sum_{i=1}^{n} C_i(Q_i, y_{ij}) x_i + \sum_{i=1}^{n} L_i(l_i) x_i + \sum_{i=1}^{n} x_i D_i(s_i) \leqslant M \\ E[\sum_{i=1}^{n} Q_i x_i (1 - \lambda_i)(\tilde{v}_{in0}^{\alpha} - t_j y_{ij})] < W_{COD} \\ E[\sum_{j=1}^{n} Q_i x_i (1 - \lambda_i)(\tilde{v}_{in0}^{\beta} - t_j y_{ij})] < W_{NH_3-N} \\ E[(\tilde{v}_{in0}^{\alpha} - t_j y_{ij}) < \eta_0^{\alpha},\ i = 1, 2, \cdots, n] \\ E[(\tilde{v}_{in0}^{\beta} - t_j y_{ij}) < \eta_0^{\beta},\ i = 1, 2, \cdots, n] \\ E[(\tilde{v}_{in0}^{\alpha} - v_{outi}^{\alpha})/\tilde{v}_{in0}^{\alpha}] > \theta_0^{\alpha},\ i = 1, 2, \cdots, n \\ E[(\tilde{v}_{in0}^{\beta} - v_{outi}^{\beta})/\tilde{v}_{in0}^{\alpha}] > \theta_0^{\beta},\ i = 1, 2, \cdots, n \\ \sum_{i=1}^{n} x_i \leqslant N \\ \sum_{j=1}^{m} y_{ij} = 1,\ i = 1, 2, \cdots, n \\ x_i, y_{ij} = 0 or 1 \end{cases} \quad (3\text{-}17)$$

三、模型求解及结果分析

（1）选址方案比较

该区被岷江穿境而过，是度假、探险、休养的胜地，旅游资源丰富。根据全县污水总量，选址原则和县域工业发展的具体情况，污水处理厂设计的处理能力在 2 万到 5 万平方米/天之间。考虑到建设规模和周边地区，工厂的规划面积约为 10，000-50，000 立方米。通过相关人员在规划过程中进行的初步调查和征求有关方面的意见，根据建设污水处理厂的原则和要求，选定了 3 个相对令人满意的选址方案。详情如下：

方案一：污水处理厂可建在坡度 40 度的山坡上。而工厂土地需要平整，因此土方工程的资金成本被评估为 19 万美元。

方案二：污水处理厂可以建在一个带防洪墙的河岸上，用于解决洪水问题。由于防洪墙的钢筋混凝土结构，总共需要 4800 立方米的钢筋混凝土。计算钢筋混凝土综合成本为 63. 49 美元/立方米，所需投资 304. 76 万美元。

方案三：污水处理厂可建在没有防洪墙的河岸上。在这种情况下，加工设备需要调整。值得注意的是，该方案采用了 ICEAS 工艺（改进的 SBR 技术）。采用这个过程可以完全避免曝气设备的防洪缺陷。在洪水发生前，我们只需移动普通活动元件，而不用担心污水处理厂的关键设备。

上述方案中污水处理厂的全部资本性支出情况如表 3-9 所示。此外，所有方案的再生水回用率为 30%，单位回收水经济效益为 0. 19 美元/立方米。

表 3-9　所有方案的成本计划

成本项目	方案 Ⅰ	方案 Ⅱ	方案 Ⅲ
占地（1 万平方米）	2. 4	4. 6	3. 5
征地成本（万美元）	28. 57	38. 10	34. 92
拆迁费用（万美元）	14. 29	23. 81	20. 63
初始资金成本（10，000 美元）	50. 79	47. 62	57. 14
污水管道建设成本（万美元）	15. 87	31. 75	23. 81
污水泵站建设成本（万美元）	23. 81	7. 94	15. 87
管道维护成本（10，000 美元）	0. 63	0. 95	0. 63
泵站运营成本（10，000 美元）	4. 13	2. 86	3. 81
其他运营成本（10，000 美元）	2. 54	1. 59	1. 90
双回路回水管安装费用（万美元）	19. 05	15. 87	14. 29

（2）排放标准及工艺技术

为便于计算，本文假定污水源的进水浓度在该地区是一致的。由于生活污水占县城污水的比例很大，工业废水属于一般工业污水，所以 COD 和 NH3 -N 是主要污染物。进入该地区处理厂的污水进水质量确定为：

COD：252mg/L　　NH_3-N：35mg/L

根据河流系统分布和污水处理厂，处理后的水最终流入岷江及其支流。按照GB18918-2002“城市污水处理厂污染物排放标准”的B标准，处理厂出水水质要求如下：

COD：≤60mg/L　　NH_3-N：≤15mg/L

建议的进水和出水水质以及处理厂的污染物去除率见表3-10。

表3-10　污水处理厂设计的进水和出水水质和污染物去除率

项目	pH	COD	NH3-N
进水质量（mg/L）	6-9	252	35
出水水质（mg/L）	6-9	60	15
加工率（%）	—	76	57

在综合技术经济约束条件下选择污水处理工艺，出水水质的要求，结合成都地区的实际情况，本研究选择了氧化沟，ICEAS和A/A/O法作为替代方案（见图3-13）。

表3-11列出了氧化沟，ICEAS和A/A/O的结构，并且显示出一些结构是一致的，而一些结构是不同的。表3-12列出了不同结构所需的设备。

表3-11　三种污水处理过程结构之间的比较

处理过程	氧化沟	ICEAS *	A/A/O
同样的结构	粗筛井和泵站，细筛和沉砂池，鼓风机房，污泥池，脱水室，仪表和中控室 氧化沟生物反应罐，回流污泥泵房ICEAS反应罐		
不同结构	氧化沟生物反应罐，回流污泥泵房	ICEAS反应罐	A/A/O生物反应池，二沉池，回流污泥泵房

* ICEAS：间歇循环扩展曝气系统

表3-12　三种污水处理设备的比较

处理过程	氧化沟	ICEAS	A/A/O
设备	表面曝气机， 转盘曝气机，水下搅拌器，潜水轴流泵微孔曝气装置	活塞式搅拌器， 水滗析器，ICEAS潜水排污泵	水下搅拌器，水下螺旋桨，曝气机，旋转门，潜水排污泵，刮泥机，电动提升机，剩余污泥泵

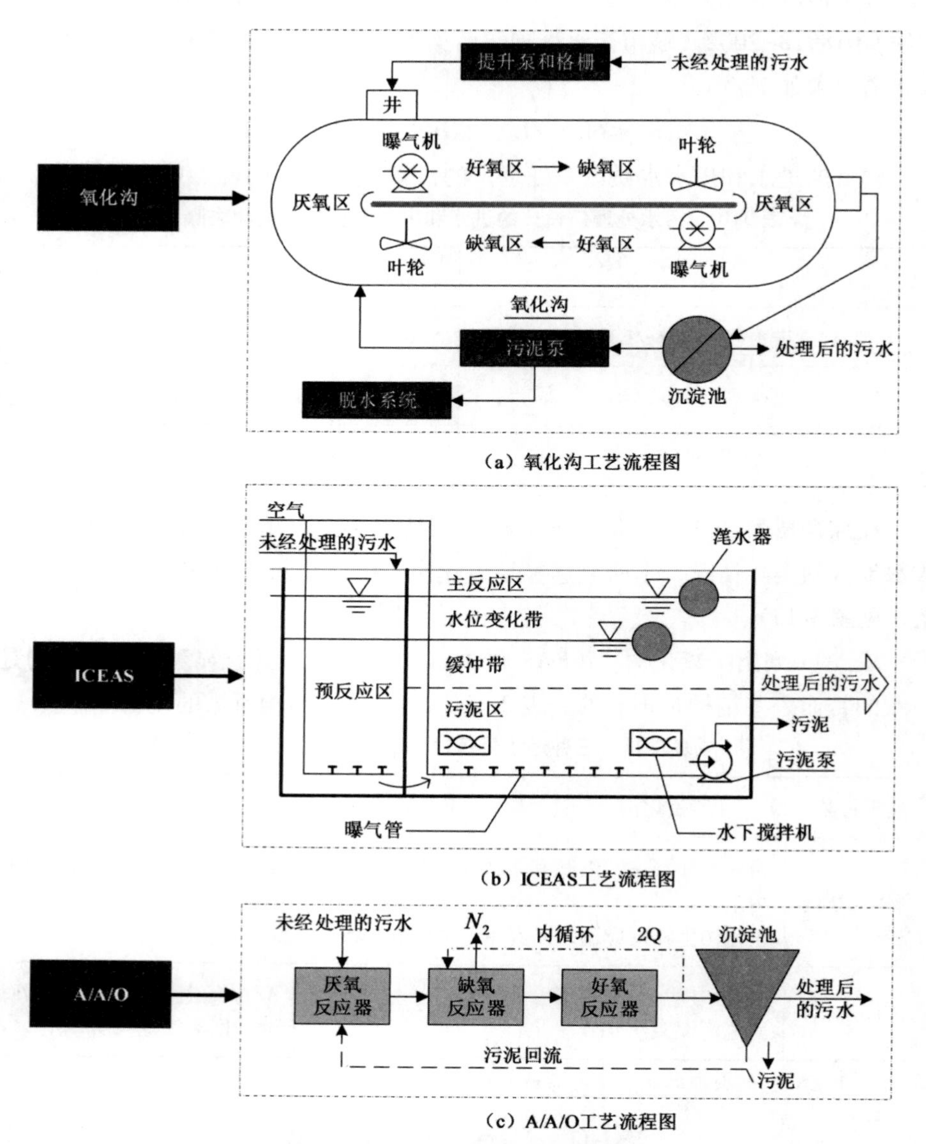

(a) 氧化沟工艺流程图

(b) ICEAS工艺流程图

(c) A/A/O工艺流程图

图 3-13　三种污水处理工艺流程图

总而言之，相同规模的污水处理厂的设备成本差异主要在于生物处理单元结构的各种设备。因此，我们在建立模型时将设备成本整合在一起。

（3）模型求解及分析

污水处理厂的总成本包括初始投资成本和本研究的运营成本。另外，实际计算中的初始投资成本和运营成本的具体形式是不同的。在这种情况下，污水处理厂的初始投资成本包括表 3-13 中提到的成本以及不同技术方面的不同工艺投资成本。为了便于计算，三种技术的初始投资成本模型是从其他文献中借用的，并在这种情况下使用，如表 3-13 所示。

表 3-13　三种污水处理过程的初始投资成本

处理过程	氧化沟	ICEAS	A/A/O
初始投资成本	$C'_1=-0.0036Q_i^2+819.13Q_i+10^6$；$C'_2=-0.0009Q_i^2+692.12Q_i+2\times10^6$；$C'_3=-0.0079Q_i^2+1085.9Q_i+2\times10^6$		

运营成本主要集中在管道维护、能耗、设备维修等方面。除表 3-14 中列出的运营成本外，还包括来自不同流程的污水处理成本。在本文中所提出的模型通过启发式算法-遗传算法（GA）来求解，因为直接求解具有挑战性。图 3-14 说明了应用遗传算法的基本过程。

表 3-14　三种污水处理过程的运行成本

处理过程	氧化沟	ICEAS	A/A/O
运营成本	$F_1=1.8177\,Q_i^{1-0.0534}$	$F_2=1.4113\,Q_i^{1-0.0253}$	$F_3=-9E-12\,Q_i^3-1E-06\,Q_i^2+1.1188\,Q_i$

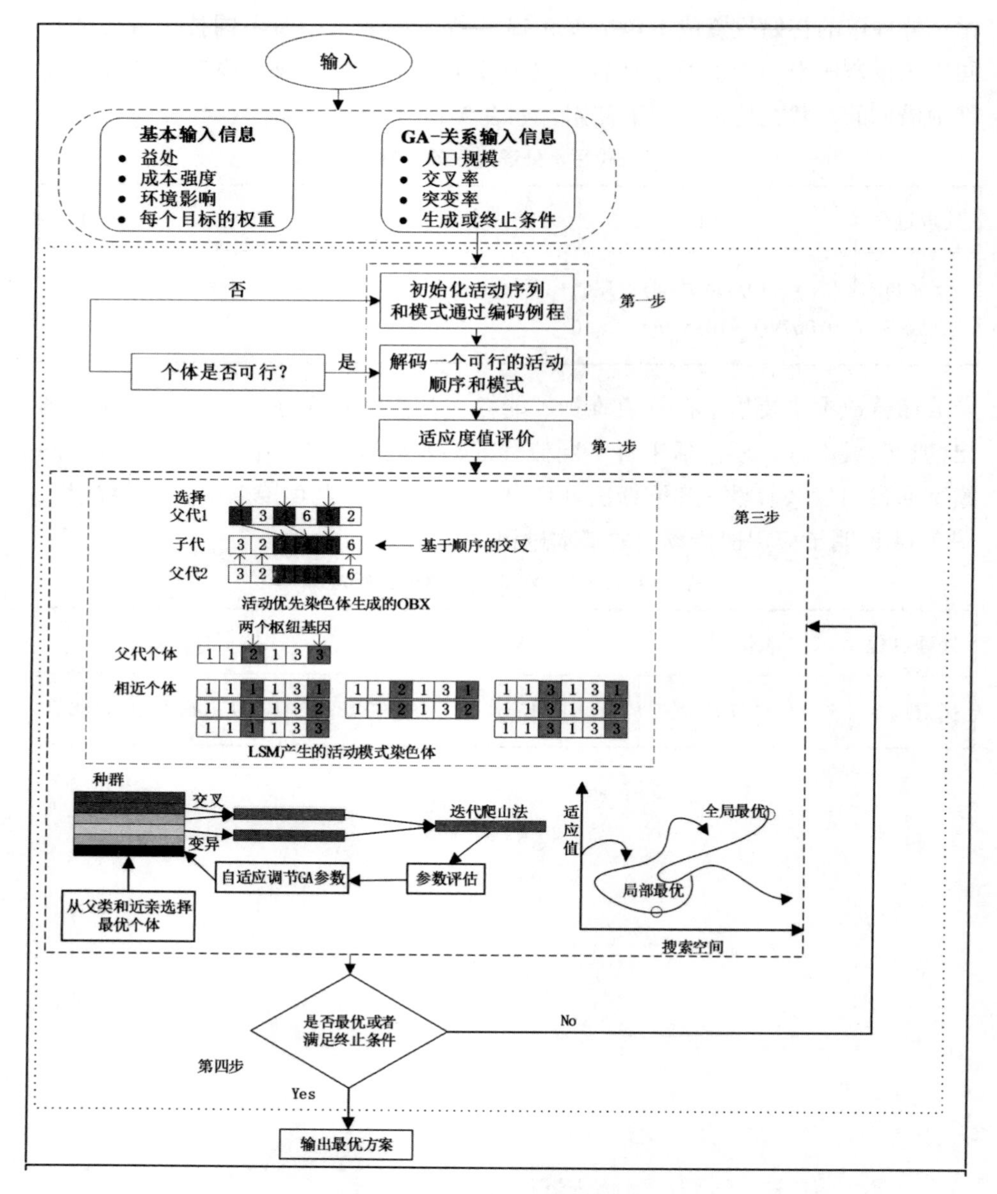

图 3-14　遗传算法的基本步骤

该问题中遗传算法的参数如下：交叉率为 0.2，变异率为 0.4，种群规模为 25，最大代数为 500。

依次将权重分配给 4 个目标函数：

$$\omega_1 = 0.7,\ \omega_2 = 0.1,\ \omega_3 = 0.1,\ \omega_4 = 0.1$$

经过计算，这种情况下多目标模型的最优结果是：

$$x_1 = x_2 = 0,\ x_3 = 1,\ Q_3 = 3.7 \times 10^4,\ v_{ou3}^a = 35.63,\ v_{ou3}^b = 2.39$$

因此，在最优解下，最小费用为 4.19×10^6 美元；最大经济效益 2.17×10^4 美元；COD 和氨氮的去除率分别约为 85.1%和 93.2%。因为 $x_1 = x_2 = 0$，这意味着方案Ⅰ和方案Ⅱ没有被考虑，任何分配给设计容量和模型中 COD 和氨氮去除率的任意值都是没有意义的。

以上结果表明，在规划面积 1 万~5 万平方米的范围内，为实现达到 2 万~5 万立方米/天的设计能力，满足最低投资成本要求的目标，应选择方案三。方案一采用建设高原污水处理厂的方法，增加土方投入和年度运营成本。通过分析，本文认为方案一在经济上不可行。在方案二中，污水处理厂周围是防洪墙，造成一系列问题，如投资大，景观影响大。方案三采用规定安装潜水排污泵和射流曝气装置，规划控制室，在污水处理厂房内安装局部高程的电气化改造配电设备。虽然投资增加到一定程度，但整体增幅并不算太大。因此，方案三在技术上可行，经济上合理。

在技术方面，虽然方案三只采用了 ICEAS 工艺，但依然可以有效处理污水中的污染物并降低其含量，满足污染物排放总量控制的要求。这是由于该地区的主要污水由生活污水组成，生物降解性较好；同时，ICEAS 工艺是次生化处理，使 COD 和氨氮去除率分别达到 85.1%和 93.2%的较高水平。相反，即使方案一和方案二中的可选过程可以达到前面讨论的预期效果，由于其更高的建设和运行成本，它们在经济上受到限制。

从环境保护的角度来看，方案三也是基于现实的考虑。处理后的污水 COD 和氨氮浓度分别计算为 35.63mg/L 和 2.39mg/L，完全符合 GB18918-2002“城市污水处理厂污染物排放标准”一级标准。此外，该方案定位在没有围拢它的防洪墙的河岸。只需按照正常要求铺设结构基础，不会对周围环境（包括水体，地下水，耕地，森林，水产品，景观，风景名胜，自然保护区等）造成不可逆转的损害。此外，它既不位于城市或住宅区的上风区，也不位于城市水资源的上游。因此，处理厂也不会影响居民的正常生活。

根据决策者对每个目标的重视程度，对每个目标函数赋予不同的权重。表 3-15 说明了条件和最优决策结果的每个目标函数的值。

表 3-15　不同重量条件下的最优决策结果

ω_1	ω_2	ω_3	ω_4	f_1	f_2	f_3	f_4	x_i	y_{ij}	Q	$V^{\alpha}_{out}i$	$V^{\beta}_{out}i$
0. 7	0. 1	0. 1	0. 1	0. 42	0. 22	0. 15	0. 01	x3 =1	y32 =1	3. 7	35. 63	2. 39
0. 4	0. 4	0. 1	0. 1	0. 46	0. 29	0. 14	0. 01	x1 =1	y11 =1	4. 2	29. 58	2. 31
0. 4	0. 1	0. 4	0. 1	0. 42	0. 21	0. 12	0. 01	x3 =1	y32 =1	3. 9	27. 39	2. 44
0. 3	0. 1	0. 2	0. 4	0. 43	0. 22	0. 14	0. 01	x3 =1	y32 =1	3. 7	33. 22	2. 31

建设成本是建设处理厂时考虑的主要因素；因此，它通常被赋予更大的权重值。根据对再生水效益和污染物排放量的重视程度调整重量。从表 3-15 可以看出，成本权重调整和再生水效益对决策结果影响显著，而污染物处理效率或污染物排放权重变化不会对决策结果产生实质性影响。

根据一个地区的实际情况和发展规划，我们可以调整参数，如修改污水量和再生水回用率。通过这种调整，我们可以建立一个新的情况，建立不同的多目标决策模型来建设一个处理厂，并通过计算获得各种相应的结果。由于这种情况下的一些参数是基于同等水平的其他城镇的相关数据计算得出的，因此相关数据可能不会与相应的数据精确匹配，某种指标的调整不会对决策结果产生重大影响，这与实际情况相矛盾。所以决策者应充分了解其实际应用的具体特点，因为数据的准确性决定了模型的准确性。然而，在实际应用中，研究人员可以在一定程度上调整此模型，并将此灵活性与实际情况结合使用，从而更好地反映给定问题域的实际情况。

四、结论及建议

考虑到影响污水处理厂建设的多种因素，本文提出了污水处理厂建设计划的一般多目标决策优化模型。在所提出的模型中，COD 和氨氮由随机变量表征，因为它们固有的不确定性排除了将它们定义为清脆值或仅一组成员。案例研究的结果表明，在规划面积为 1 万至 5 万平方米的情况下，采用的 ICEAS 工艺能够达到 2 万至 5 万立方米/天的设计能力，并符合最低投资成本等要求。该研究的主要结论如下：

1. 介绍了污水处理厂建设项目的相关问题，具体描述了污水处理厂建设中存在的问题，并结合污水处理厂建设因素进行实际分析。这个过程确定了污水处理厂建设的关键环节（污水处理过程）。

2. 利用不确定性框架，用随机变量表征 COD 和氨氮，减少信息损失或扭曲，同时减轻决策者的负担。

3. 以成都郊区污水处理厂建设为例，本文对污水处理厂建设的一般多目标决策模型进行了实证检验。结果验证了该模型的适用性和有效性，并为决策者提供了优化污水处理厂建设计划的技术支持。

最后，对每个目标的权重进行了调整，以说明污水处理厂建设和处理技术选择的更多信息。结果表明，改变成本和再生水效益的权重将显著影响决策结果。在设计污水处理厂建设选址方案时，有很多非模拟活动，如决策问题识别和结果分析与评估，这些都需要决策者的经验和知识，并强调这些实践知识的重要性。因此，可以预计这一领域会有更多的不确定性。然而，进一步的研究可以考虑到决策过程中各种复杂的不确定性，并且能够建立可以在基于不确定性的多目标决策模型中实施的不确定变量。

第四章　水资源与污水排放权协同配置研究

水稀缺是很多国家面临的一个严重问题，水不像煤炭、石油等资源可以找到其他替代品，以满足人们生产生活所需。全球范围内只有 0.007%的水资源可供人类支配和消费，加之人口增长、城镇化和工业化的快速发展，人类对水资源的需求不断增加。此外，流域水资源在时间和空间上的分布不均和污水排放等种种原因，地球上现有的淡水资源已经不能满足人类发展所有需求。因此，供需之间的差异制约着社会经济发展，还可能导致局部冲突，尤其是在严重缺水的地区。鉴于此，如何有效管理和公平分配水资源已成为水资源管理决策者的一项重大挑战。本章将探讨如何实现水资源与污水排放权进行协同，并建立多目标优化模型对四川省岷江流域进行实证。

第一节　岷江流域水域特点及污染现状

岷江（MinJiang River）是长江上游最大的支流，发源于岷山南麓，是孕育我国西部巴蜀地区文明的重要摇篮，全长 1279 千米，流域面积 133，500 余平方公里，流域水资源较为丰富，年均径流量 900 多亿立方米（四川水资源公报，2020），流域人口 1875.1 万，耕地面积 2244.98 千公顷，总用水量 112.74 亿立方米。上游途经阿坝；中下游途经成都、眉山、内江、雅安、乐山和自贡，最终在宜宾汇入长江（图 4-1）。

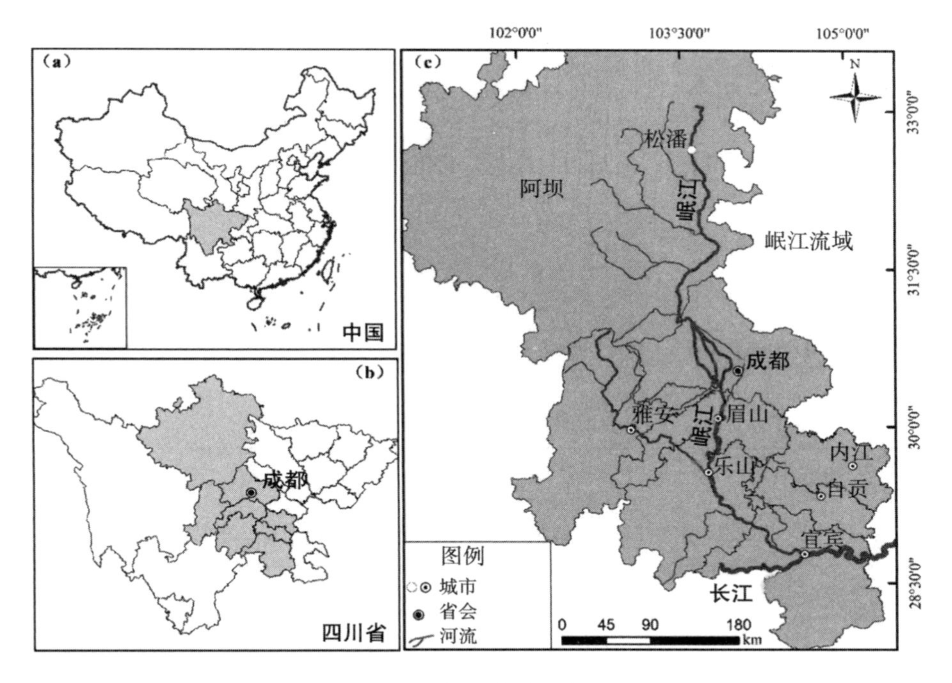

图 4-1　岷江流域区位图

作为长江上游重要支流，岷江流域沿线城市各用水部门呈现出较大的差异（表 4-1），子区域成都经济体量庞大，是所有子区域需水量最大的区域，而其他子区域如乐山、自贡、宜宾等地随着工业经济的发展对水资源的需求也在不断增加，各个子区域之间用水竞争也表现出不同程度的分歧。根据表 4-2，可以发现，岷江流域水资源分配与流域沿线城市生产力布局呈现出不匹配现象，供求关系矛盾突出，这已成为制约流域沿线主要城市经济发展和生态环境保护的主要因素。

通常，在满足生态用水的前提下，水资源分配部门的优先顺序如下：人民群众生活用水、农业、工业，水资源配置方案会产生相应的经济增长，同时也会产生大量的污水，因此在考虑水资源配置方案时也应考虑各子区域污水排放量的分配。传统的水资源配置计划无法解决不同分区的水需求与污水排放量之间的冲突，从而产生了很多与公平、效率相关的问题。

表 4-1　岷江流域各城市用水量（$10^9 m^3$，2019）

城市	生活用水	农业用水	工业用水	生态用水	总计
成都	15. 14	30. 91	6. 14	1. 39	53. 58

续表

城市	生活用水	农业用水	工业用水	生态用水	总计
自贡	1.70	4.22	1.31	0.11	7.34
内江	1.89	3.89	1.78	0.78	8.76
乐山	2.44	7.31	2.91	0.16	12.82
眉山	1.87	8.09	1.88	0.81	12.65
宜宾	2.61	5.86	3.99	0.33	12.79
雅安	1.31	3.25	1.28	0.15	5.99
阿坝	0.74	1.30	0.16	0.03	2.23

数据来源于四川统计年鉴、四川省水资源公报（下同）

表 4-2　各区域生产总值和三产业生产总值（10^9元，2019）

城市	国内生产总值	第一产业	第二产业	第三产业
成都	17012.65	612.18	5244.62	11155.85
自贡	1428.49	202.36	572.70	653.43
内江	1433.30	240.50	489.88	702.92
乐山	1863.31	242.68	801.88	818.75
眉山	1380.20	199.16	527.13	653.91
宜宾	2601.89	277.64	1308.92	1015.33
雅安	723.79	128.05	227.20	368.54
阿坝	390.08	67.09	96.24	226.75

注：此表按当年价格计算

第二节　数据来源

根据《四川省统计年鉴》和《四川省水资源公报》，以 2015-2019 年的数据为基础，计算出年平均水资源量、最大和最小需水量、最大和最小排污权需求量。从流域各子区域获得了详细的社会经济数据。岷江流域的可利用水量包括地表水、地下水和降雨。水资源公报显示，岷江流域每年可向

1875.1 万居民提供 1149.27 亿立方米可用水，其中其他水源占比 0.25%。通过数据分析，可以从 i 分区 j 部门近 5 年的历史数据中得到单位水量经济效益 AEP_i、运输损失率λ_i^{purify}和污水净化率β_i^{loss}。表 4-3 和表 4-4 总结了岷江流域五个分区各部门的详细数据。此外，基于 Tennant（1976）提出的方法，可以估算生态最小需水量（Zhouetal，2015）。本文计算出岷江流域最小生态需水量如表 2 所示。

表 4-3　岷江流域其他的重要参数（2019 年）

城市	净化率	损失率	AEP_i(yuan/m³)		S_i	EW_i	OW_i	W_0	T_0
			农业	工业	(10^9m^3)	(10^9m^3)	(10^9m^3)	(10^9m^3)	(10^9m^3)
成都	0.95	0.45	3.00	2675.83	63.19	1.39	1.75	13.281	1149.27
自贡	0.83	0.37	6.81	1022.68	8.08	0.11	0.38		
内江	0.96	0.30	7.08	1045.77	9.08	0.16	0.01		
乐山	0.94	0.34	9.18	556.86	14.56	0.16	0.66		
眉山	0.91	0.45	1.28	627.54	13.32	0.81	0.06		
宜宾	0.96	0.33	5.27	581.74	14.14	0.33	0.02		
雅安	0.94	0.45	5.26	463.67	6.63	0.15	0.00		
阿坝	0.89	0.34	3.67	1924.8	2.85	0.03	0.00		

表 4-4　各部门的最小、最大需水量和污水排放最小、最大需求（10^9m^3，2019 年）

城市	$(m_{ij})_{min}$			$(WE_i)_{min}$	$(m_{ij})_{max}$			$(WE_i)_{max}$
	生活	农业	工业		生活	农业	工业	
成都	13.35	30.91	8.44	8.2301	15.14	32.91	15.14	10.7301
自贡	1.48	3.75	1.39	0.4791	1.7	4.42	1.96	0.546
内江	1.76	4.09	1.47	0.374	1.67	3.89	2.02	0.4394
乐山	2.28	6.69	2.44	0.3949	3.2	7.64	3.72	0.5483
眉山	1.77	8.09	1.87	0.331	1.96	8.75	2.61	0.3627
宜宾	1.86	4.89	2.61	0.448	2.67	6.36	5.11	0.8023
雅安	1.05	3.14	1.31	0.163	1.31	3.57	1.75	0.205
阿坝	0.61	1.15	0.2	0.0185	0.74	1.37	0.74	0.032

第三节　水资源与污水排放权协同配置原则

水资源与污水排放协同优化配置主要遵循公平性、经济性和可持续性原则。

一、公平性原则

针对流域水资源和污水排放协同配置而言，公平性主要是指各个区域获得的水资源量和污水排放符合各个区域的经济和生态发展，同时能够满足各个区域人民对该配置的期望。该原则实际上强调水资源的可持续利用和污水排放在代内和代际之间的发展互不影响，同时还需要强调流域各个区域内水资源和污水排放相互匹配，即水量和污水排放相互制约。公平性有时与效率原则存在冲突，主要体现在水资源利用的各个目标之间协调发展等方面。

二、经济性原则

经济性原则主要是指采用水资源和污水排放协同配置模式的各个用水部门在社会经济发展中的边际效益相等。传统的水资源配置方式主要追求经济效益总量最大化，忽视了各用水部门实际产生的经济效益的差异，不能完全刻画水资源的稀缺性。而协同配置更多的是考虑单位污水排放的经济效益，并用此来刻画水资源的利用效率，这样不仅可以体现各个用水部门的差异还可以表明水资源的稀缺性。

三、可持续性原则

可持续主要是为了实现水资源的可持续利用，同时保证污水排放量最小，以促使流域生态可持续发展。水资源和污水排放协同配置的可持续性原则要求在开发利用水资源和污水处理方面，要保持水资源的循环和可再生能力，促使生产生活均有平等的发展机会，而不是掠夺资源、破坏资源。此外，考虑可持续性原则还应当综合考虑后代开发用水资源的机会。

上述原则存在辩证统一的关系，流域发展中水资源优化配置的最终目的是为了高质量发展，满足人民生产生活的需要。基于上述原则，流域水资源和污水排放的协同配置可以从如下几方面入手：

（1）时间配置：可根据流域内可用水量、经济发展和缺水情况等变化规律，通过地表水、地下水和水库调节来实现水资源和污水排放在时间尺度上的动态配置。

（2）空间配置：流域内各个区域生产力布局存在差异，国民经济发展不协调一致，可根据供水情况合理规划不同区域的供水范围，保障生产条件和水资源量，并使得污水排放要求更加合理。

（3）用水目标配置：用水目标配置主要体现在干旱缺水地区，一般而言需要优先满足生活用水。供水情况存在一定的先后次序，其重点在于妥善处理经济建设用水挤占生态用水、城市工业用水挤占农业用水等问题。

第四节　水资源与污水排放协同配置多目标决策案例研究

一、问题假设与符号说明

在构建模型之前，涉及以下假设：

（1）流域管理者管理单独流域，独立分配水资源与控制污水排放量。

（2）流域管理局充分理解目标函数和内在约束。且流域管理局行为合理。

（3）可供分配的水只由一条流域提供。

（4）分区或部门没有进行水权交易。

为了清楚地展示建模，表 4-5 给出了模型中的常用参数和变量。

表 4-5　模型描述中的其他重要参数

变量	描述
i	岷江流域第 i 个区域，i = 1，2，…，8
j	第 i 个区域的地 j 个部门
AEP_{ij}	分区 i 的用水部门 j 的单方水经济增值

续表

变量	描述
EP_{ij}	分区 i 的用水部门 j 的经济效益
AEP_i	分区 i 单方污水排放需要产生的经济效益
OW_i	分区 i 的其他水源
m_{ij}	分区 i 的用水部门 j 分配的水量
M_i	分区 i 分配的水量
$(m_{ij})_{min}$	分区 i 的用水部门 j 的最低用水需求
$(m_{ij})_{max}$	分区 i 的用水部门 j 的最高用水需求
$(WE_i)_{min}$	分区 i 最低排污需求
$(WE_i)_{max}$	分区 i 最高排污需求
λ_i^{purify}	区域 i 的污水处理净化率
β_i^{loss}	从源头到分区 i 的输水损失率

二、多目标优化配置模型

水资源是确保区域经济发展的关键因素，流域水资源管理决策者分配水资源必须按照经济原则将水资源最优分配到家庭、农业和工业部门，满足社会生产生活所需。本文第一个目标函数是最大化单方污水排放的经济效益，同时满足各个区域分水公平最大化。为了确保各子区域均衡发展，流域水资源管理决策者需基于单向、跨界流动的特点推动水资源公平分配的实现。

（一）单位污水排放经济效益最大化

传统计算经济效益的方法模型参数复杂（Divakar et al，2011；Diaz，1997），变量较多且不够稳定，为了更合理高效地获得不同部门用水的净经济效益，本文采用单位用水量的年平均经济效益来度量各部门的经济效益（Eq.（1））：

$$EP_{ij} = AEP_{ij} \cdot m_{ij} \tag{4-1}$$

单位排污权经济效益可以描述为整个经济效益价值（每个部门的平均经济

效益和用水量的乘积之和）与实际得到的分配排污权的比值。

$$AEP_i = \frac{\sum_{j=1}^{J} AEP_{ij} \cdot m_{ij}}{(1 - \lambda_i^{purify}) WE_i} \tag{4-2}$$

其中，$\sum_{j=1}^{J} AEP_{ij} \cdot m_{ij}$ 是分区 i 中所有部门中经济效益之和。

通过对各个分区的单位污水排放量产生的经济效益求均值，即可得到单位污水排放量平均经济效益，流域水资源管理决策者希望单位污水排放量平均经济效益最大化。因此平均单位排污权经济效益可表示为：

$$\max(\overline{AEP}) = \frac{1}{N}\sum_{i=1}^{N} AEP_{ij} = \frac{1}{N}\sum_{i=1}^{N} \frac{\sum_{j=1}^{J} AEP_{ij} \cdot m_{ij}}{(1 - \lambda_i^{purify}) WE_i} \tag{4-3}$$

其中，$\overline{AEP}$ 是单位污水排放量平均经济效益。

（二）最大限度地实现用水公平

尽管流域各区域用水需求存在差异，但为了保证各区域的经济能够均衡发展，在分水过程中需要考虑公平性，通过水分配来保证各个区域之间的发展尽量均衡。因此，水资源分配产生的经济效益可以用作衡量用水分配平等性的标准。同时在水资源配置过程中引入基尼系数将有效地刻画水量分配的公平性。

值得注意的是，测量基尼系数值的方法目前没有一致认为最优的（Sun et al，2010；Hu et al，2016（b）），使用洛伦兹曲线测量基尼系数会导致结果产生负偏差。基尼系数主要用来衡量收入分配的平等性，该方法不依赖洛伦兹曲线，而是直接衡量收入不平等的程度。基尼系数的值来自“相对平均差”（任何一对个体 y 和 y 之间的差除以 y 的平均值）。

$$Gini = \frac{1}{2N^2 y}\sum_{a=1}^{N}\sum_{b=1}^{N} |y_a - y_b| \tag{4-4}$$

其中 N 是整个个体的数量。

分别以“累积经济效益份额”和“累积水资源份额”的形式存在于图 3 的 x 轴和 y 轴上；该图可以说明水分配的基尼系数（Gini coefficient = Area A/（Area A + Area B））。水资源分配平等性是通过公平衡量单位用水量的经济效用来衡量的，同时在实际水资源分配过程中会存在一定的损失。流域管理者希望单位用水量产生的经济效用的基尼系数最小化以促进区域经济均衡发展。因此，水资源分配的基尼系数公式如公式 5 所示：

$$\min(Gini) = \frac{1}{2N \cdot \sum_{i=1}^{N} \frac{EP_i}{(1-\beta_i^{loss})M_i + OW_i}} \sum_{a=1}^{N}\sum_{b=1}^{N}\left|\frac{EP_a}{(1-\beta_a^{loss})M_a + OW_a} - \frac{EP_b}{(1-\beta_b^{loss})M_b + OW_b}\right| \tag{4-5}$$

其中，$EP_i(EP_i = \sum_{j=1}^{J} EP_{ij})$ 是分区 i 内的经济效益；$\frac{EP_i}{(1-\beta_i^{loss})M_i}$ 是分区 i 的单位用水量产生的经济效用。

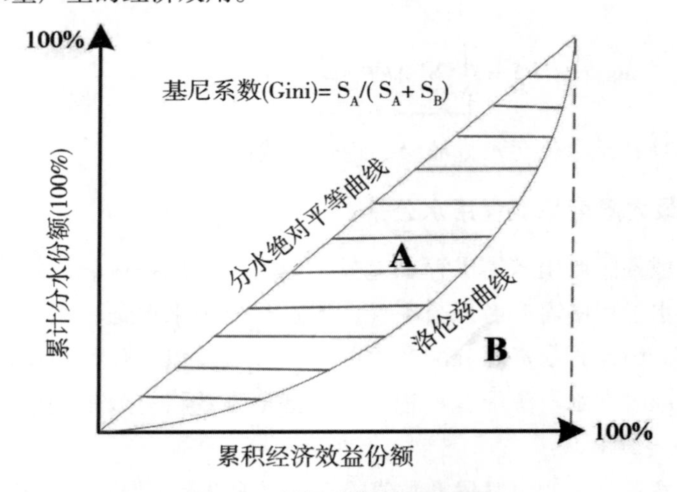

图 4-2　基尼系数的图形表示

（一）可利用的水资源限制

由于流域可利用水资源有限，且流域管理者分配给流域中各个区域的水资源不能超过初始可用水量，故流域管理局分配给各个区域的分配量应小于初始可用水量，且分配量为非负。

$$0 \leqslant \sum_{i=1}^{N} M_i < T_0 \tag{4-6}$$

（二）用水部门的总用水量限制

各个部门的用水量应包含分配得到的水和其他水源，例如：降雨和地下水等。因此，所有部门的用水量不得超过分区 i 中分配的水和其他水源的之和。

$$\sum_{j=1}^{J} m_{ij} \leqslant (1-\beta_i^{loss})M_i + OW_i \tag{4-7}$$

（三）分区 i 用水量的限制

分区 i 得到分配的水量和其他水源之和应充分满足用水需求，但是不应超过最大需水量，避免浪费。因此，所有部门的用水量不得超过分区 i 中分配的水和其他水源的之和。

$$(1-\beta_i^{loss})M_i + OW_i \leqslant S_i \tag{4-8}$$

（四）生态环境用水限制

为了保护生态环境和可持续发展，必须优先保持生态用水，故流域管理局分配水资源应优先满足生态用水。

$$(1-\beta_i^{loss})M_i + OW_i - \sum_{j=1}^{J} m_{ij} \geqslant EW_i \tag{4-9}$$

（五）用水需求限制

对于分区中的用水部门，应满足每个部门的最低用水需求，以保证基本使用和发展，避免水资源浪费并提高用水效率，分配给每个部门的水量不得超过其最大预期：

$$(m_{ij})_{\min} \leqslant m_{ij} \leqslant (m_{ij})_{\max} \tag{4-10}$$

（六）污水排放量分配的限制

对于流域中的各个区域，应满足每个区域的最低污水排放量需求，以保证基本使用和发展，避免污水排放量浪费并保护生态环境，分配给每个子区域的污水排放量不得超过其最大预期：

$$(WE_i)_{\min} \leqslant WE_i \leqslant (WE_i)_{\max} \tag{4-11}$$

（七）污水排放量总量的限制

流域污水排放量有总额限制，对环境管理具有重要意义。故在流域中应规定合理的污水排放量，且分配的排放许可应小于该总量：

$$0 \leqslant \sum_{i=1}^{N} (1-\lambda_i^{purify}) \cdot WE_i \leqslant W_0 \tag{4-12}$$

（八）非负约束

流域管理局分配给分区的水不得小于 0；分配给分区的排污权不得小

于 0：

$$m_{ij} \geqslant 0$$
$$M_i \geqslant 0 \tag{4-13}$$
$$WE_i \geqslant 0$$

将目标函数与约束条件相结合，基于公平性和经济效用的水量和排污权分配的全局模型公式如下：

$$\max(\overline{AEP}) = \frac{1}{N}\sum_{i=1}^{N} AEP_{ij} = \frac{1}{N}\sum_{i=1}^{N} \frac{\sum_{j=1}^{J} AEP_{ij} \cdot m_{ij}}{(1-\lambda_i^{purify})WE_i}$$

$$\min(Gini) = \frac{1}{2N \cdot \sum_{i=1}^{N} \frac{EP_i}{(1-\beta_i^{loss})M_i + OW_i}}$$

$$\sum_{a=1}^{N}\sum_{b=1}^{N}\left|\frac{EP_a}{(1-\beta_i^{loss})M_a + OW_i} - \frac{EP_b}{(1-\beta_i^{loss})M_b + OW_i}\right|$$

$$s.t\begin{cases} 0 \leqslant \sum_{i=1}^{N} M_i < T_0 \\ \sum_{j=1}^{J} m_{ij} \leqslant (1-\beta_i^{loss})M_i + OW_i \\ (1-\beta_i^{loss})M_i + OW_i \leqslant S_i \\ (1-\beta_i^{loss})M_i + OW_i - \sum_{j=1}^{J} m_{ij} \geqslant EW_i \\ (_{mij} \leqslant m_{ij} \leqslant (_{mij} \\ (_{W} \leqslant WE_i \leqslant (_{W} \\ 0 \leqslant \sum_{i=1}^{I} (1-\lambda_i^{purify}) \cdot WE_I \leqslant W_0 \\ m_{ij} \geqslant 0 \\ M_i \geqslant 0 \\ WE_i \geqslant 0 \end{cases} \tag{4-14}$$

三、模型求解方案

本文采用折中规划（CP）方法在公平和经济效率之间权衡水资源和排污权的分配。折中规划（CP）多年来被广泛用于寻求多目标规划模型的最优解，能够解决水资源多目标模型的求解问题。例如，Fattahi 和 Fayyaz（2010年）和 Zarghami 等人（2008 年）成功地将该方法用于城市水资源管理，Higgins 等人（2008 年）将 CP 用于水资源分配。对于 n 个目标函数的模型，折中规划距离度量如下所示：

$$\min D(x)=\left[\sum_{t=1}^{n} w_t^k\left(\frac{Z_t^{opt}-Z_t(x)}{Z_t^{opt}-Z_t^{inf}}\right)^k\right]^{1/k}\quad(k=1,\ 2,\ 3,\ \cdots,\ \infty)\tag{4-15}$$

其中 x 是决策变量的向量。t 为目标函数的指标。w_t^k 是第 t 个目标函数的权重，它反映了决策者对目标重要性的偏好；$Z_t(x)$ 是目标函数 b 的计算值；$Z_t^{\max}$ 和 $Z_t^{\min}$ 表示目标函数 b 的最佳值和最差值；其中，k 是一个度量参数，它揭示了与理想点的最大偏差的显著程度。

四、协同分配权衡分析

本文将上述所建立的多目标模型应用于岷江流域，验证了该模型的可行性、有效性和实用性，并运用折中规划求解模型来权衡效率与公平，得到岷江流域 8 个子区域分水量、8 个子区域污水可排放量分配方案。为了验证模型结果的可靠性，目标权衡分析以及公平与效率的权衡分析将在后面两个小结中讨论。

在 CP 模型中，k 被设置 1，ω_1 和ω_2 分别表示 max（AUS）和 min（$Gini$）的权重，其中($\omega_1+\omega_2=1.$)。在求解模型时，可以计算每个函数的最优值和最差值，故 CP 模型的目标函数可以表示为：

$$\min D(x)=w_1\left(\frac{AUS^{opt}-AUS(m_{ij},\ WE_i)}{AUS^{opt}-AUS^{inf}}\right)+w_2\left(\frac{Gini^{opt}-Gini(M_i)}{Gini^{opt}-Gini^{inf}}\right)\tag{4-16}$$

其中$\overline{AEP}^{\max}$ 和$\overline{AEP}^{\min}$ 分别为$\overline{AEP}$ 的最优值和最差值，对其分别进行优化，并受到所开发多目标模型的约束；$Gini^{\max}$ 和 $Gini^{\min}$ 分别为基尼系数的最优值和最差值，也对其分别进行优化，同时也受到所开发多目标模型的约束。

通过 Eq.（15）规划求解，设置了一些典型权重，作为所有权重的一小部分，各种权重集的 CP 模型的分配方案结果如表 4-6 和图 4-3 所。根据基尼系数的定义（Gini，1921）可知，当基尼系数小于 0.2 时已绝对公平，0.2-0.3 之间时较为平均，0.3-0.4 之间时比较合理，0.4-0.5 时差距过大，大于 0.5 时差距悬殊。因此，表 4-6 中基尼系数的结果在 0.3-0.4 之间是合理的，这意味着该模型能够有效地度量流域水资源和污水排放量的配置公平性。此外，表 5 中 AUS 平均值 4.37×10^6 元，给出的 9 种分配方案中 $\sum_{i=1}^{8} AEP_i$ 平均值为 50700.4503 亿元，这意味着水资源与排污权的协同配置能够有效促进水资源的利用效率，并能够产生对应的经济效益，进一步表明协同配置的合理性和可行性。根据表 5 的结果，两个目标之间的关系变得明显，因为两个目标函数值在同一方向上增加，但每个目标的相对最优值是相反的。换句话说，随着 Gini 系数的权重增加，AUS 逐渐降低。

表 4-6　不同权重集的分配方案（$10^9 m^3$，2019 年）

权重	（0.1，0.9）		（0.2，0.8）		（0.3，0.7）		（0.4，0.6）		（0.5，0.5）	
	M_i	WS_i	M_i	WS_i	M_i	WS_i	M_i	WS_i	M_i	WS_i
成都	54.7	8.2301	55.7	8.2301	61.4	8.2321	61.4	8.2341	63.19	8.2321
自贡	7.41	0.4791	7.41	0.4791	7.19	0.4791	8.08	0.4791	8.08	0.4791
内江	7.67	0.3740	7.67	0.3740	7.87	0.3740	7.12	0.3740	7.58	0.3740
乐山	14.56	0.3949	12.36	0.3949	13.28	0.3949	14.56	0.3949	13.28	0.3949
眉山	12.66	0.3310	12.66	0.3627	13.32	0.3310	13.13	0.3310	13.32	0.3310
宜宾	11.64	0.4480	11.78	0.4480	10.17	0.4480	14.14	0.4480	12.67	0.4480
雅安	6.37	0.1630	6.37	0.1630	6.2	0.1630	6.37	0.1630	6.37	0.1630
阿坝	2.72	0.0185	2.85	0.0185	2.5	0.0185	2.72	0.0185	2.85	0.0185
AUS	4.3720		4.3630		4.3621		4.3472		4.3458	
Gini	0.3627		0.3576		0.3713		0.3951		0.3874	
$\sum_{i=1}^{8} AEP_i$	34454.050		33823.040		51660.775		53266.695		53121.340	

续表

权重	(0.1，0.9)		(0.2，0.8)		(0.3，0.7)		(0.4，0.6)		(0.5，0.5)
权重	(0.6，0.4)		(0.7，0.3)		(0.8，0.2)		(0.9，0.1)		
	M_i	WS_i	M_i	WS_i	M_i	WS_i	M_i	WS_i	
成都	63.19	8.2323	63.19	8.2301	56.9	8.2301	54.7	8.2301	
自贡	6.84	0.4791	8.08	0.4791	7.86	0.4791	7.19	0.4791	
内江	7.03	0.3740	7.78	0.3740	7.32	0.3740	7.23	0.3740	
乐山	13.28	0.3949	13.28	0.3949	13.28	0.3949	12.36	0.3949	
眉山	12.47	0.3310	13.32	0.3627	13.32	0.3310	13.32	0.3627	
宜宾	10.05	0.4480	10.17	0.4480	12.67	0.4480	11.64	0.4480	
雅安	6.19	0.1630	6.63	0.1630	6.19	0.1630	6.63	0.1630	
阿坝	2.63	0.0185	2.63	0.0185	2.85	0.0185	2.5	0.0185	
AUS	4.3389		4.3356		4.3340		4.3330		
Gini	0.3437		0.3218		0.3214		0.3202		
$\sum_{i=1}^{8} AEP_i$	50700.450		51667.600		34415.510		33167.549		

注：M_i和 WS_i 的单位是 $10^9 m^3$，*AUS* 的单位是 $10^6 yuan/m^3$，$\sum_{i=1}^{8} AEP_i$的单位是10^9万人民币。

根据表 4-6 和图 4-3 的结果，给出了不同权重集下各个区域的配水方案和污水排放权的分配，我们可以发现，各个区域的污水排放权分配变化并不显著，而岷江流域 8 个子区域的分水量被分成三个类别，第一类为成都，其分水量在$54.7\times10^9 m^3$到$63.19\times10^9 m^3$之间；第二类为乐山、眉山、宜宾，其分水量在$10.17\times10^9 m^3$到$14.17\times10^9 m^3$之间；第三类为自贡、内江、雅安、阿坝这四个子区域，其分水量在$2.5\times10^9 m^3$到$8.08\times10^9 m^3$之间。造成这种差异的主要原因是成都的经济总量占岷江流域总量比例最高，所需要的水也比其他 7 个市区更多；从 2.3 部分的原始数据和我们模型给出的分配方案，就已经印证了我们的结论和模型的可靠性。另外，根据图 4-3，我们也可以看出 8 个区域在不同权重集下分水策略的敏感性，成都和宜宾都是岷江流域上经济发达的区域，它们之间的用水冲突将直接导致整个流域分水策略的用水冲突，而其他区域并没有表现出较强的敏感性。

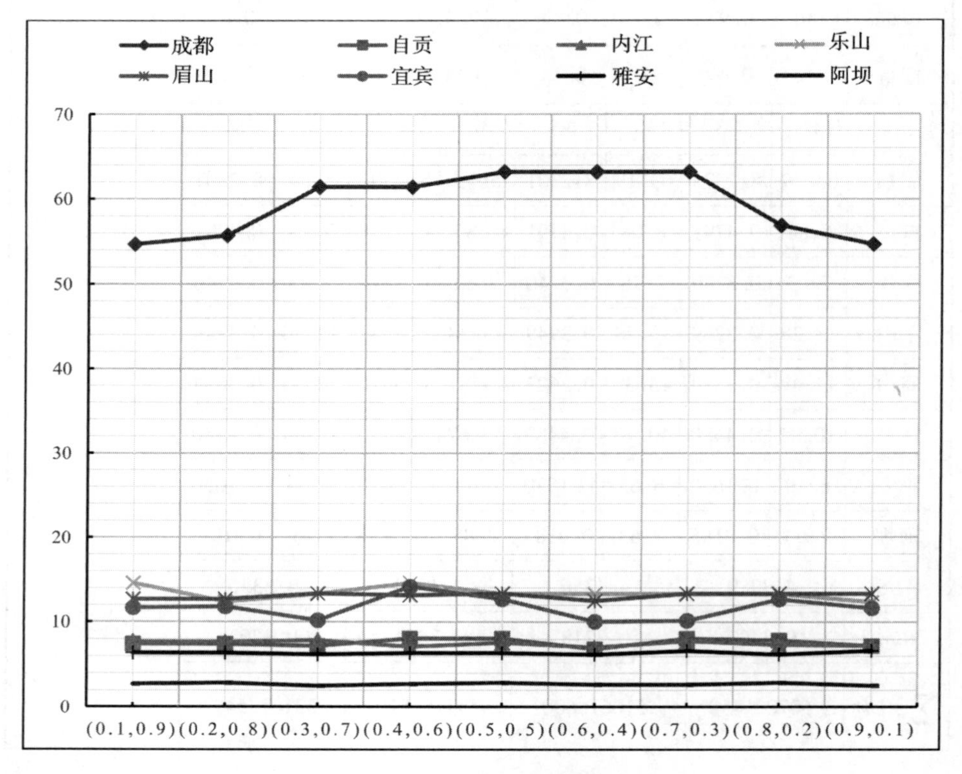

图 4-3　各权重集下的分水方案

表 4-6 和图 4-3 的结果表明，本文建立的模型中水资源分配结果主要取决于流域管理当局对单方污水排放所产生的经济效益和各个区域分水公平性的偏好，同时还不能忽视流域经济发展对分水公平性的影响。

权衡冲突分析

上面给出了整个模型在岷江流域水资源与污水排放权协同配置的可靠性，流域管理者在制定具体配置方案时，需要根据流域发展需要制定不同的配置方案，从不同的角度去度量分水方案的可实施性。

表 4-6 和图 4-4 表明，当流域管理者偏向公平性时，流域总体公平性变化在 0. 3 和 0. 4 之间波动，Gini 系数变化趋势表现为先增加后减少，最后趋于稳定状态。当公平性权重在 0. 1 到 0. 4 时，Gini 系数逐步增加，这是由于在协同配置之间的矛盾相互作用中单方污水经济效益依然占据较大权重，使得公平性的实际占比依然较小，进而导致配置方案的公平性降低；当公平性权重在 0. 5 到 0. 7 时，Gini 系数的值从 0. 39 逐级递减至 0. 32，此时公平性在协同配

置冲突中占比较大，配置方案的公平性得到上升；当公平性权重在0.8到0.9变化时，协同配置之间的冲突达到平衡，配置方案的公平性趋于稳定。由此表明协同配置方案的公平性在一定程度上取决于协同配置中流域水资源管理者对公平性与经济效益的偏好程度。另外，在不同的权重集下单方污水经济效益在4.3330×10^6到4.3720×10^6百万元之间变化，总体上呈现出逐步递减的趋势。由于在协同配置过程中单方污水经济效益与公平性之间相互制约，因此单方污水经济效益与公平性的变化总体趋势变化相反。换句话说，随着单方污水经济效益的权重增加，Gini 系数将不断减小。

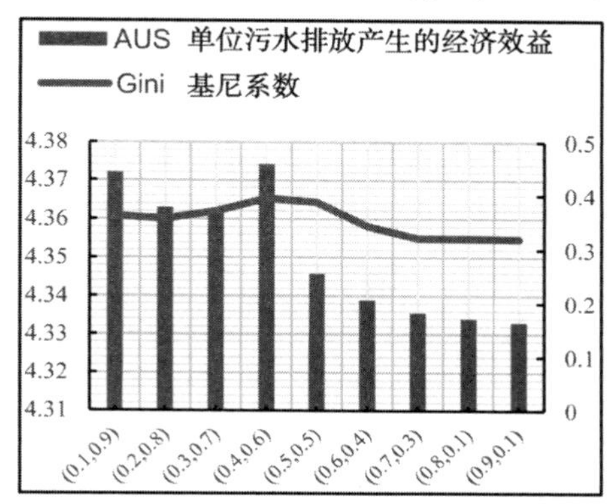

图 4-4 各权重集下的基尼系数与 AUS

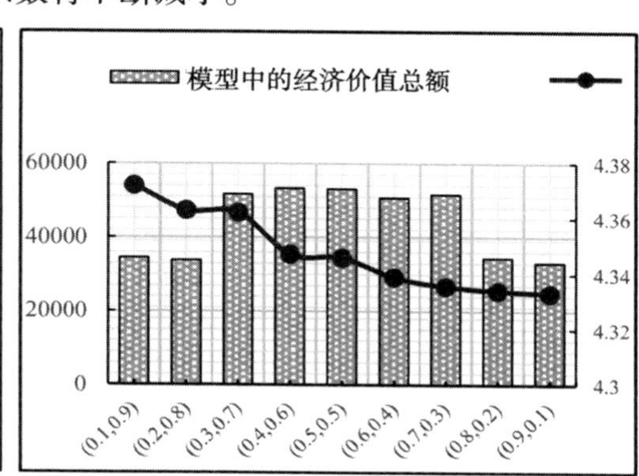

图 4-5 各权重集下单位污水排放经济效益、经济效益总值

结合表4-6和图4-5的结果，表明随着单方污水排放经济效益偏好度的增加，单方污水排放经济效益逐步递减并处于稳定状态，也就是说流域水资源管理者对经济效益的偏好在超过一定的权重时，经济效益不会随着污水排放权的分配增加而增加。那么在配置方案中，分水策略就应该依此为临界点作为水资源管理者的理想配置状态。另外，根据图4-5显示，单方污水排放经济效益目标函数的权重超过0.7时，流域总经济并没有提升反而是下降，这可能是因为经济发展产生的污水限制了流域经济发展，还可能会进一步增加污水处理的成本，同时还可能造成环境污染。

通过上述分析，配置方案的公平性能够提供平衡区域发展、减少污水排放冲突的配置策略，进一步表明公平与效率权衡的方法是可行的。

就具体经济效益而言，从岷江流域各区域发展差异来看，成都作为流域主要的经济支撑区域，其需水量和污水排放均占据较大比重，本研究给出的模型结果也表明了这一点（表4-6）。此外，本研究给出的模型还表明各个子区域根据流域管理当局对总目标函数权重的不同来制定相应的水资源分配和污水排放策略，以确保社会经济增长和生态可持续性。

流域管理者在协同配置过程中会根据经济效益的变化选择相应的配置方案，图 4-6 和图 4-7 给出了模型配置方案与实际分水方案产生经济总值之间的变化。当单方污水经济效益的权重在［0.1，0.25］和［0.7，0.9］时，模型配置方案中流域产生的经济总值低于实际配置方案产生的经济总值；当单方污水经济效益的权重在［0.25，0.7］之间时，流域配置方案明显高于实际配置方案的经济总值。这是由于当单方污水经济效益的权重在［0.1，0.25］和［0.7，0.9］时，协同配置之间的冲突依然存在不对等的情况，流域水资源管理者对公平性和经济效益总有不同的偏好，使得协同配置之间的冲突加剧，导致配置方案产生的经济总值低于实际配置方案产生的经济总值。然而，当单方污水经济效益的权重在［0.25，0.7］之间时，协同配置中公平性与经济效益的权重处于相对均衡的状态，使得协同配置的效率最高，此时配置方案的经济总值高于实际的经济总值，由此表明协同配置将有效提高流域总体经济。

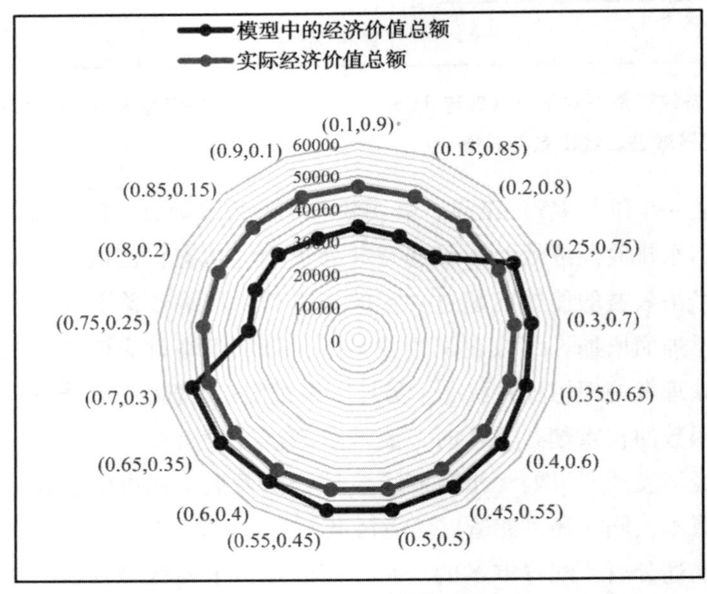

图 4-6　分配方案产生经济值与实际经济值

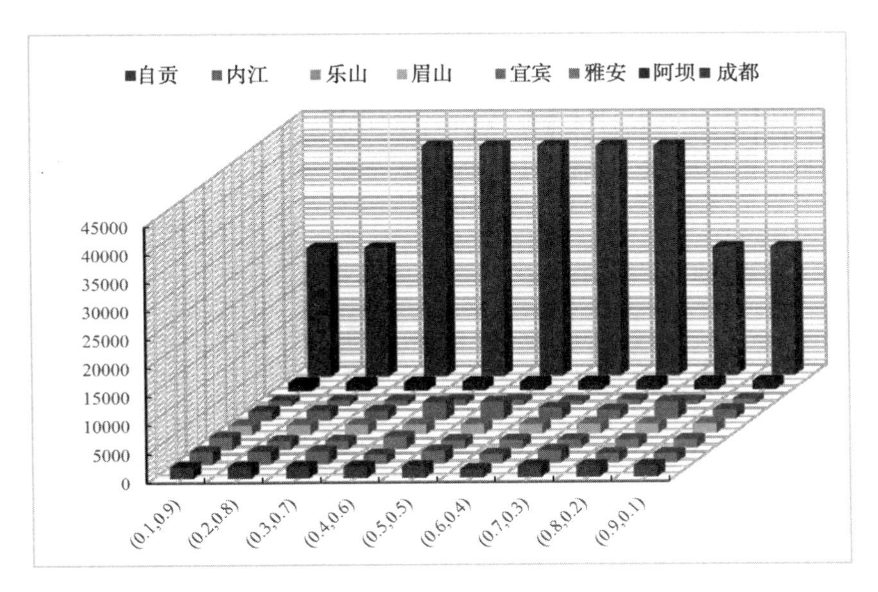

图 4-7　配置方案中各区域总体经济

实际分水方案中，流域管理当局并没有考虑我们模型中设定的两个目标，所以，权重的变化对实际分水方案没有变化。图 4-8 表明了配置方案中各个区域之间的经济总值与实际经济总值在不同权重集下的变化。通过各个区域之间的经济总值与实际经济总值的对比，制定符合各个区域的配置方案，以保证流域区域产生的经济效益最大。(a) 成都市的配置方案最具代表性，呈现中间高两边低的变化趋势，变化趋势与流域总体变化趋势相符合，这是由于岷江流域中成都市的实际经济总值大于其余城市的经济总值之和。值得注意的是，成都市的配置方案产生的经济总值在不同权重集下，成都市经济总值大于实际经济总值，主要是因为成都拥有更好更集中的工业和服务业，经济发展迅猛。(b) 自贡、内江、眉山、阿坝这几个市的配置方案产生的经济总值均高于实际经济总值，其中阿坝在协同配置中的经济总值变化程度最大，主要得益于这几个地区着重发展轻工业和旅游业，为区域经济发展提供了有力支撑；(c) 乐山、宜宾和雅安的配置方案中有部分权重集产生的经济总值低于实际经济总值，主要是因为“十三五”规划时期这几个地区集中发展重工业，致使环境污染严重，环境治理成本较高。

根据上述分析，在协同配置下的分配方案会使得流域经济总值增加，但是有部分权重集下的区域的经济总值会减少，这需要流域管理者根据各个流域的实际情况选择最佳的配置方案，使得流域总体经济效益最大的同时，各个区域的经济总值也能够得到相应的提高或者为了流域经济发展而使得经济总值减少最小。另外还需要考虑流域污水治理的成本的影响。但总体来讲，本研究的模型能够有效的缓解流域管理当局在协同配置方案中公平与效率之间的冲突。

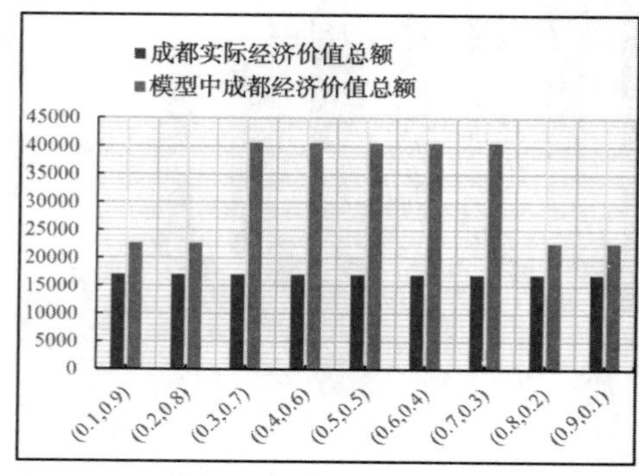

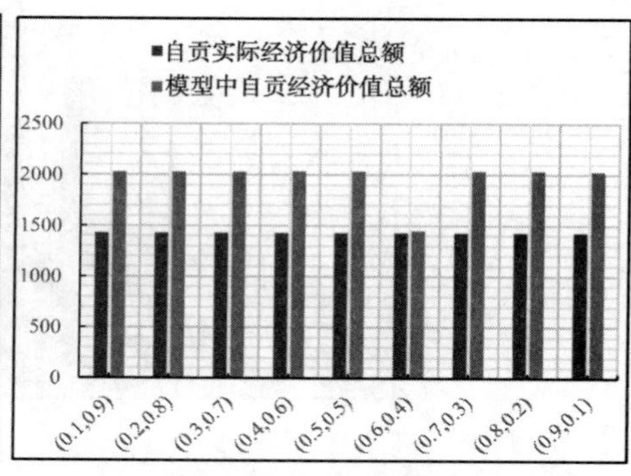

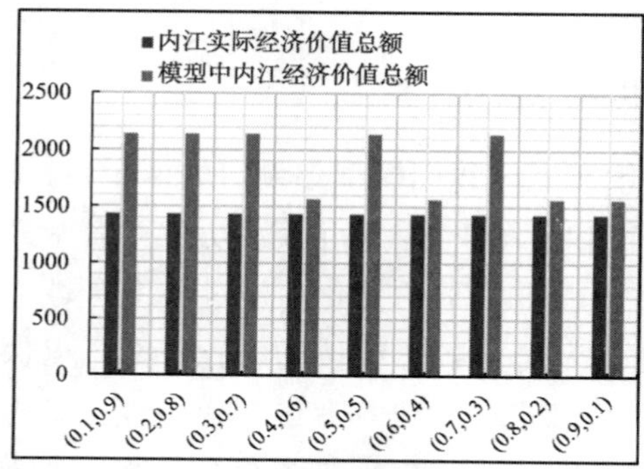

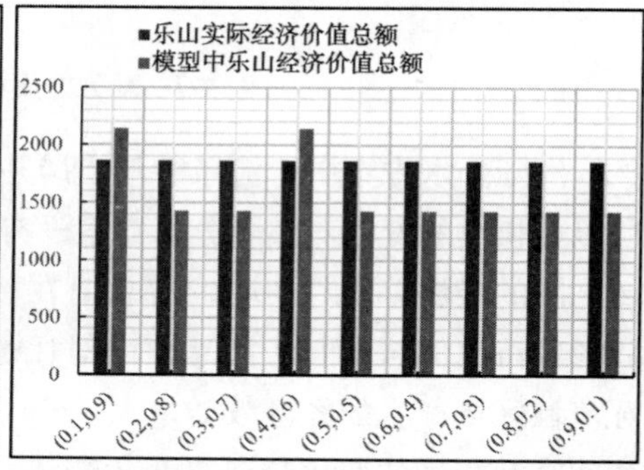

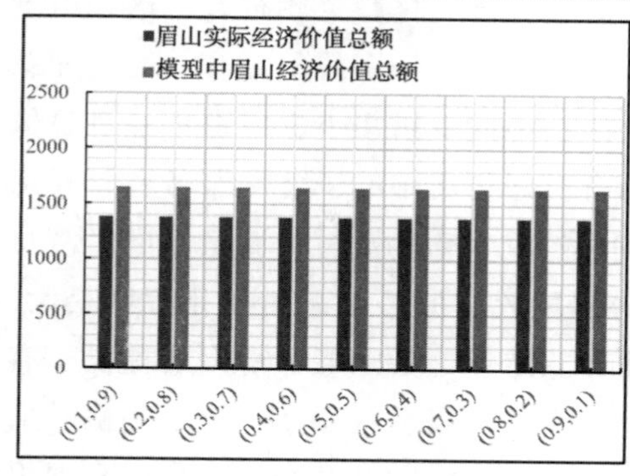

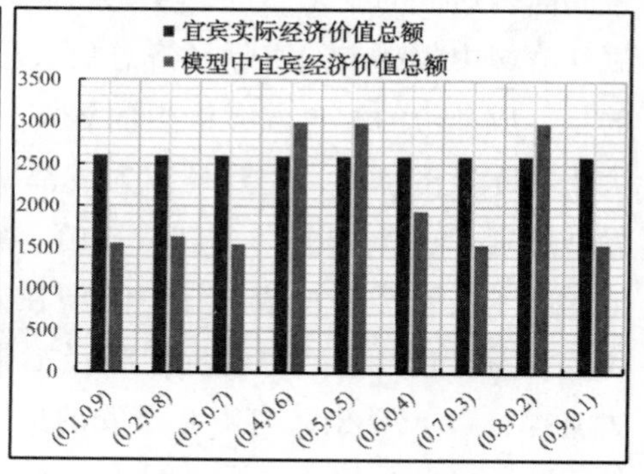

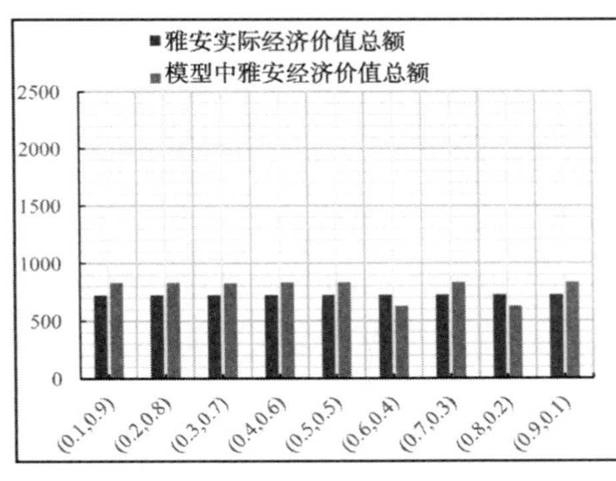

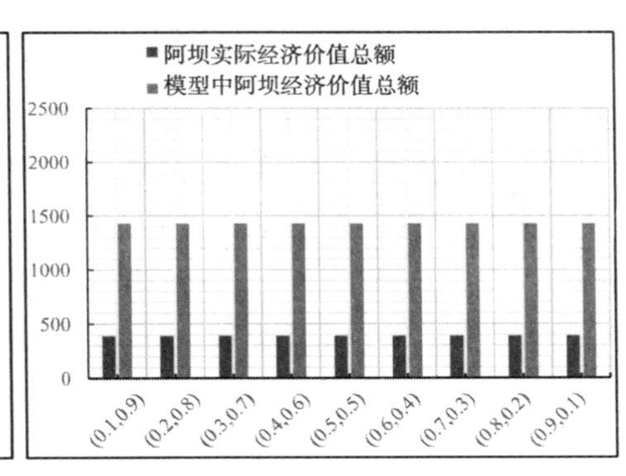

图 4-8　配置方案中各区域经济与实际经济

流域管理者可以为经济效益和公平性这两个目标选择不同的权重。在这里我们将采用等权重（$w_1 = w_2 = 0.5$）的方案作为基础，称为基本权衡决策方案（Basic trade-off decision scheme，BTS），此时经济效益和公平值达到图 4-6 和图 4-4 中的均值。等权重的水资源分配和排污权分配策略如表 4-7 所示。无论公平与否，当岷江流域管理者在以社会经济效益最大值为目标时，即追求经济效益最大化的决策方案（Economic benefit maximization scheme，EBM），对应的水资源和排污权分配策略如表 4-6 所示。通过对比表 4-7 和表 4-6，岷江流域管理者应该放弃 37.56%的经济效益以实现排污权经济效益最大，单方污水需要产生的经济效益降低 10612 万元，各个分区的排污权分配为：成都 8.32、自贡 0.48、内江 0.37、乐山 0.39、眉山 0.36、宜宾 0.45、雅安 0.16、阿坝 0.02（亿立方米）。显然，8 个分区之间的排污权差异很大。

表 6　BTS 水资源和排污权分配方案

城市	m_{ij}			M_i	WS_i	AEP_{ij}		$\overline{AEP}$	$Gini$	$\sum_{i=1}^{8} AEP_i$
	Dom	Agr	Ind			Agr	Ind			
成都	15.14	32.91	15.14	63.19	8.23	98.73	40512.07	0.0043 72699	0.3874	53121. 3411
自贡	1.70	4.42	1.96	8.08	0.48	30.10	2004.45			
内江	1.67	3.89	2.02	7.58	0.37	27.54	2112.46			
乐山	3.20	7.64	2.44	13.28	0.39	70.14	556.86			
眉山	1.96	8.75	2.61	13.32	0.33	11.20	627.54			
宜宾	2.67	4.89	5.11	12.67	0.45	25.77	2972.69			
雅安	1.05	3.57	1.75	6.37	0.16	18.78	811.42			
阿坝	0.74	1.37	0.74	2.85	0.02	5.03	1424.35			

此外，EBM 与 BTS 存在明显差异。两种方案的分水策略经济效益相差 19953.7917 亿元，其中 BTS 方案中的成都工业 AEP_{ij} 为 40512.07 元每立方米，EBM 方案中的成都工业 AEP_{ij} 为 22584.01 元每立方米，两者之间相差 44.25%。值得注意的是，实际上成都经济的总值大于其余岷江 7 市之和，这表明在考虑经济效用和公平性时，能够更加促进地区之间的发展而不是制约，同时 EBM 方案这在很大程度上对成都分区是不公平的，这表明 BTS 比 EBM 为区域发展提供的平衡更多，冲突更少。BTS 方案在一定程度上是一种激励机制，强调社会公平，符合实际情况，同时也为相对落后的地区（包括内江和宜宾）提供机会。

表 7　EBM 水资源和排污权分配方案

城市	m_{ij}			M_i	WS_i	AEP_{ij}		$\overline{AEP}$	$Gini$	$\sum_{i=1}^{8} AEP_i$
	Dom	Agr	Ind			Agr	Ind			
成都	13.35	32.91	8.44	54.70	8.23	98.73	22584.01	0.0043 62087	0.3546	33167.5494
自贡	1.48	3.75	1.96	7.19	0.48	25.54	2004.45			
内江	1.67	4.09	1.47	7.23	0.37	28.96	1537.28			
乐山	2.28	7.64	2.44	12.36	0.39	70.14	1358.74			
眉山	1.96	8.75	2.61	13.32	0.36	11.20	1637.88			
宜宾	2.67	6.36	2.61	11.64	0.45	33.52	1518.34			
雅安	1.31	3.57	1.75	6.63	0.16	18.78	811.42			
阿坝	0.61	1.15	0.74	2.50	0.02	4.22	1424.35			

公平最大化决策方案（Equity maximization scheme，EMS），表 8 列出了相应的水资源和排污权分配策略。将表 6 与表 8 进行比较，公平最大化时岷江流域管理者的经济效益效率应为 34454.0503 亿元，同时基尼系数小于 BTS 方案。虽然公平性得到改善，但经济效益下降约 35.14%。水资源分配方案的经济效益下降 18667.2908 亿元，这对四川省的总体发展影响巨大，会严重降低经济 GDP，这就是 EMS 方案在水资源配置方面不太可行的原因。社会经济对岷江流域发展十分关键，很明显，岷江流域管理者不能完全放弃 18667.2908 亿元的经济效益，BTS 水资源和排污权分配方案在确保分区公平性的同时考虑到了社会经济。为了促进四川省岷江流域 8 市的发展，岷江流域管理者不应只考虑公平。

同时，通过 EMS 与 BTS 对比发现，BTS 更加符合实际的显示流域经济效益，同时 AEP_{ij} 也更加符合四川省的发展规划，仅根据表 4-7 和表 4-9 计算的数据表明成都市的工业 AEP_{ij} 分别为 40512.07 和 22584.01（元每立方米），乐山市的工业 AEP_{ij} 分别为 556.86 和 2071.52（元每立方米），2019 年实际成都工业 GDP 为 17012.65 亿元，乐山工业 GDP 为 801.88 亿元。显然充分考虑公平性和经济效益能够良好的反映实际情况，同时也能够对于污水排放应产生多少经济效益做出准确的测度，促进岷江流域 8 市通过减少污水排放以经济的正向循环。

BTS 方案是根据经济效用和公平性制定的，能够提供更多的发展机会，强调社会公平，在一定程度上也是激励措施，能够为流域相对落后的地方提供发展机会。

EMS 方案根据分水公平性最大化制定，能够有效解决分水不公平性的问题，但是会让流域遭受一定的经济效益损失。

EBM 根据单方污水经济效益最大化制定的，能够带来更多的经济效益，相比于实际分水方案，会增加一定的经济效益，但是流域的分水公平性会相应的降低。

综上所述，我们的协同分配方案可以根据流域水资源管理决策者的偏好进行动态调整，当以公平性为主要目标时，可采用 EMS 方案；当以经济效益为目标时，可采用 EBMS 方案。

表 4-9　EMS 水资源和排污权分配方案

城市	m_{ij}			M_i	WS_i	AEP_{ij}		$\overline{AEP}$	$Gini$	$\sum_{i=1}^{8} AEP_i$
	Dom	Agr	Ind			Agr	Ind			
成都	13.35	32.91	8.44	54.70	8.23	98.73	22584.01	0.0043 7183	0.3627	34454.0503
自贡	1.70	3.75	1.96	7.41	0.48	25.54	2029.99			
内江	1.76	3.89	2.02	7.67	0.37	27.54	2112.46			
乐山	3.20	7.64	3.72	14.56	0.39	70.14	2071.52			
眉山	1.96	8.09	2.61	12.66	0.33	10.36	1637.88			
宜宾	2.67	6.36	2.61	11.64	0.45	33.52	1551.86			
雅安	1.05	3.57	1.75	6.37	0.16	18.78	830.20			
阿坝	0.61	1.37	0.74	2.72	0.02	5.03	1424.35			

推动流域水资源优化分配，科学配置水资源是缓解流域水资源短缺和供需矛盾的重要途径。本文根据岷江流域单向、跨界的特点，将公平、经济效益和生态可持续性纳入了水资源的配置计划中，权衡了水资源配置公平合理性和污水排放之间冲突，并建立水资源配置的优化模型，该模型能够有效帮助水资源配置和污水排放之间的协同。模型表明，分水公平性和单方污水排放产生的经济效益之间的权衡是合理可行的。

五、分析与讨论

本文可以得到如下结论：（1）在衡量经济效用原则时，由于家庭用水主要用于日常生活，不以盈利为主，只需要考虑农业和工业部门用水产生的经济值来衡量分水方案的经济效益；（2）在分水过程中考虑公平性原则时，需要考虑家庭、农业和工业三者的用水差异，因为用水量的变化直接影响用水部门分得水量的公平性。（3）值得注意的是，污水排放会污染生态环境，进而需要付出环境修复成本，间接的影响了流域的经济发展。（4）流域决策者需要通过衡量污水排放对经济效益的影响，进而规定相应的单方污水排放所产生的经济效用，确保流域生态可持续发展。

总而言之，通过用污水排放对分水方案产生的经济效用进行衡量，能够有效的将污水排放与水资源配置相结合，进而形成协同配置。根据管理实践中的分水方案，流域水资源管理者通过权衡公平性与经济效用原则，制定相应的 BTS 方案，当公平性偏好程度较大时，可得到 EMS 分配方案；当经济效用原则为衡量标准时，可得到 EBM 分配方案。上述模型结果可以帮助决策者提高水资源配置效率，对构建污水排放与水资源协同配置系统提供一定的参考。

此外，在水资源分配管理实践中，污水排放权的交易、多流域案例和水权交易等情况比较复杂，以及受到污水治理成本的影响，还可能涉及流域各子区域决策者之间的分水冲突，促使分析更加复杂，未来还需要对这些发现做进一步研究。

第五章　流域污水排放权配置决策研究

合理的污水排放权配置方案能够有效增强区域经济和生态的稳定性并促使区域可持续性发展。然而，流域内各城市在利用其排污权以满足自身发展需求时往往忽略了流域内除自身以外的其他城市，特别要加强对流域下游城市和流域整体发展与效益的考量。从经济增长的角度来看，流域污水排放许可作为一种具有竞争力的有限消费资源，公平有效的污水排放办法不仅可以改善区域经济状况，还可以加速区域城市新兴产业的快速发展。因此，为了实现排污权配置的合理性、公平性，制定水环境保护项目和调整市场运作下排污权交易策略，以追求流域整体经济效益最大化，已成为流域管理委员会和分区的优先事项。而城市区域之间的合作模式更多地取决于河流区域城市各异的自然属性和社会属性，通常由流域沿岸城市间的自由协商和博弈决定。由于沿岸城市之间存在着社会经济发展水平、地理位置以及区域发展要求不同等复杂因素，沿岸城市之间的合作机制和对于排污权的配置策略都需要进行协商。

第一节　污水排放权配置原则

污水排放权的配置对区域经济发展、社会稳定以及生态环境保护具有重大影响。2019 年召开的“中国循环经济发展论坛”上，报告显示目前我国水污染负荷过大，远超水环境容量，南方丰水地区水质性缺水问题突出，北方水资源短缺且水量性缺水严重，生态用水严重不足。报告还展示了 COD 容量为 17 万吨的辽河流域，实际排放量高达 92 万吨；氨氮容量为 4.08 万吨，实际排放量却高达 7.5 万吨。环保部门公布的调查数据显示，2017 年，全国十大水系、62 个主要湖泊分别有 35%和 42%的淡水水质达不到饮用水要求，严重影响人们的健康、生产和生活。随着城市化进程的加快以及经济的快速增长，中国的水污染问题愈加严重，区域污水排放问题严重地影响了地区生态系统的稳步发展以及人类社会的可持续性进程。区域水污染问题的有效解决除了依赖国家制定的相关污水排放及治理政策，更多地还取决于流域各城市区域在该流域保护与环境治理下的合作与相互协调作用。目前，中国有很多城市流域由于区域污水排放过量和排污权配置不均等问题，严重威胁了区域发展以及社会安全。因此，污水排放权配置的关键问题之一是如何在各城市间尽可能地实现公平与合理配置。

现如今，水环境问题已经成为了环境保护领域的一个热点、难点问题（余会文，2018）。2017 年全国水质监测显示，1940 个地表水水质断面（点位）中，Ⅳ（四）、Ⅴ（五）类水占 23.8%，劣Ⅴ（五）类水占 8.3%，无法饮用且不能直接接触的地表水占到了 30%。《“十三五”生态环境保护规划》制定实施以来，流域相关企业对污染排放与管控的环境理念逐渐增强，但从长期政策实施情况来看，流域污水管控问题的有效治理单靠政府和企业的努力是不够的，特别是在排污权管理者对污水排放许可（WEPs，wastewater emission permits）的配置、地方排污权使用、区域污水排放执行等问题上处理不当导致污水排放问题依然严峻存在（闫新宇，唐千惠，2018）。

区域城市的污水排放水平能够反映该区域整体经济发展水平与水资源利用水平等（Zhao，2008），除此之外，区域城市的排污权配置能够反映该区域城市的水权配置水平，在一定程度上，污水排放权配置问题与水资源配置问题是相互制约与相互影响的，以往有很多研究展示了水权配置过程是如何受区域污水排放水平影响的。如 Ge et al.（2018）以耦合协调为优化目标，以总用水量、总污染物排放量和用水效率为约束条件，建立了流域初始水权分配的调整决策模型；Hu et al.（2010）通过考虑流域污水排放量，利用综合系统仿真和智能计算技术，建立了基于初始水权的允许取水量总量控制目标的新模型；Ge et al.（2016）建立了一个多目标省级初始排污权分配模型并根据奖优罚劣的激励机制，提出了一个以省级初始排污量为激励函数的初始水权分配模型；Zeng et al.（2019）为了优化两个城市间的合理用水和污染物排放量，最大限度地提高净总效益，降低供水和排污成本，开发了一个同时考虑水质和水量的水资源分配模型；Fu et al.（2018）在考虑不同污染排放浓度许可的基础上，提出了一个多目标水资源优化配置模型。由此可见，合理的排污权配置方案也是流域区域发展关注的核心问题之一。

流域沿岸城市在跨城市河流污水排放权配置方面面临的主要挑战是在生态环境保护政策背景要求下，排污权的配置涉及参与合作的合作方之间的收益分配等问题，很难就区域城市合作达成协商一致意见。在各区域城市因地理位置差异和社会经济发展水平等因素，各城市对排污权的需求量是不同的，并且流域沿岸各城市不一定能够对分配的污水排放权进行有效利用，站在流域管理者视角来谈，即排污权的配置效率也是整条流域所面临的问题。

首先，Brechet et al.（2013）展示了污水排放许可（WEPs）是一种可以通过量化流域污水排放情况来监测并且控制污水排放量的有效方法。除此之外，已有研究也给出了很多排污权配置方法。大多是通过利用不同工具方法提出并权衡多个目标函数来体现污水排放权配置的公平性与有效性的。Sun et al.（2009）通过使用基尼系数来分配目标排放许可证，可以为决策者，尤其是发展中国家的决策者提供一个侧重于平衡公平和效率的环境管理见解；Huang et al.（2014））以排污者的公平性、效率和生产连续性为目标函数建立了一个污水排放权再分配模型；Dai et al.（2015）使用区间数学规划（IMP）、m_λ 测度和模糊机会约束规划 3 种工具构成广义区间模糊机会约束规划（GIFCP）方法生成一系列不同风险水平下的最优污水分配模式，并对系统成本和违反约束风险进行了适当的权衡；Yuan et al.（2017）将人口、土地面积、环境接收能力和国内生产总值四方面因素纳入多指标基尼系数，并通过检验与平衡综合使用加权基尼系数和不平等系数的综合运用，为区域和城市排污许可证的公平分配提供新的见解。为了在收益群体分配决策的基础上展示最佳污染水平与高经济效益间的一种权衡，Alan R and Peter.（2010））探讨了基于奖惩制度以及成本分担和合作减排的两个模型来进行解释。

甚至还有研究者为解决水资源配置与水污染权配置提出双层优化和双层多目标模型规划的思路与见解。Xu et al.（2017）在模糊随机环境下提出了双层优化污染配置规划模型；Chen et al.（2017））在双层协同优化模型基础上，确定了环境的最佳污染排放标准，最大化流域区域当局的经济效益；Yao et al.（2016）根据区域当局公平性、分区最大效益利用上下层博弈决策方法提出的双层多目标优化模型，为流域污水排放提供了一些流域管理建议；

这些研究中大多都伴随着博弈理论尤其是合作博弈理论思想的出现，容易理解的是，合作博弈方法可以为流域利益相关者实现水资源的公平、合理和可持续利用提供合适的分析框架（Just & Netanyahu，1998）。在排污权配置环境中，通常涉及单流域或多流域河流多城市区域参与者，在公共资源配置过程中，流域管理者行为以及参与者行为都会对该资源配置过程产生直接有效的影响。因此，在该配置研究中涌现了大量与博弈理论紧密联系的研究。

Jiang and Petra.（2016）在合作博弈理论的基础上将成本分配方案应用于流域污水处理问题上，并利用稳定性准则给出了 Nash-Harsanyi 方案，并提供了最优分配方法。为了制定流域参与区域间联合水污染控制方案，Huang et al.（2018）通过模糊联盟间的合作博弈来重新分配地区污染排放权，以增加区域总生产价值，并采用模糊 Shapley 方法将合作获得的利益分配给不同联盟的参与者；Ariel et al.（1997）还采用不同的合作博弈配置方法比较了流域各区域的水污染成本在区域环境中的绩效；Reshmina et al.（2017）使用合作博弈理论框架来研究一种创新的水污染问题管理办法，更好地引导了水污染负荷的最大减少；Corentin et al.（2016）基于合作博弈论中的经济理性概念定义成本分配方案，使水资源系统适应气候变化的潜在影响，为流域内利益相关者找到公平合理的成本分配策略奠定了基础；Shi et al.（2016））利用博弈论模拟模型，分析流域区域对于减少排放水污染物的成本效益，并考虑了核仁、弱核仁、Shapley 和可分离成本剩余效益（SCRB）4 种分配原则的稳定性和公平性。

当然，也还有许多基于其他工具与方法对排污权配置提供思路与建议的方案，Huang et al.（2018））利用信息熵改进的比例分配方法在区域空间分辨率上考虑 GDP、人口、水资源和排放历史的差异，该方法表明，在分配废水排放许可时，将排放历史作为一个因素来考虑，可以改善经济利益的公平分配；Sun et al.（2013）基于信息熵和最大熵方法将 GDP、人口、水环境容量和水资源量 4 个指标组成的多准则体系引入到流域污水排放许可分配研究中来；Hamed et al.（2012）采用新的作物水生产函数的线性形式，对共享河流农业区的水资源以及污水排放许可证进行合理分配。

从排污权的长期优化配置研究过程发现，流域内排污权的配置通常会伴随着流域污水排放参与者之间排污权的交易行为的出现。因为在一定程度上，依靠市场力量可以对资源分配的外部性问题进行有效解决，这也证实了 Qiu et al.（2019）提出的通过市场机制解决外部性问题可以为实现资源的最优配置提供新的思路与方法。Maryam and Reza.（2018）便通过研究河流沿岸农业区取水和排污许可证的实时交易，使用非线性多目标优化模型并根据农业用水者的耕地比例，将所有可用的许可证公平合理地重新分配给农业用水者；在基本交易行为基础上，Ning and Chang.（2007）提出一个综合模拟和优化分析框架，调整了整个流域范围内配置许可证的交易结构，并为决策者提供了大量具有成本效益、技术导向、风险导向和基于社区角度的管理战略。

综合以上分析，排污权配置方案中的多目标权衡和排污权交易行为等都是为了进一步实现配置的公平性与有效性。虽然已有文献已经对流域排污权配置原则以及模型等方面进行了研究，但是很少有人在交易环境下关注空间地理位置累积效应进行污水排放权的优化配置。在降低污染排放、合理管控污染排放许可数 Liu et al.（2019）的环境管理政策制约条件下，有效、公平地进行污水排放权的优化配置变得尤为重要。本研究为了让流域上下游城市区域的排污权配置更加合理公平，我们考虑了流域上下游城市的空间地理位置差异，制定了上下游城市排污补偿标准，同时将生态环境可持续发展条件下的一系列约束条件作为模型约束，以实现流域整体经济效益与配置效率最大化。在秉持流域区域内参与城市互利公平的原则基础上，流域经济效益、排污权配置效率以及地理位置累积效应决定了排污权使用的优先性。故本文的关键问题在于提出一个合理、有效公平的排污权配置方案。

第二节　污水排放权补偿原则

近年来，为了增强流域污水排放配置的公平合理性以及解决实际案例中跨流域水污染相关问题，管理者与研究者们提出了一系列新的解决办法，这些污染控制办法深刻地影响着我国实现区域可持续协调发展的内在要求。为解决河流流域水质的整体下降问题，中国人大常委会办公厅于 2016 年 5 月正式发布了《关于完善生态保护机制的意见》。该意见明确了“受益人补偿与保护人补偿”原则，迅速形成受益人向保护人支付赔偿的合理补偿标准。生态补偿标准被认为是将共产品溢出效应内部化的工具之一，Guan 等提出可以通过鼓励资本供应、产业转移、水权和碳交易在受污染的上下游地区之间建立纵向补偿关系。在此标准下，流域环境合作中部分地区的污染控制损失可以得到相应的补偿，环境合作的失败可以得到进一步纠正，从而促进跨界污染的合作治理，实现区域间发展力量的平衡。在实践中，流域跨界污染具有明显的长期性和动态性。在这种信息不对称下，似乎很难在参与者之间实现一种特定的平衡，即有限理性。

在最近的调查中发现了多种参考文献，如 Yeung 通过构建跨境污染的合作微分对策模型，学者们在政府和行业层面取得了均衡和时间一致的结果。然而，以往的调查相对缺乏，Shi 等采用微分对策方法，特别是利用制定生态补偿标准，结合跨区域水环境偏好的最优污染控制政策。Jiang 则通过引入生态补偿准则，建立了一个跨区域边界的污染消减微分对策模型，该模型涵盖了连续时间内的上游或下游地区。

除此之外，流域排污权配置问题是涉及多个子区域之间利益关系的问题，协调不均将对各个子区域的发展带来影响，而生态补偿机制在一定程度上不仅可以调控流域上下游间的利益关系，促进流域和谐有序发展，还对保护流域生态环境和防治污染起到重大作用（Xu et al.，2007）。目前，生态补偿机制多用于流域区域水环境相关的量化研究（Guan et al.，2019）、（Jiang et al.，2019）、（Wu et al.，2017）、（Jiang et al.，2019）、（Guan et al.，2016）、（Wang et al.，2019）。近年来，也有一些研究利用生态补偿机制为水资源优化配置以及水质防控提供思路与见解（Qiu et al.，2019）、（Hao et al.，2021）。但至今很少有研究者在排污权优化配置研究中利用生态补偿机制调控流域子区域间的污染排放权，以提高配置公平性。

已有研究要解决的问题通常仅限于考虑单条河流流域沿岸城市区域在交易环境下的排污权配置问题，我们以排污权配置效率以及流域整体经济效益最大化作为配置目标，流域内上游城市与下游城市公平地按照两种原则依次得到满足。但在该情况下，如果子区域排污权总需求量小于流域管理委员会取得的所有污水排放许可数，此时所有子区域都能在公平原则的基础上满足自身需求。然而，这种情况在实际流域中是非常少见的，通常情况下会面临流域子区域总排污权需求量大于甚至远远超过流域排污许可数总量，在流域管理委员会进行排污权配置后，子区域之间可通过联盟的形式进行相互协商，排污权需求量无法得到满足的城市会向排污权盈余的城市区域进行购买并调整自身对于排污权的合理有效利用，同样，出售排污权的城市在减少污水排放许可数的同时面临着相应产业发展的限制。然而，在大环境背景条件下，流域城市可以通过合作联盟模式达到整体利用效率提高的效果，并有利于流域整体经济效益的提升。直观地说，该过程展示了每个流域子区域通过联盟内城市区域间的交易模式来共享获得的可用排污权，同时也展现了流域子区域对该合作联盟的参与程度。

排污权的再分配方案按照城市区域对污水排放权配置效率以及城市经济效益产出两个因素间的相互权衡来对流域管理委员会管控的排污权进行合理配置。从社会角度上讲，这体现了人类对实现人生价值的尊重与保护，对其发挥个性长处的满足，以确保人权不受损害，能力强者理应优先并且得到更多的发展机会、更大的发展空间。从经济角度上讲，选择区域生产总值作为流域区域经济发展的评价标准，为确保和鼓励分区域对流域经济发展做出更大的贡献，对单位贡献率高的城市区域，流域管理委员会会配置更多的流域污水排放权，这样不仅能满足其经济发展下的绿色生态需求，还能为进一步的发展提供一定的空间平台。从环境保护角度上讲，各城市区域的污水排放量以及污水排放内容如总磷（TP）、化学需氧量（COD）等，对流域整体污染含量都会产生极大的影响。然而有限的环境容量表明在一定范围内可接受的排放量也是有一个限制范围的，所以严格按照排污权的净效用高低配置流域污水排放量是具有重要意义的，然而这仍然没有缓解与解决上游排污城市对下游城市造成污水排放累积的情况。

因此，在以上考虑的基础上，我们从流域排污权配置在现阶段面临的缺口可以猜想到，位于流域下游的城市区域倘若不能满足其自身排污需求，却还要承受由于空间地理位置影响来自上游城市的污水排放累积，在这种情况下，上游城市理应向下游城市按地理位置差异以及排污量作相应补偿。显然，我们以往的配置方法忽略了上游污染排放对下游城市造成的不利影响，与生态补偿在水资源配置过程中的应用类似（Qiu et al.，2019）。此处，我们对该补偿机制作进一步研究与量化。

上游城市的污水排放自然会随着流域的单向流动对下游城市的污水量产生累积效应，为了让排污权配置尽可能地减少由于地理位置差异造成的影响，联盟内下游城市应该得到上游城市支付的排污补偿。由于上游城市对下游城市的污水累积效应主要受上游城市污水排放量、水污染损失率等因素的影响，显然，下游城市受到的污水累积量随上游子区域污水排放量的增多而增多，随水污染损失率的增大而减小，由于流域下游子区域因上游沿岸城市的污水排放受到一定程度的水体污染，在以公平合理为配置原则的大环境条件下，上下游子区域要形成“谁开发、谁保护，谁受益、谁补偿，谁污染、谁赔偿”的共识，因此上游排污子区域理应对下游受到污染累积效应的子区域进行赔偿。此处，我们量化该补偿量为：

$$B_i = \sum_{k=1}^{i-1} u_{ki} Z_k \tag{5-1}$$

u_{ki} 为该补偿模式下上下游子区域 k 与 i 间的生态补偿系数，由下面指数函数表示(Guan at al.，2021)，Z_k 为上游子区域 k 的污水排放量。

$$u_{ki} = S_{ki}^{w}/V_i = 1/1 + a^{w}\exp(-b^{w}\Phi_i^{w}) \tag{5-2}$$

上式生态补偿系数表达式中 S_{ki}^{w} 代表污染物 w 在上下游区域间的经济损失值，V_i 表示子区域 i 的水资源价值，a^{w} 与 b^{w} 是与流域内污染物 w 特性相关的两个无量纲参数，在不同的流域内，可按照流域内不同污染物排放标准来确定。

$$\Phi_i^{w} = \tau_i^{w} / \tau_{0i}^{w} \tag{5-3}$$

Φ_i^{w} 代表污染物浓度指数，τ_i^{w} 代表污染物 w 在子区域 i 的浓度，τ_{0i}^{w} 指引起水污染损失的底浓度(mg/l)。

第三节　污水排放权配置案例研究

随着我国城市化进程的加快和经济的快速发展，水污染问题日益严重。区域水污染问题的解决有赖于区域内各子区域的水环境保护协商与合作。但由于减少污染物排放量，科学合理地分配污染物排放量以及其他涉及各地方政府、地方公司或团体利益的环境管理政策，使得水环境污染控制与管理问题变得比较复杂。在当前发展阶段，中国政府已经开始越来越重视环境的重要性。然而，由于历史原因，时常存在污染物排放量高而产量低的地区或区域拥有大量的排污权的情况，这无疑是一种资源的浪费。排污权的研究重点是如何在实践中将有限的环境容量使用权公平合理地分配给各个排污者。公平原理和相关的最优化模型在该问题的研究中得到了广泛的应用。因此，通过建立不同产业间的相互合作，促进排污权的重新分配，从而推动产业转型并减少资源的浪费，也是非常值得研究的。

一、沱江流域水域特点及污染现状

沱江流域作为长江的一级支流，发源于川西北九顶山南麓，全长 627.4 公里，流域面积为 2.56 万平方公里，河口多年平均流量是 455 立方米/秒，汇水面积在 100 平方公里以上的支流约有 60 条，流域人口约 700 万，沱江流域沿岸工业发达，人口集中，城市密集，是全省水体污染情况最突出、最严峻的区域。沱江流域沿岸有成都、重庆、德阳、内江、自贡、资阳、绵阳、遂宁、泸州等大中城市，如下图 5-1 所示。

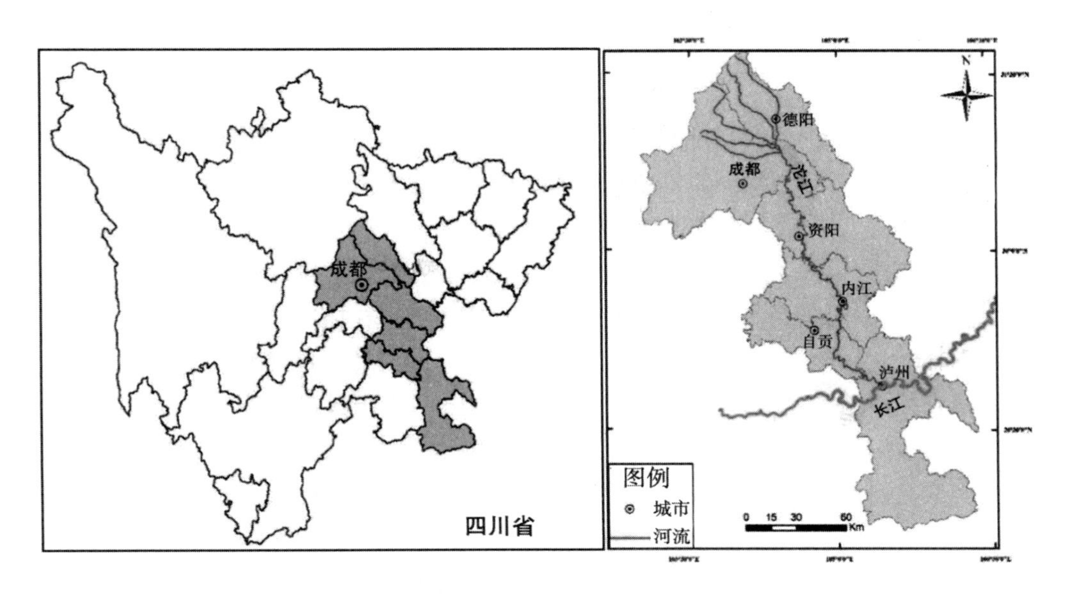

图 5-1　沱江流域区位图

沱江上游各部分来水于金堂峡以上的河流与流域的汇集，沱江全流域的平均年径流量约达 140 亿立方米。早在 20 世纪 70 年代以前，沱江流域自然生态优越，为人民群众的生产生活提供了丰富的水资源。但随着经济和人口的急剧增长，在 20 世纪 70 年代末，沱江已出现了明显的水质污染征兆，80 年代中后期水质污染已经较为严重，枯水期污染事故频发。在该发展阶段期间，由于沱江流域靠沿岸的工矿企业成长较快，工业的迅猛发展伴随着大量未经处理的废水排入沱江流域河道，致使沱江水质严重极速恶化。当然，在近些年来，沱江流域水污染治理工作也从未停止过，但流域环境形势依然严峻，环境污染防治投入机制逐渐乏力，甚至水环境质量总体有下降趋势。根据《四川省“一河一策”治理与保护规划报告》显示，沱江流域的水污染排放物主要来源于城镇污水处理厂、工业园区集中式污水处理厂、规模化畜禽养殖场、制革及毛皮加工工业等，根据 2020 年环境统计报告，城镇污水处理厂的化学需氧量（COD）、5 日生化需氧量、氨氮和总磷的总排放标准量分别达到 30mg/L、6mg/L、1.5mg/L 和 0.3mg/L。沱江流域的总磷年排放量约为 9253.55 吨，其中牲畜占 52.52%。农业排放到水体的总磷为 5201.87 吨，其次是家庭排放 3621.19 吨和工业排放 430.49 吨。非点源的总磷贡献是点源的 3.07 倍，同时，沱江流域的水环境也受到了非点源总氮的严重污染（Xiao et al.，2021），工业排放被确定为不确定性的最大贡献者［-33.75%，+

38. 37%］（Liu et al.，2021）。随着点源治理效果显现，总磷已经超过氨氮和化学需氧量（COD），成为长江几乎所有水体最主要的超标项目（Chen and Liu.，2019）。由于污水排放权配置在生态绿色防治以及水污染环境治理背景下，大体上主导了流域城市的污水排放水平，并为流域水质提供了一定的安全保障，除此之外，还能对流域污水排放情况进行相应的监测与管控，从而能为沱江水环境治理与改善贡献一份力。

据近年四川省水文现象总站等单位分段多组水样监视检测结果发现，流域内耗氧量及氨、氮，无论均值还是极值都远远超过了地面水标准，大部分河段水体中酚、氰、砷、汞、六价铬等的检出率均超过标准50%以上，简阳至内江段属严重污染（四类），可见沱江流域内水质污染状态严峻。目前沱江的劣Ⅴ类断面占比高达18. 8%，15条支流中，毗河、中河、九曲河、球溪河、威远河等10条支流受到重度污染，干流水质达标率仅为13. 3%。然而，四川省30%的GDP都集中在沱江流域周围，整个流域的排污口有271个，成都段占93个，污染治理压力巨大。从2021年9月成都市地表水环境质量状况监测数据来看，沱江流域内唐场大桥断面区域排放的总磷超过排污指标的0. 3倍，高锰酸盐超过排污指标的0. 03倍；兰家桥断面区域排放的总磷超过排污指标的0. 2倍，化学需氧量，超过排污指标的0. 1倍，高锰酸盐超过排污指标的0. 02倍。这些污染物的排放都会对沱江流域的水质造成直接且严重的影响。近年来，相应的流域区域管理局与城市污水管理部门在考虑流域生态因素、水文条件和排污口空间分布等情况下，为实现流域水环境质量改善目标而对区域污水处理与排放采取了一系列措施，然而，河流流域污水排放权的配置问题直接关乎各城市区域的污水排放标准，更关乎到全流域的污染质量水平，由此可见，沱江流域内WEPs的优化配置对于沱江流域生态环境与可持续发展都起着至关重要的作用。

沱江流域作为四川省经济发展“金腰带”，承载全省8%的经济总量以及26. 2%的人口，在长期超负荷运转下，已经成为了四川省水环境污染最突出的区域。2019年，沱江流域高质量发展研究中心在围绕当前沱江流域高质量发展中最紧迫最严峻的绿色发展和协调发展问题，设置了流域绿色发展和流域协调发展两个研究方向。其中，在沱江流域绿色发展机制中，提出要在构建流域综合治理多元主体利益协调机制、流域生态补偿机制、排污权交易机制、排污权配置机制等方面重点发力。

基于以上背景，本文拟在公共治理视野下，通过对沱江流域水环境现状以及治理情况的案例研究，从理论角度分析“政府协同、社会参与、依法治理”的具体实践，找到确保流域水环境治理的客观规律，为沱江流域经济社会发展提供有力保障，也为全省流域治理提供有益经验。然而，考虑到沱江流域各城市区域对排污权利用效率以及上下游城市的地理位置差异等，如何在既定的“沱江流域多城市区域合作框架”下实现流域污水排放权的公平合理配置依然是该流域面临的一大挑战。下图 5-2 展示了沱江流域 6 个主要沿岸城市 COD 的排放情况以及排放百分比。表 5-1 展示了沱江流域 6 个主要沿岸子区域的人口、GDP、流域面积等概况，可以看出德阳与内江人口数较高，污水排放量也居该流域子区域前列，分别占流域总污水排放量的 32. 6% 与 34. 39%，然而，泸州市相对其他子区域在污水排放量较少的情况下产生了较高的 GDP。

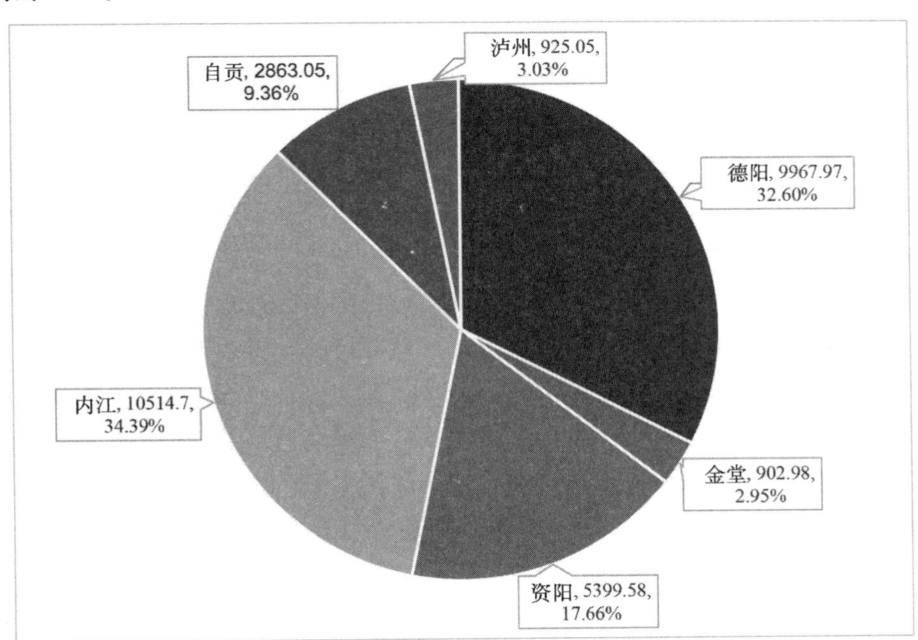

图 5-2　COD 排放量（吨）

表 5-1　2019 年沱江流域概况

城市	面积（平方千米）	流域面积占比（%）	2018–2019 年 GDP 增值（亿元）	人口数（万人）
德阳	3645. 16	15. 71	122. 13	384
成都	6374. 92	27. 48	1670. 23	1500

续表

城市	面积（平方千米）	流域面积占比（%）	2018-2019 年 GDP 增值（亿元）	人口数（万人）
资阳	3616.69	15.59	-288.53	342
内江	5159.68	22.24	-4	408
自贡	3188.23	13.74	21.29	320
泸州	1216.1	5.24	386.03	509
合计	23200.78	100	1907.15	3463

来源：四川省水利厅、成都市生态环境局、中国统计年鉴

二、问题假设与符号说明

排污权配置方案中的多目标权衡和排污权交易行为等都是为了进一步实现配置的公平性与有效性。虽然已有文献已经对流域排污权配置原则以及模型等方面进行了研究，但是很少有人在交易环境下关注空间地理位置累积效应进行污水排放权的优化配置。在降低污染排放、合理管控污染排放许可数（Liu et al.，2019）的环境管理政策制约条件下，有效、公平地进行污水排放权的优化配置变得尤为重要。本研究为了让流域上下游城市区域的排污权配置更加合理公平，我们考虑了流域上下游城市的空间地理位置差异，制定了上下游城市排污补偿标准，同时将生态环境可持续发展条件下的一系列约束条件作为模型约束，以实现流域整体经济效益与配置效率最大化。在秉持流域区域内参与城市互利公平的原则基础上，流域经济效益、排污权配置效率以及地理位置累积效应决定了排污权使用的优先性。故本章的关键问题在于提出一个合理、有效公平的排污权配置方案。

该优化决策方案研究的创新之处主要体现在以下几个方面：

首先，从方案全局来看，基于流域沿岸城市之间的相互关系以及流域管理委员会的监管，流域沿岸城市间可以通过自主协商进行排污权交易与补偿等行为，这为流域创造互利共赢大环境提供了稳定的保障。

其次，流域管理委员会在进行污水排放权配置时，考虑到流域内城市间因空间地理位置差异导致区域污水量累积并对排污权配置产生影响，本文基于该影响刻化了上游区域对下游区域的补偿标准，在一定程度上弥补了流域上下游间因地理位置等自然因素造成的配置不公性。

最后，该优化配置方案在关注流域各子区域排污权配置情况的基础上从

流域全局角度出发，以实现流域整体排污权配置效率最高，整体经济效益最大为目标，建立排污权初始配置模型、模糊分配模型以及上下游补偿标准，以通过排污权利用效率较低的城市出售部分排污权来最大限度地提高流域整体排污权利用效率，并在满足生态环境建设需求的前提下实现了流域整体效益最大化。

1. 基本假设

假设 1. 本文讨论的流域区域仅考虑单条流域沿岸多城市子区域间的排污权配置问题，交叉流域情况本研究中不作讨论。

流域内的单向水流导致污染物的单向传播，与空气污染物的多向扩散不同。流域上游分区污染物会随着单向水流方向影响到下游城市子区域的水质状况，但是下游排放的污染物不再污染上游区域。如果是多条河流交叉混流的情况，那么随着流域分支的不同，下游区域污水积累将来自多条河流流域的交叉累积，为了简化问题复杂度，在解决问题初期，我们仅考虑单条流域沿岸多城市子区域间的排污权配置问题，交叉流域分支问题暂不做考虑。

假设 2. 流域内城市区域对污水排放权的净利用系数以及流域城市产生的经济效益二者共同决定了流域城市污水排放权配置的优先次序。

首先，当上游城市与其他下游城市签订战略合作协议即形成合作联盟时，它们在满足其区域内污水排放需求时具有优先权，因为它们排放的污水量对整体流域污水浓度起着重要的作用。第二，关于外流的污水排放权，优先满足综合系数最大的城市的污水排放需求，这能使整个流域合作联盟的边际效用最大化。此外，如果两个城市共享多城市河流作为边界河流，则以综合系数作为配置依据，并优先考虑综合系数较大的城市。最后，综合系数最低的城市区域的污水排放需求根据其地理位置补偿以及与其他城市进行污水排放许可交易得到满足。此外，产污量和 WEPs 需求量较低的城市可做单独考虑。

假设 3. 排污权交易价格由流域管理委员会预先确定，为流域排污权交易提供稳定性。

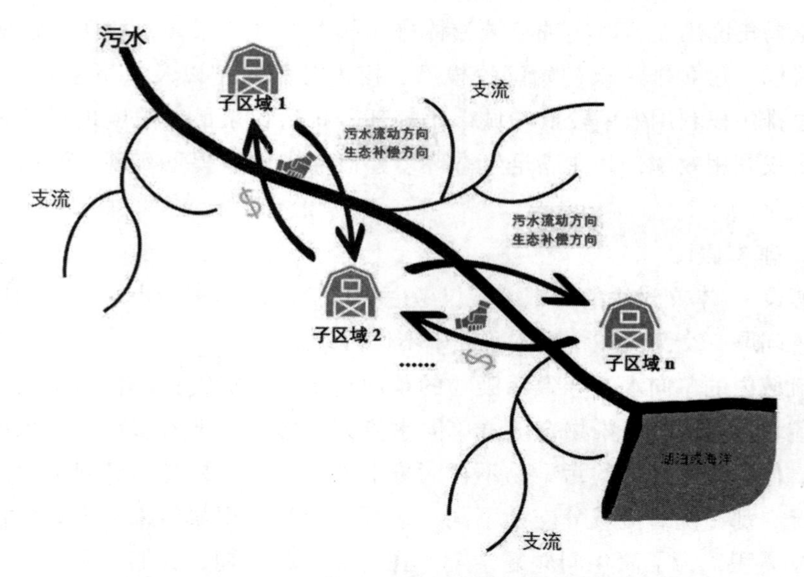

图 5-3　基于地理位置的生态补偿和交易系统的应用场景

流域区域城市的排放相关者只应该购买该流域上游的污水排放许可证，因为在流域管理委员会的监管与配合下，上游区域城市的污水排放行为只会对下游区域城市造成不利影响，这样是无法缓解下游城市的污水排放情况的，因此，只能通过排污权交易机制来缓解自然地理位置差异对下游区域城市的不利影响。在（Huang et al.，2014）提出的流域管理委员会管控下的一个交易比率体系的基础上，我们给出一个污水排放累积效应与交易系统的应用场景如图 5-3 所示。污水排放许可证是由流域管理委员会进行总体把握与管控，并且在流域管理委员会的监管下，将整条流域分为 n 个不同的分区（$n \in N^+$），每个流域分区都是具有一定的污染容纳能力的，这被叫做自然清洁能力。

假设 4. 由流域管理委员会分配下来的排污权主要用于满足区域城市经济发展以及区域河流生态需求。

流域内污水排放许可总量等于流域管理委员会配置给该流域的污水排放总量，污水排放许可主要用于该条流域所有区域城市的河流生态需求以及各区域污水排放需求。首先，优先确定流域上游城市区域的最低生态需求所需的排污权总量，其次，由于流域各城市的排污许可需求相较于流域管理委员会配置给整条流域的排污权总量相对较小，所以将一个城市的居民、工业部门和农业部门的排污权总需求视为一个整体。最后，各城市分配到的污水排放许可数最低可保证满足该城市区域的生态需求。

2. 符号和变量的定义

本文所研究的多城市河流是指流经两个或两个以上城市的河流。并且每个城市都对其区域范围内的一个河段拥有相对主权，但多城市河流的使用和管理等问题通常应通过相关城市之间的协商进行解决。

为了简化模型的描述，下表 5-2 给出了模型的符号与变量的意义。

由于每个城市的污染物排放显然会伴随着经济效益的产生而增多，在一定程度上可表明获得的经济效益越高，城市污水排放量就越大。这里，我们将城市 i 排放污水量 z_i^w 产生的收益记为：$o_i^w z_i^w - \frac{(z_i^w)^2}{2}$，并且经济效益转移系数 o_i^w 满足 $0 < z_i < o_i$（Jiang et al.，2019）

表 5-2　模型符号与变量

决策变量：
g_i：分配给城市 i 的排污权量（* 吨）
b_{ki}^w：城市 i 从上游城市 k 购买的排污量（* 吨）
参数：
i：沱江流域子区域：$i=1$代表德阳，$i=2$代表金堂，$i=3$代表资阳，$i=4$代表内江，$i=5$代表自贡，$i=6$代表泸州。
f_1：流域总经济效益。（* 元）
f_2：流域城市对排污权的利用效率。
c_i：子区域 i 对排污权的净利用系数。
d_i：城市 i 的排污权需求量（* 吨）
$z(u)$：排污权总量。（* 吨）
σ_i^w：子区域 i 排放污水 w 的经济转移系数。
z_i^w：城市 i 污水 w 排放总量。（* 吨）
h_i^w：流域管理委员会制定的排污权交易价格。（* 吨／元）
λ_{ki}^w：污水排放从上游子区域 k 到下游子区域 i 的累积传递系数。
B_i：由于上游污水排放对下游城市造成的城市 i 的污水累积量。（* 吨）
P_i：上游子区域给与下游子区域的排污补偿值。（* 元）
G_{i-max}^w：流域子区域排污权满足的最大环境承载力。（* 吨）
G_{i-min}^w：城市 i 的污水排放许可数满足的子区域最低经济效益。（* 吨）
D_i：子区域 i 所含污水总量。（* 吨）
θ：有权使用排放权的最低效率。

三、多目标问题模型建立

要实现多城市河流污水排放许可的公平合理配置，特别是在流域分到的总污水排放许可数不能完全满足各城市污水排放需求的情况下，基于流域整体经济效益以及单位排污权净利用系数差异考虑上下游城市空间地理位置影响因素，建立多城市河流排污权配置模型。首先，以满足各城市污水排放需求为目标，构建了排污权初始配置模型，以保证初始排污权配置结果的公平性。其次，为实现区域合作框架下整个流域排污权利用效率与经济效益最大化，在上游城市对下游城市产生污水排放累积效应的影响下，构建了排污权模糊配置模型。最后，通过制定基于空点地理位置差异的上下游污水排放补偿标准，上游排污城市对下游受污城市给予一定的生态补偿，以弥补污水累积量对下游城市造成的治理成本与经济损失等。

首先以污水排放权公平配置为目标，流域管理委员首先会采取按需分配原则对排污权进行配置，显然，该配置原则并未考虑不同城市对污水排放权的利用效率以及流域上游城市对下游城市的污水累积效应等的影响，按照按需分配原则能够有效快速地满足流域各城市的污水排放需求。目标函数即在刻画流域城市污水排放需求与排污权配置差异最小化。多城市河流的排污权初始配置模型表示如下：

$$\min_{\{g_i\}} \sum_{i=1}^{n} [d_i - g_i]^2 \tag{5-4}$$

$$s.t.\begin{cases}\sum_{i=1}^{n} g_i + \max f + Pn \leqslant E^w, \ i = 1, 2, \cdots, n \\ \dfrac{g_1}{d_1} = \dfrac{g_2}{d_2} = \cdots = \dfrac{g_n}{d_n}\end{cases} \tag{5-5}$$

此处，$\max f$ 表示城市河流满足生态需求的最大污水排放需求；Pn 表示沿岸城市为满足自身经济发展产生的基本污水排放需求。第一个约束条件表明，流域管理委员会拥有的污水排放许可数是足以满足流域各城市的基本生态需求以及经济发展的。第二个约束条件表明，在公平配置原则要求下，每个流域城市都被赋予了相同的优先选择权。显然，在这种配置模式下，流域内所有参与子区域的排污权需求得到了相同程度上的满足，但与此同时，由于流域内各子区域差异性的存在，区域对排污权的利用方式各异，产生的经济效益不同，这将会伴随着对稀少的流域排污权浪费现象的出现，在某种程度上，该配置方式还会限制对于单位排污权利用效率高的城市产生更高的经济效益，从而影响流域整体经济效益。

根据模糊联盟的定义与性质（Li&Zhang，2009），（Li&Li，2011），（Branzei et al.，2003），（Branzei et al.，2005），（Tijs et al.，2004），（Tsurumi et al.，2001），（Butnariu et al.，1980），（Butnariu et al.，2008），Mahjouri 等人使用模糊联盟来研究不同参与国的水资源分配问题，在此基础上，我们将各区域的排污权共享比例定义为模糊联盟的参与率（Mahjouri，et al.，2010）。本文中，我们要解决的问题仅限于考虑单条河流流域沿岸城市区域在交易环境下的排污权配置问题，因此，流域内的各子区域可形成一个模糊联盟。其中，我们以排污权配置效率以及流域整体经济效益最大化作为配置目标，流域内上游城市与下游城市公平地按照两种原则依次得到满足，但在该情况下，如果子区域排污权总需求量小于流域管理委员会取得的所有污水排放许可数，此时所有子区域都能在公平原则的基础上满足自身需求。然而，这种情况在实际流域中是非常少见的，通常情况下会面临流域子区域总排污权需求量大于甚至远远超过流域排污许可数总量，在流域管理委员会进行排污权配置后，子区域之间可通过联盟的形式进行相互协商，排污权需求量无法得到满足的城市会向排污权盈余的城市区域进行购买并调整自身对于排污权的合理有效利用，同样，出售排污权的城市在减少污水排放许可数的同时面临着相应产业发展的限制。然而，在大环境背景条件下，流域城市可以通过合作联盟模式达到整体利用效率提高的效果，并有利于流域整体经济效益的提升。直观地说，该过程展示了每个流域子区域通过联盟内城市区域间的交易模式来共享获得的可用排污权，同时也展现了流域子区域对该模糊合作联盟的参与程度。

模糊联盟下排污权的再分配方案按照城市区域对污水排放权配置效率以及城市经济效益产出两个因素间的相互权衡来对流域管理委员会管控的排污权进行合理配置。从社会角度上讲，这体现了人类对实现人生价值的尊重与保护，对其发挥个性长处的满足，以确保人权不受损害，能力强者理应优先并且得到更多的发展机会、更大的发展空间。从经济角度上讲，选择区域生产总值作为流域区域经济发展的评价标准，为确保和鼓励分区域对流域经济发展作出更大的贡献，对单位贡献率高的城市区域，流域管理委员会会配置更多的流域污水排放权，这样不仅能满足其经济发展下的绿色生态需求，还能为进一步的发展提供一定的空间平台。从环境保护角度上讲，各城市区域的污水排放量以及污水排放内容如总磷（TP）、化学需氧量（COD）等，对流域整体污染含量都会产生极大的影响。然而有限的环境容量表明在一定范围内可接受的排放量也是有一个限制范围的，所以严格按照排污权的净效用高低配置流域污水排放量显得尤其重要。

根据假设2提出的流域排污权优化配置过程是在考虑各城市区域对排污权净利用系数以及城市经济效益产出二者基础上进行。首先，在流域城市战略合作联盟框架内，联盟的目标是实现流域整体经济效益和流域城市排污权配置效率最大化。

$$Max\ f_1(g_i^w,\ b_{ki}^w)=\sum_{i=1}^{n}\sum_{w}\left(\begin{array}{l}\sigma_i^w\left(g_i^w-\sum\limits_{k=i+1}^{n}b_{ik}^w+\sum\limits_{k=1}^{i-1}\lambda_{ki}^w b_{ki}^w+\sum\limits_{k=1}^{i-1}u_{ki}Z_k\right)\\-\dfrac{\left(g_i^w-\sum\limits_{k=i+1}^{n}b_{ik}^w+\sum\limits_{k=1}^{i-1}\lambda_{ki}^w b_{ki}^w+\sum\limits_{k=1}^{i-1}u_{ki}Z_k\right)^2}{2}\\+h_{iw}\left(\sum\limits_{k=1}^{i-1}\lambda_{ki}^w b_{ki}^w-\sum\limits_{k=i+1}^{n}b_{ik}^w\right)\end{array}\right) \tag{5-6}$$

$$Maxf_2(g_i)=\begin{cases}\dfrac{\sum c_i d_i}{\sum\limits_{i=1}^{n}g_i^w},\ if\ \sum\limits_{i=1}^{n}g_i^w\geqslant\sum d_i\\ \dfrac{c_n\left[\sum\limits_{i=1}^{n}g_i^w-\sum\limits_{i=1}^{n-1}d_i\right]+\sum c_i d_i}{\sum\limits_{i=1}^{n}g_i^w},\ if\sum\limits_{i=1}^{n}g_i^w-\sum\limits_{i=1}^{n-1}d_i<d_n(i\neq n)\end{cases} \tag{5-7}$$

站在流域管理委员会的全局视角上，政府部门希望流域各城市能够提高对排污权的利用效率，进而对城市经济效益发展也作出一定程度的贡献。与此同时，站在流域各城市视角看问题时，各流域城市希望污水排放权的配置能够尽可能地体现配置公平性并能有效提高自身对排污权的利用效率以产生更高的城市经济效益。因此，在该模糊配置模型中，我们以流域整体经济效益以及流域城市排污权配置效率为总体目标函数，目标函数（5-6）即代表流域整体经济效益，括号内的前两部分表示流域各子区域排污权产生的经济效益之和，第三部分表示流域子区域间因排污权交易产生的经济效益值。

子区域按照排污权需求量与流域管理委员会排污许可总数之间的大小关

系在目标函数框架下对排污权进行最大化利用。目标函数（5-7）是在以下两种背景下考虑的排污权利用效率：第一种是当联盟中的污水排放许可数量不少于所有参与城市的总排污权数量时，按子区域排污需求分配排污权；第二种是当联盟中的排污权数量少于所有参与城市的总排污权数量时，排污权需求需要通过权衡两个目标的比重来决定城市排污权配置的先后顺序，并且在按照综合比重对流域城市取得排污权的顺序做一个排序，在各城市生态需求得到保障的基础上从高到低依次配置排污权，最后将剩余的污水排放权分配给综合系数最低的子区域，在满足该城市生态需求的条件下它必将低于该城市的排污权需求。约束条件（5-7）中不等式表示分配给该合作联盟的排污权数量少于流域城市排污权需求总量时，最后一个城市所得的排污权数量等于其他城市的排污需求满足后剩下的污水排放权数量。

$$B_i = \sum_{k=1}^{i-1} u_{ki} Z_k \tag{5-8}$$

约束条件(5-8) 代表城市 i 得到流域上游城市污水排放累积效应的排污权补偿量。

$$z_i^w = g_i^w + \sum_{k=1}^{i-1} \lambda_{ki}^w b_{ki}^w - \sum_{k=i+1}^{n} b_{ik}^w \tag{5-9}$$

约束条件(5-9) 代表城市 i 污水 w 的总排放量，每个子区域的污水总量等于流域管理委员会分配给城市 i 的污水 w 的排放许可 L_i^w 加上上游城市污水排放的传递累积 $\sum_{k=1}^{i-1} \lambda_{ki}^w b_{ki}^w$ 再减去城市区域 i 向其下游排放的污水量 $\sum_{k=i+1}^{n} \lambda_{ki}^w b_{ki}^w$，由于对每个城市，污染物排放显然会伴随着经济效益的增长而产生，并且库存废水排放许可量越多，在一定程度上，表明获得的经济效益就越高。

$$g_i^w + \sum_{k=1}^{i-1} \lambda_{ki}^w b_{ki}^w - \sum_{k=i+1}^{n} b_{ik}^w \leqslant G_{i-\max}^w \tag{5-10}$$

$$g_i^w + \sum_{k=1}^{i-1} \lambda_{ki}^w b_{ki}^w - \sum_{k=i+1}^{n} b_{ik}^w \geqslant G_{i-\min}^w \tag{5-11}$$

约束条件(5-10) 与(5-11) 代表城市 i 排放许可要满足的环境承载最大限度 $G_{i-\min}^w$ 以及最低经济效益需求 $G_{i-\max}^w$。

$$z_i^w + \sum_{k=1}^{i-1} u_{ki}^w Z_k^w \leqslant D_i^w \tag{5-12}$$

约束条件(5-12) 表示区域城市 i 满足其污水承载量限度范围，否则流域整体污水浓度超标的同时区域生态环境遭到了破坏。

$$\sum_{i=1}^{n} g_i^w \leqslant z(u) \tag{5-13}$$

约束条件(5-13)说明了各子区域的污水排放许可总数应在流域管理委员会的排污权总数范围内。

$$b_{ik}^w \cdot b_{ki}^w = 0 \tag{5-14}$$

$$0 \leqslant b_{ki}^w \leqslant g_k^w \tag{5-15}$$

$$0 \leqslant \sum_{k=i+1}^{n} b_{ik}^w \leqslant g_i^w \tag{5-16}$$

约束条件(5-14)(5-15)与(5-16)则展示了子区域购买与售卖排污权的单一性与可行性。

$$g_{i-\min}^w \leqslant g_i^w \leqslant g_{i-\max}^w \tag{5-17}$$

约束条件(5-17)展示了流域区域自身在区域环境容量允许范围基础上创造经济效益的行为。

综上，考虑生态补偿的多目标排污权配置模型如下：

$$Max\, f_1(g_i^w,\ b_{ki}^w) = \sum_{i=1}^{n} \sum_{w} \left(\begin{array}{l} \sigma_i^w \left(g_i^w - \sum\limits_{k=i+1}^{n} b_{ik}^w + \sum\limits_{k=1}^{i-1} \lambda_{ki}^w b_{ki}^w + \sum\limits_{k=1}^{i-1} u_{ki} Z_k \right) \\ - \dfrac{\left(g_i^w - \sum\limits_{k=i+1}^{n} b_{ik}^w + \sum\limits_{k=1}^{i-1} \lambda_{ki}^w b_{ki}^w + \sum\limits_{k=1}^{i-1} u_{ki} Z_k \right)^2}{2} \\ + h_{iw} \left(\sum\limits_{k=1}^{i-1} \lambda_{ki}^w b_{ki}^w - \sum\limits_{k=i+1}^{n} b_{ik}^w \right) \end{array} \right)$$

$$Max f_2(g_i) = \begin{cases} \dfrac{\sum c_i d_i}{\sum\limits_{i=1}^{n} g_i^w}, \ if \sum\limits_{i=1}^{n} g_i^w \geqslant \sum d_i \\ \dfrac{c_n \left[\sum\limits_{i=1}^{n} g_i^w - \sum\limits_{i=1}^{n-1} d_i \right] + \sum c_i d_i}{\sum\limits_{i=1}^{n} g_i^w},\ if \sum\limits_{i=1}^{n} g_i^w - \sum\limits_{i=1}^{n-1} d_i < d_n (i \neq n) \end{cases}$$

$$
s.t.\begin{cases}
g_i = \begin{cases} d_i, & if\ z(u) \geqslant \sum d_i \\ z(u) - \sum d_i, & if\ z(u) - \sum d_i < d_n (i \neq n) \end{cases} \\
B_i = \sum_{k=1}^{i-1} u_{ki} Z_k \\
z_i^w = g_i^w + \sum_{k=1}^{i-1} \lambda_{ki}^w b_{ki}^w - \sum_{k=i+1}^{n} b_{ik}^w \\
g_i^w + \sum_{k=1}^{i-1} \lambda_{ki}^w b_{ki}^w - \sum_{k=i+1}^{n} b_{ik}^w \leqslant G_{i-\max}^w \\
g_i^w + \sum_{k=1}^{i-1} \lambda_{ki}^w b_{ki}^w - \sum_{k=i+1}^{n} b_{ik}^w \geqslant G_{i-\min}^w \\
z_i^w + \sum_{k=1}^{i-1} u_{ki}^w Z_k^w \leqslant D_i^w \\
\sum_{i=1}^{n} g_i^w \leqslant z(u) \\
b_{ik}^w \cdot b_{ki}^w = 0 \\
0 \leqslant b_{ki}^w \leqslant g_k^w \\
0 \leqslant \sum_{k=i+1}^{n} b_{ik}^w \leqslant g_i^w \\
g_{i-\min}^w \leqslant g_i^w \leqslant g_{i-\max}^w
\end{cases}
$$

上文目标函数（5-7）指出了一种情况：即当联盟中的排污权数量少于所有参与城市的总排污权数量时，排污权需求按流域内城市双目标权衡下综合系数由高到低依次得到满足后，剩余的污水排放权分配给最后一个综合系数最低的子区域，它必将低于该城市的排污权需求。通常情况下，需求量不被满足的区域可以通过合作联盟向其他区域购买部分污水排放权，以解决自身经济发展要求。

然而，多目标函数单层规划问题的解决通常需要找到两个目标之间的最优权重比，对流域沿岸多个城市来说，每个城市对两个目标函数的权重显然也是各异的，这时该多目标函数单层规划问题的解决相对复杂，但是，在现阶段已有研究基础上，多目标模型已经被广泛地应用到水资源、污水排放权配置等问题上（Ren et al.，2016）（Fu et al.，2018）（Hu et al.，2016）（Dai et al.，2018）（Hu et al.，2016），许多多目标优化问题通过多目标遗传算法（Ashofteh et al.，2015）和多目标非线性规划（Li et al.，2017）等方法进行解决。在这里，我们采用将多目标规划问题转化为单目标规划问题的简化办法（Feng.，2021）。在该配置环境基础上，流域管理委员会希望可以尽可能地提升该流域的排污权可用性，并将可支配的排污权的配置效率控制在可接受的范围内，这样既不浪费污水排放权，也能够确保整个流域的基本污水排放需求。这里让 θ 作为有权使用污水排放权的最低利用效率。

$$f_2 \geqslant \theta \tag{5-18}$$

综上，多目标模糊合作联盟配置模型转换为以下以经济效益最大化为唯一目标函数的排污权配置模型，如下所示：

$$Max\, f_1(g_i^w,\ b_{ki}^w) = \sum_{i=1}^{n}\sum_{w}\left(\begin{array}{l}\sigma_i^w\left(g_i^w - \sum_{k=i+1}^{n} b_{ik}^w + \sum_{k=1}^{i-1}\lambda_{ki}^w b_{ki}^w + \sum_{k=1}^{i-1} u_{ki}Z_k\right)\\ -\dfrac{\left(g_i^w - \sum_{k=i+1}^{n} b_{ik}^w + \sum_{k=1}^{i-1}\lambda_{ki}^w b_{ki}^w + \sum_{k=1}^{i-1} u_{ki}Z_k\right)^2}{2}\\ + h_{iw}\left(\sum_{k=1}^{i-1}\lambda_{ki}^w b_{ki}^w - \sum_{k=i+1}^{n} b_{ik}^w\right)\end{array}\right) \tag{5-19}$$

$$s.t.\begin{cases} f_2 \geqslant \theta \\ g_i = \begin{cases} d_i,\ if\ z(u) \geqslant \sum d_i \\ z(u) - \sum d_i,\ if\ z(u) - \sum d_i < d_n(i \neq n) \end{cases} \\ B_i = \sum_{k=1}^{i-1} u_{ki}Z_k \\ z_i^w = g_i^w + \sum_{k=1}^{i-1}\lambda_{ki}^w b_{ki}^w - \sum_{k=i+1}^{n} b_{ik}^w \\ g_i^w + \sum_{k=1}^{i-1}\lambda_{ki}^w b_{ki}^w - \sum_{k=i+1}^{n} b_{ik}^w \leqslant G_{i-\max}^w \\ g_i^w + \sum_{k=1}^{i-1}\lambda_{ki}^w b_{ki}^w - \sum_{k=i+1}^{n} b_{ik}^w \geqslant G_{i-\min}^w \\ z_i^w + \sum_{k=1}^{i-1} u_{ki}^w Z_k^w \leqslant D_i^w \\ \sum_{i=1}^{n} g_i^w \leqslant z(u) \\ b_{ik}^w \cdot b_{ki}^w = 0 \\ 0 \leqslant b_{ki}^w \leqslant g_k^w \\ 0 \leqslant \sum_{k=i+1}^{n} b_{ik}^w \leqslant g_i^w \\ g_{i-min}^w \leqslant g_i^w \leqslant g_{i-\max}^w \end{cases} \tag{5-20}$$

因此，在该配置框架下，流域城市子区域i的排污权利用总效用值f_{1i}计算如下：

$$f_{1i}(g_i^w, b_{ki}^w) = \sum_w \left(\begin{array}{l} \sigma_i^w\left(g_i^w - \sum_{k=i+1}^{n} b_{ik}^w + \sum_{k=1}^{i-1} \lambda_{ki}^w b_{ki}^w + \sum_{k=1}^{i-1} u_{ki} Z_k\right) \\ - \dfrac{\left(g_i^w - \sum_{k=i+1}^{n} b_{ik}^w + \sum_{k=1}^{i-1} \lambda_{ki}^w b_{ki}^w + \sum_{k=1}^{i-1} u_{ki} Z_k\right)^2}{2} \\ + h_{iw}\left(\sum_{k=1}^{i-1} \lambda_{ki}^w b_{ki}^w - \sum_{k=i+1}^{n} b_{ik}^w\right) \end{array} \right) \tag{5-21}$$

当排污权在考虑流域上下游子区域间因地理位置关系而导致的排污权配置不均问题时被分配到流域中，此时，补偿客体与补偿主体间的排污权以及部分的经济效益进行了相互转移，流域整体因生态补偿原则提升了配置公平性与合理性，还提升了流域整体经济效益。在“十三五规划”要求下，流域生态补偿基础上进行排污权优化配置具有深刻的现实意义，对流域的排污优化配置与生态补偿进行同时考虑，使得理论与实际的联系更加紧密，能够为解决现实问题提供一定的思路。特殊的，当城市i为整条流域源头区域，此时源头子区域得到的生态补偿值为0。值得注意的是，给定城市i，在一定时期内城市i分到的排污许可总量g_i以及流域内交易价格h_i是固定的，与该模糊配置模型是无关的。

四、排污权配置结果比较

有效的污水排放权配置策略能够在水质改善、城市减排等方面起着关键性作用（Zhang et al.，2018）。与水资源配置以不同国家需求差异为导向完成水资源按需分配类似（Liu et al.，2020），排污权配置源自流域区域对污水排放的需求以及流域生态环境保障，因此以沱江流域各城市区域污水排放需求为导向，从排污者视角出发，在排污权充沛的前提条件下，首先对流域各子区域进行以满足需求为导向的按需分配。由于流域内各城市区域发展状况以及城市特性存在差异，从流域整体管控角度出发，类似于以公平性、效率优先性和生产连续性为目标函数建立污水排放权再分配模型的实例（Huang et al.，2014），流域管理委员会将流域整体经济效益以及排污权配置效率最大作为本文排污权配置的双目标，考虑由于流域水资源以及污水的单向流动性造成了流域上游对下游子区域污水排放累积效应，本研究就针对此累积效应进行了初步量化分析并给出上游城市应该对下游城市给予的污水排放补偿，并展示了补偿原则对流域区域经济发展产生的影响。

沱江流域通过非点源污染排放的氮和磷已经成为河水的主要污染源（Wang et al.，2020），从总体角度上看，沱江流域的水质污染状况较为严重，但有向好趋势，值得我们注意的是，总磷（TP）在近年来成了首要污染物，流域断面达标率呈先上升后下降复上升的趋势（Xu et al.，2020）；本研究计算了沱江流域6个主要沿岸城市（德阳、成都、资阳、内江、自贡、泸州）2019年的污水排放需求总量以及污水排放净利用系数，如下表5-3所示。通过求解初始排污权配置模型（1）和（2），然后根据沱江流域沿岸6个主要城市的污水排放需求得到污水排放权的初始分配方案，相关数据主要来自四川统计年鉴。通过排污权初始配置模型可以看到，在满足城市稳固发展的基本前提下，以满足沱江流域6个沿岸城市污水排放需求为目标，令$g_i=kd_i$，（$k\in R$，$i=1$，2，…，6），容易得到当$k\geqslant 1$时，流域管理委员会污水排放许可数相较于流域6个城市污水排放需求总量充裕的情况下，流域管理委员会只需要对污水排放许可总数按照城市需求量进行配置，以尽可能地满足流域各城市区域的污水排放需求；当$k<1$时，流域管理委员会可配置的污水排放许可总数不足以满足沿岸各城市污水排放许可总需求，此时，沿岸城市分配到的污水排放许可数将按照固定的比例($g_i/d_i=k$)进行相应的缩减。如下图5-4所示给出了沱江流域排污权初始配置方案，初始配置量最多的子区域为德阳，其次是内江，后面依次为资阳、自贡、金堂、泸州。该方案在污水排放许可总数一定的情况下仅考虑了城市的污水排放需求，显然，对于城市之间由于地理位置差异造成的污水排放累积效应以及城市间进行污水排放权交易等行为均未考虑在内，在现实情形下，以问题为导向，下面给出了交易环境下考虑污水排放受地理位置差异影响的模糊配置方案。

表5-3　沱江流域子区域污水排放需求及污水排放权净利用系数

	$i=1$	$i=2$	$i=3$	$i=4$	$i=5$	$i=6$
d_i	15000	1100	4500	9000	2910	967
c_i	0.83	0.64	0.71	0.79	0.65	0.59

注：废水排放需求，污染物排放权净利用系数按“产值变化×城市流域面积/城市污水排放总量之比”计算。

资料来源：四川省水利厅。四川省水利厅，成都市生态环境局，中国统计年鉴，中国国家统计局。

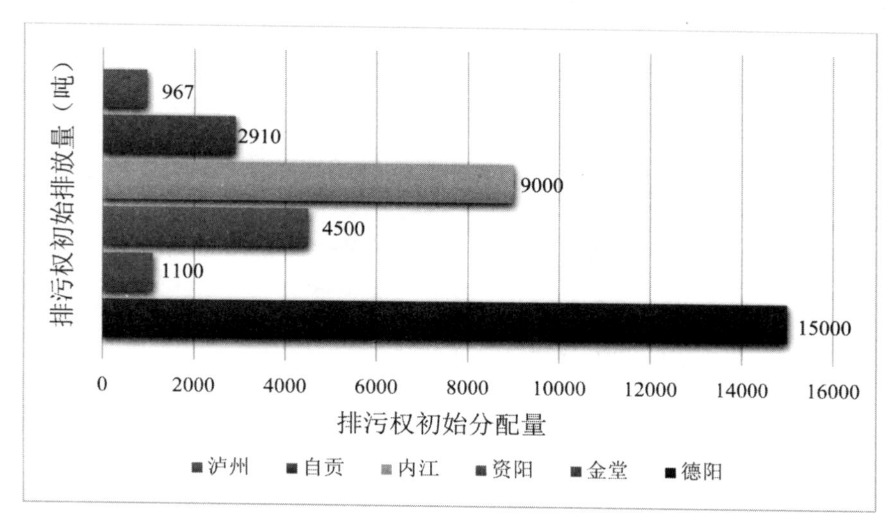

图 5-4　沱江流域各子区域排污权初始配置量

排污权初始配置方案以尽可能满足沱江流域沿岸城市的排污需求为目标建立初始配置模型，但在公平合理的配置原则以及流域面临的现实问题的挑战和考验下，考虑到流域整体经济效益、流域环境的可持续发展、流域城市间排污权交易行为以及流域上下游城市间排污量的空间位置累积效应，交易环境下考虑污水排放受空间地理位置差异影响的模糊联盟优化分配方案显得尤为重要。首先，由历史数据展示的污水排放要求，结合沱江流域管理委员会对流域污水的排放管理办法，为了减少流域因污水排放权配置效率而造成的经济损失，本研究假设流域区域城市有权使用排污权的最低配置效率 $\theta=0.80$（Feng.，2020），下图 5 展示了 2017 年沱江流域沿岸各城市子区域的排污权交易量以及排污权增长净值。流域内排污权的交易是确保资源有效利用以及经济发展的有效途径，是实现流域整体可持续发展的重要举措。

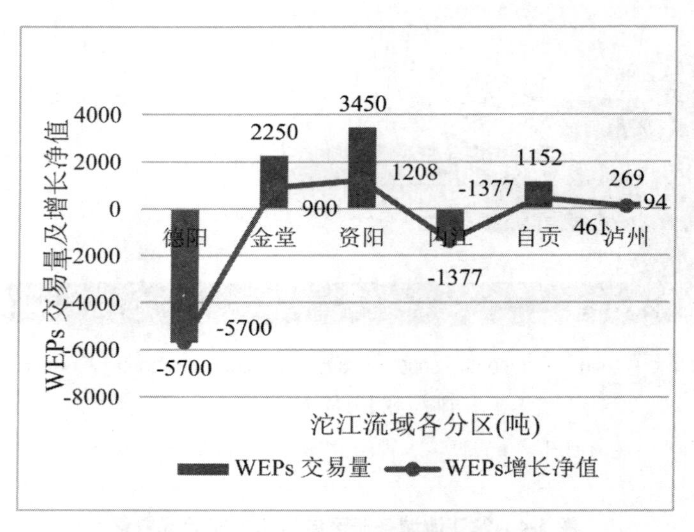

图 5-5　2017 年沱江流域各子区域排污权交易情况

从图中我们可以看到，德阳和内江向下游出售一定的污水排放许可，而金堂、资阳、自贡以及泸州则从沱江流域交易市场购买一定的排污权以满足自身排污需求与经济发展，对于排污权的转移，由排污权转移系数对其进行折算。还可以从表中看到德阳、金堂、资阳、内江、自贡、泸州 6 个流域沿岸子区域中，德阳的排污权交易量最大，为 5700 吨；泸州的排污权交易量最小，为 94 吨；德阳与内江的排污权交易净值最大；自贡与泸州的排污权交易净值最小。对比流域排污权交易前后流域整体经济效益发现，有排污权市场交易机制时，流域整体经济效益有较大提升，考虑流域上下游间的排污补偿又可以使流域污水排放配置更加合理，流域整体经济效益也达到了更进一步的提升。

我们将收集到的沱江流域排污相关数据输入到转换过后的单目标污水排放许可优化配置模型（21）和（22）以及 Matlab2020a 当中去，运行结果显示此时该流域的整体经济效益 f_1 为 95057734. 12 元，验证了流域排污权市场交易办法的有效性以及促进流域排污权充分利用与可持续发展的能力；配置效率 f_2 提升到 92%；流域整体生态补偿值 P 达 12284060. 87 元。

由于沱江流域沿岸各城市子区域在城市经济发展水平以及经济结构等方面存在很大的差异。在模糊联盟配置模型框架下，为了实现流域整体经济效益和配置效率最大化，求解排污权模糊配置方案时，综合考虑了 3 个重要的因素：其中两个因素作为配置方案的目标函数，分别为沱江流域整体经济效益和流域管理委员会对排污权的配置效率。还有一个重要因素作为模糊联盟配置方案的约束条件，即上游排污城市按照制定的排污补偿机制对受到排污累积效应影响的下游城市进行相应补偿。下表 4 为流域上游的污水排放对下游的传递系数（Zhang et al.，2013），表 5 为流域上游对下游的排污补偿系数，在（Guan et al.，2021）等的研究基础上取流域子区域间补偿系数梯度变化，为了简化研究，取每相邻两个字区域间的补偿系数最大且相等，不相邻子区域间的补偿系数按照子区域间位置关系变化，由距离远到近依次从小到大变化。

表 5-4 污水排放补偿系数取值

u_{ki}	$i=2$	$i=3$	$i=4$	$i=5$	$i=6$
$i=1$	0.0230	0.0225	0.0220	0.0215	0.0210
$i=2$		0.0230	0.0225	0.0220	0.0215
$i=3$			0.0230	0.0225	0.0220
$i=4$				0.0230	0.0225
$i=5$					0.0230
$i=6$					

资料来源：四川省水利厅、成都市生态环境局。四川省水利厅、成都市生态环境局

下图 5-5 展示了该模糊配置模型在市场交易机制下考虑了空间地理位置差异的排污权分配方案，根据各子区域排污权产生的经济效益以及对排污权的利用效率可知，德阳与内江分配到的排污权数量最多，金堂与泸州分配到的排污量较少。下图 5-6 展示了流域子区域间排污权的购买情况，可以得到交易背景下未考虑流域上下游城市之间污染补偿的经济效益值为 82773673.25 元，而考虑子区域排污补偿时流域整体经济效益高达 95057734.12 元，提升了 12.92%。下图 5-7 则为流域内上游城市对下游城市的污染补偿情况，由图可以看到德阳与金堂对下游各沿岸城市的污染补偿量较大，反映了流域沿岸城市的污水排放情况，特殊的，在沱江流域内，德阳作为流域研究的源头城市，未受到本流域其他城市的污水排放影响，因此得到的污水排放补偿值为 0；泸州本流域研究的末端城市，受到上游各沿岸城市的污染累积最大，并不对其他沿岸子区域作污染补偿，在此研究结论下，我们应该重点关注生态补偿量较大以及得到生态补偿量最大的子区域，这些子区域对流域整体污水排放以及生态补偿量等影响力最大，意味着污染排放情况较极端，站在流域管理委

员会的角度上，流域整体更希望达到整体生态补偿量最低以及经济效益最大。

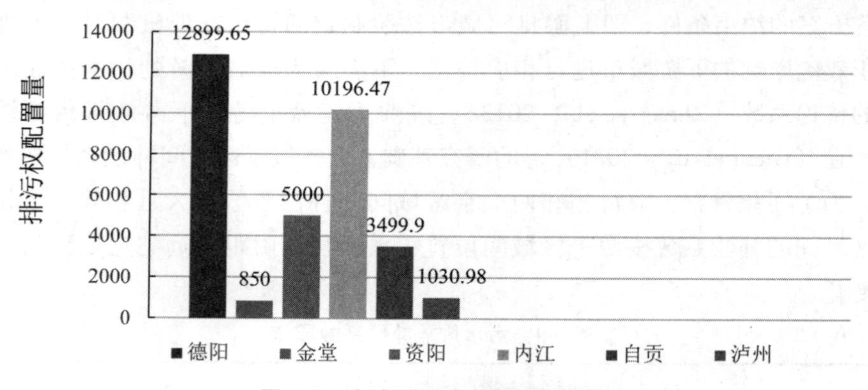

图 5-6　流域子区域排污权配置量

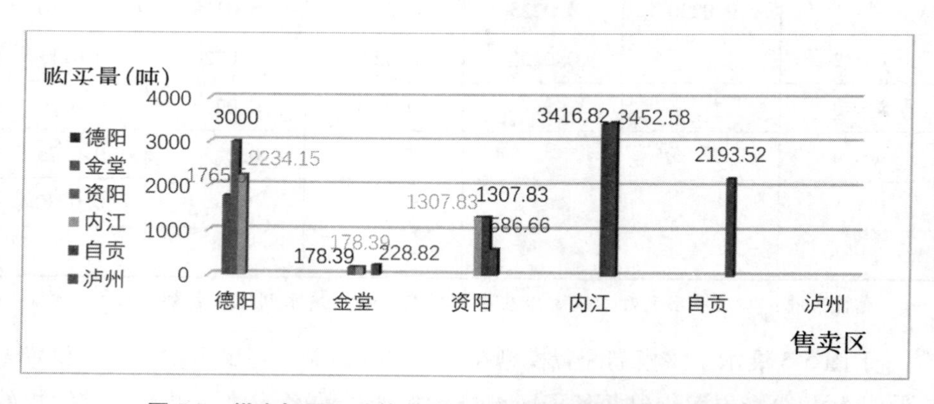

图 5-7　纵坐标子区域从对应横坐标子区域购买的排污权数量

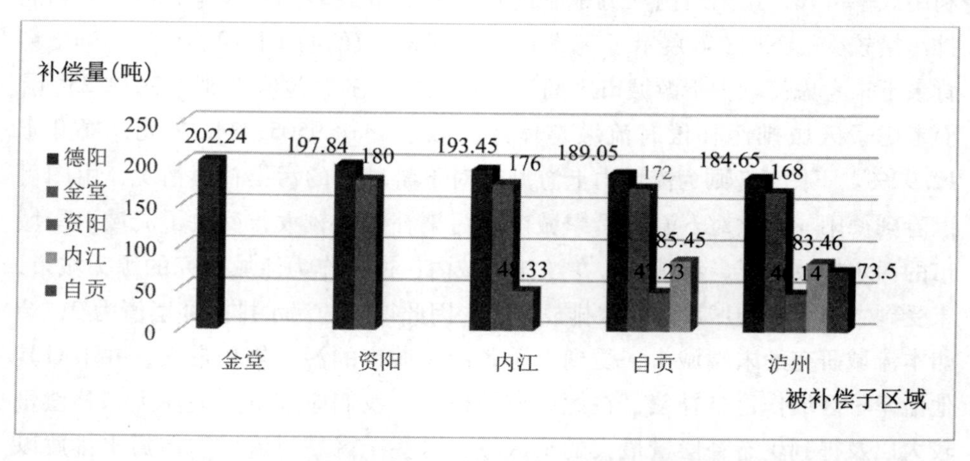

图 5-8　纵坐标对应子区域对横坐标子区域的排污补偿量

考虑到用水效率和地理位置因素的差异，在图6提供的模糊配置模型中沿岸6个城市的排污权分配情况。泸州作为最后一个河口地区，该城市区域的污水排放需求量最大，但排污权净利用系数最低。因此，应该对该流域的排污权配置给出一定的配置建议，如：金堂县是成都市重要的产业核心聚集地，污水排放量较大，在该配置研究机制下，它为研究流域污水排放补偿量最高的子区域。

五、分析与讨论

随着全球气候变化和国家水污染状况的加剧，城市流域尤其是经济带跨城市流域总是面临着如何公平、合理、有效地配置流域污水排放许可以及控制流域污水排放等棘手问题。而跨城市流域污水排放许可的公平有效配置有助于避免城市区域的污水排放超标，实现流域上下游城市合作开发的同时，促进区域经济扩大发展，进一步达成城市间合作共赢，携手共进。本章在流域跨城市合作框架基础之上，考虑了污水排放上下游城市间因空间地理位置差异影响造成的污水累积效应，在流域管理委员会对排污权的整体管控以及流域子区域可自主决定排污权买入与卖出的前提背景下，提出了基于跨城市流域间污水排放权优化配置方案。该方法能在污水排放许可初始配置方案的基础上进一步实现流域排污权利用最大化、流域污水排放最合理化以及流域整体经济效益最大化。

通过以上分析与总结可以得到了以下结论：第一，在不考虑流域子区域对排污权利用效率的情况下，排污权的配置结果无法保证流域子区域对分配的有限排污权都进行了有效充分利用，无法更深层次地展现排污权配置的公平性与合理性。以牺牲对排污权利用效率高的子区域的排污权为分配基础的配置方案是我们需要避免的。因此，为了避免有限资源的不必要浪费，考虑最大化排污权配置效率即子区域对排污权的利用效率最大是非常有必要的。第二，上游污水排放量越大，对下游支付的生态补偿值就越高，并且与上游排污区域距离越近，污水排放累积效应越明显。随着排污权配置合理与公平化的提升以及上游对排污权的利用系数的增大，基于地理位置累积效应的生态补偿值才会逐渐下降。第三，由于跨区域流域的子区域地理位置由自然地理位置因素决定，下游自然会受上游污水排放而处于劣势地位，因此，流域管理委员会因将该累积效应以及因污水累积而伴随的生态补偿都纳入排污权配置的考虑当中去，各分区排污者也应事先考虑自身排污、受污情况充分利用好配置的排污权以及交易共享平台，以确保流域和子区域的社会稳定和可持续发展。

在未来的研究中，我们将考虑以下问题，这是本章中没有讨论的。首先，本研究提出的流域子区域间基于地理位置差异的补偿机制中，应力求流域整体生态补偿量最小，在一定程度上也是在进一步实现子区域间的排污权协同配置。其次，排污权市场化交易为排污权的充分有效利用提供了共享平台，但这在一定程度上也反映了参与交易的城市尤其是排污权出售城市对排污权的贡献率，若用合作博弈的思想来讲的话，则可以理解为合作方对合作联盟的参与率，可以利用 Shapley 值法对其交易共享贡献进行刻画，作为贡献区域的补偿值。最后，本研究只考虑了上游污水排放对下游造成累积效应，上游应该给予下游一定的生态补偿，但未考虑上游为减少下游污水累积负担而对产生的污水进行污水处理等治理成本，此时就涉及下游对上游污水处理等成本的补偿，该种双向补偿机制可能更贴切流域实际补偿情况。然而，本文提出的基本思想，主要是具有各种现实约束的污水排放权优化配置模型，可以应用于其他跨区域河流的排污权配置。

第六章　污水排放权交易中政府监督与市场机制的配合

污水排放权交易是指在确定水污染物排放总量的前提下，利用市场机制建立法定的污水排放权，并允许该权利可作为商品买卖，以控制水污染物的排放，实现水环境保护总目标。污水排放权交易的主要理念是建立污水排放的法定权利，该权利常以污水排放许可证的形式表示。鉴于市场机制和环境资源的特殊性，污水排放权交易制度的实施需要在环境保护主管部门的监督管理下，通过协商实现排污主体间剩余污水排放权的合法交易，以鼓励污染物减排。另外，由于水污染源治理存在成本差异，治理成本较低的经营者可以采取措施减少污水排放，剩余的排放权可以卖给污染治理成本较高的经营者。同时污水排放权交易制度在欧美等国的成功说明，该制度在减少污水排放、改善水环境质量等方面是行之有效的。我国也在浙江嘉兴等多个地区试点推进，但排污企业和公众的参与度均不高，并未取得预期的良好效果。究其原因，首先是政府在其中并未充分发挥作用，对其公权力的使用存在一些问题。其次是我国的污水排放权交易并未充分发挥出市场的灵活调控作用，污水排放权交易高昂的信息成本与谈判费用大大降低了排污主体参与的积极性。另外，当前我国污水排放权交易的外部条件也存在许多不足。例如当前我国与污水排放权交易相关的法律法规也比较欠缺，这导致污水排放权交易过程还没有一个规范的流程标准。基于上述原因，本文针对政府地位、交易市场灵活性以及其他外部保障条件提出了如下几条建议。

第一节　明确政府在污水排放权交易中的地位

污水排放权交易制度不像污水排放标准一样，是一种具有强制性的行政手段措施，它主要是利用市场这只无形的手来实现水污染物的减排。并且在污水排放权交易制度实施过程中，排放水污染物的企事业单位及公众才是交易的主体，政府在其中的作用是利用自身的公权力来促使更多排污主体积极自愿地参与到污水排放权的交易中，并保障整个交易过程的公平与顺利推进。因此，随着污水排放权交易制度的确立及污水排放权交易市场的发育和完善，政府必须转变职能，由管理者向服务者转变。

首先，政府必须制定准确的污水排放总量及各排污主体的容许排放量，这是排污权交易制度能够得以实施的重要前提。其次，政府还应加强对污染源的监控，建立科学、准确的信息系统。污水排放权交易能否成功，关键在于能否准确计量污染的排放量。另外，政府还可以利用市场的资源配置作用，对污水排放权进行宏观调控。例如，政府可以通过在市场中购进污水排放权来减少污染物排放量。而当环境容量增大时，政府也可以发放更多的排污许可证来降低企业治污成本，从而促进经济的增长。

第二节　发挥市场机制的灵活调控作用

除了政府要明确自己在污水排放权交易中的地位，扮演好一个服务者角色，充分发挥自己的作用外，污水排放权交易的主体——排污企业更是要积极参与到交易过程中。然而想要排污企业能够主动、自愿的参与到交易中，需要构建一个能让排污企业拥有充分自主权，且能够帮助企业解决其排污困境的污水排放权交易市场，充分发挥市场机制的灵活调控作用。在这个市场中，污水排放权剩余方可以选择出售自己多余的排污权来获得减排的经济回报，而排污权指标不够或减排成本过高的企业也可以选择在市场中购买排污指标来解决其排污困难，从而减少污染物排放，改善水环境质量。

首先需要搭建一个污水排放权交易平台，尽可能降低污水排放权的交易成本。同时对于污水排放权的交易价格，应遵从市场运作规律，实行差异化的价格交易机制。我国幅员辽阔，东西南北中各地区的水环境质量不尽相同，同时各行业的污染治理成本也不尽相同，因此需针对不同地区、不同行业实行不同的污水排放权交易价格。对水污染较轻，且治污成本也不太高的地区或行业可以适当地降低价格，以鼓励有污水排放权需求的企业参与交易；而对于排污量较大，且治污成本较高的地区或行业则应适当调高污水排放权交易价格，以限制排污主体对水污染物的排放。对于像流域中的上下游城市，由于上游城市排放的水污染物对河流的影响要比下游城市更大，因此对流域上各城市也需要采用差异化的污水排放权交易价格，或让污水排放量较大的城市对其下游城市做相应的补偿。这种惩罚排放过多鼓励积极减排的污水排放权交易价格机制充分体现了市场的灵活性，促使排污主体企业从以前的被动地位转变为积极主动的参与到污水减排当中，是一种水污染管理的有效手段。

第三节　完善污水排放权交易的外部条件

对于污水排放权交易的外部保障条件，首先需要制定相应法律法规，明确污水排放权交易的法律地位。污水排放权交易作为一种经济管理手段，只有在被纳入法律规范的前提下才能发挥作用。此外，还可以鼓励社会资本加大对水环境保护的投入，积极推广政府与社会资本合作模式，为水污染减排提供更多的资金支持渠道。水污染问题不只是国家与政府的责任，水环境质量的改善是与每个人的生活都息息相关的。因此，要提高公众对水污染管理问题的关注度，引起社会对水污染权交易的关心与重视，只有这样，水污染交易才能吸引到更多的资金支持。当然，污水排放权交易依然还是离不开政府的大力支持。政府可以对参与污水排放权交易的企业实施相应的优惠税收或财政补贴，从而鼓励企业更多地参与到污水排放权交易之中。

参考文献

［1］陈守煜. 模糊优选神经网络多目标决策理论［J］. 大连理工大学学报，1997（6）：79-84.

［2］陈珽，王柏林. 一种对话式多目标决策方法［J］. 华中科技大学学报，1983（5）：1-7.

［3］董前进，王先甲，吉海，等. 三峡水库洪水资源化多目标决策评价模型［J］. 长江流域资源与环境，2007（2）：260-264.

［4］董增川. 多目标决策的一种交互式方法及应用［J］. 水利学报，1992，（03）：33-38.

［5］董子敖. 水库群调度与规划的优化理论和应用［M］. 山东科学技术出版社，1989.

［6］范忠贤. 柘汪污水处理厂选址方案研究与实证分析［D］. 南京理工大学，2008.

［7］国务院. 关于印发水污染防治行动计划的通知水污染防治行动计划：国发［2015］17 号［S］. 国务院，2015.

［8］郭元裕，邹时民，骆辛磊，丁梦春，符玉书. 大系统多目标优化理论在洞庭湖区圩垸排涝规划中的应用［J］. 水利学报，1986（2）：13-27.

［9］韩冬梅，任晓鸿. 美国水环境管理经验及对中国的启示［J］. 河北大学学报（哲学社会科学版），2014，39（5）：118-123.

［10］纪楠. 城市污水处理厂综合评价指标体系和评价方法的研究［D］. 哈尔滨工业大学，2011.

［11］蒋茹. 基于不确定性理论与方法的城市污水处理厂优化决策研究［D］. 湖南大学，2007.

［12］金琼，吴秋明. TOPSIS 法在连续方案多目标决策中的应用［J］. 河海大学学报，1989（2）：79-85.

［12］靖中秋，于鲁冀，梁亦欣等. 北方地区流域水环境综合治理模式研究与实践［J］. 环境工程，2018，36（5）：45-48.

［13］柯崇宜，石淑倩，潘宁，孙峻．现有污水处理厂存在的若干问题探讨［J］．环境保护，2000（2）：21-22.

［14］李慧，张彦，李艳英等．太湖流域工业园区企业废水处理的问题及对策［J］．给水排水，2017，53（11）：58-61.

［15］李强强．基于多目标动态投入产出优化模型的能源系统研究［D］．华中科技大学，2009.

［16］林晓明．论城市污水处理厂建设规模与处理标准的确定［J］．给水排水，1997（9）：20-23，2.

［17］卢庆华．能源经济可持续发展研究［D］．山东大学，2005.

［18］卢莎莎，王晓林．企业生产规划多目标决策方法的应用研究［J］．制造业自动化，2011，33（1）：148-149，152.

［19］卢延娜，雷晶，马占云，周羽化．地方水污染物排放标准发展现状及制订研究［J］．环境保护，2016，44（07）：57-59.

［20］吕燕．典型城市二级污水处理厂费用模型与优化设计［D］．昆明理工大学，2009.

［21］马庆刚．污水处理厂建设投资简捷估算模型［J］．化学工业，2010，28（8）：31-34.

［22］梅运先．多目标决策方法在物流设施系统规划中的应用研究［D］．中南大学，2004.

［23］庞子山．活性污泥法工艺系统优化设计模型及应用研究［D］．重庆大学，2004.

［24］裴洪平，汪勇．我国环境规划发展趋势探析［J］．重庆环境科学，2003（2）：1-3，59.

［25］裴晓菲，贾蕾，侯东林等．关于国家污染物排放标准若干问题的思考［J］．环境保护，2018，46（20）：7-9.

［26］上海市政工程设计研究院．给水排水设计手册（第10册）：技术经济（第3版）［M］．北京：中国建筑工业出版社，2000，475-485.

［27］石咏，黎金玲，李冰毅，郭海湘，诸克军．基于离散与连续选址相结合的平面选址问题研究——以华北石油局大牛地气田污水处理厂选址为例［J］．数学的实践与认识，2014，44（24）：95-103.

［28］申海，解建仓，罗军刚．水库洪水调度多目标决策方法及应用［J］．沈阳农业大学学报，2011，42（03）：340-344.

[29] 四川水资源公报 2015，2016，2017，2018，2019，2020，2021

[30] 周羽化. 我国水污染物排放标准现状与发展 [C] //. 2019 年中国水污染治理技术与装备研讨会会议资料. 2019：74-80.

[31] 王浩程，王琳，卫宝立等. 基于 GIS 技术的污水处理厂选址规划研究 [J]. 中国给水排水，2020，36 (11)：63-68.

[32] 吴红波，杨肖肖，王国田. 基于多目标优化模型的城镇污水处理厂选址分析 [J]. 地理空间信息，2019，17 (12)：42-46，9.

[33] 王利，王文静，刘亚. 基于 GIS 技术的污水处理厂布局优化研究——以大连市金普新区为例 [J]. 辽宁师范大学学报（自然科学版），2016，39 (4)：539-547.

[34] 周羽化，武雪芳. 中国水污染物排放标准 40 余年发展与思考 [J]. 环境污染与防治，2016，38 (9)：99-104，110.

[35] 张文静，王强，吴悦颖，叶维丽，文宇立，刘雅玲. 中国水污染物总量控制特色研究 [J]. 环境污染与防治，2016，38 (7)：104-109.

[36] 赵海霞，蒋晓威，董雅文，崔建鑫. 城市污水处理设施空间格局优化研究——以江苏省淮安市为例 [J]. 地球科学进展，2014，29 (3)：404-411.

[37] 王宁，赵振华，何流，王芳. 某市工业园区污水处理厂建设工程中试研究 [J]. 能源与环境，2011，(01)：16-18，41.

[38] 杨硕，徐冰峰，赖应良. 污水处理厂建设项目绩效评价指标及权重研究 [J]. 水科学与工程技术，2010 (3)：37-40.

[39] 徐晓妮. 城市污水处理厂工程项目后评价体系研究 [D]. 西安建筑科技大学，2010.

[40] 杨志群. 多目标决策方法在个人信用评估中的应用 [J]. 长沙民政职业技术学院学报，2009，16 (1)：63-64.

[41] 张雅文. 基于 AHP 和多目标决策理论的盟友选择方法研究 [J]. 陕西教育学院学报，2008 (2)：110-113.

[42] 周建忠，马林伟，孙政，罗本福. 城市污水处理厂厂址选择新思维 [J]. 中国给水排水，2007 (2)：36-38.

[43] 汪积泽，孙鹏亮. 中小城市污水处理厂设计的几个问题 [J]. 黑龙江环境通报，2006 (3)：53-54.

[44] 仝海路，部清兰，侯志寿. 中小城镇污水处理厂建设和管理急需解

决的问题［J］. 节能与环保，2006（7）：43-45.

［45］苏少林，呼世斌. 杨凌生活垃圾最佳堆肥方案筛选［J］. 西北农林科技大学学报（自然科学版），2006（5）：119-122.

［46］徐克龙. 基于格的多目标决策理论研究［D］. 西南交通大学，2004.

［47］张士强. 山东省能源结构优化调整与可持续发展研究［D］. 山东师范大学，2004.

［48］于义彬，王本德，柳澎，李卫. 具有不确定信息的风险型多目标决策理论及应用［J］. 中国管理科学，2003（6）：10-14.

［49］孙振世，陆芳. 我国城市污水处理厂运行状况及加强监管对策［J］. 中国环境管理，2003（5）：1-2.

［50］许劲. 关于城市污水处理厂设计的若干问题讨论［J］. 给水排水，2001（7）：15-18.

［51］赵媛，梁中，袁林旺，管卫华. 能源与社会经济环境协调发展的多目标决策——以江苏省为例［J］. 地理科学，2001（2）：164-169.

［52］周雹，谭振江. 中、小型城市污水处理厂的优选工艺［J］. 中国给水排水，2000，（10）：21-24.

［53］邵林广. 南方城市污水处理工艺的选择［J］. 给水排水，2000（6）：32-34，1.

［54］沈光范. 关于城市污水处理厂设计的若干问题［J］. 中国给水排水，2000（3）：20-23.

［55］羊寿生，张辰. 城市污水处理厂设计中热点问题剖析［J］. 给水排水，1999（9）：1-3，2.

［56］邵林广. 南方城市污水处理厂实际运行水质远小于设计值的原因及其对策［J］. 给水排水，1999（2）：15-17，2.

［57］翁文斌，蔡喜明，史慧斌，王浩. 宏观经济水资源规划多目标决策分析方法研究及应用［J］. 水利学报，1995（2）：1-11.

［58］尹军，李晓君，宫正. 城市污水二级处理系统费用函数研究［J］. 水处理技术，1988（4）：32-37.

［59］张玉新，冯尚友. 多维决策的多目标动态规划及其应用［J］. 水利学报，1986（7）：1-10.

［60］张义生，王华东. 国外环境规划研究现状和趋势［J］. 环境科学丛

刊，1986（2）：10-17.

[61] Xiaojing Shen，Xu Wu，Xinmin Xie，Chuanjiang Wei，Liqin Li，Jingjing Zhang. Synergetic Theory－Based Water Resource Allocation Model [J]. Water Resources Management，2021，(prepublish).

[62] Chandra Saurabh，Sarkhel Manish，Vatsa Amit Kumar. Capacitated facility location－allocation problem for wastewater treatment in an industrial cluster [J]. Computers &，Operations Research，2021，(prepublish).

[63] Zambrano－Asanza S.，Quiros－Tortos J.，Franco John F.. Optimal site selection for photovoltaic power plants using a GIS－based multi－criteria decision making and spatial overlay with electric load [J]. Renewable and Sustainable Energy Reviews，2021：143.

[64] Mallick Javed. Municipal Solid Waste Landfill Site Selection Based on Fuzzy－AHP and Geoinformation Techniques in Asir Region Saudi Arabia [J]. Sustainability，2021，13（3）.

[65] Feng Jianghong. Optimal allocation of regional water resources based on multi－objective dynamic equilibrium strategy [J]. Applied Mathematical Modelling，2021：90.

[66] Fatemeh Dadmand，Zahra Naji－Azimi，Nasser Motahari Farimani，Kamran Davary. Sustainable allocation of water resources in water－scarcity conditions using robust fuzzy stochastic programming [J]. Journal of Cleaner Production，2020：276.

[67] Sadhasivam Nitheshnirmal，Sheik Mohideen Abdul Rahaman，Alankar Balasundareshwaran. Optimisation of landfill sites for solid waste disposal in Thiruverumbur taluk of Tiruchirappalli district，India [J]. Environmental Earth Sciences，2020，79（23）.

[68] Meng Shao，Zhixin Han，Jinwei Sun，Chengsi Xiao，Shulei Zhang，Yuanxu Zhao. A review of multi－criteria decision making applications for renewable energy site selection [J]. Renewable Energy，2020：157（prepublish）.

[69] Ehsan Pourmand，Najmeh Mahjouri，Maryam Hosseini，Farzaneh Nik－Hemmat. A Multi－Criteria Group Decision Making Methodology Using Interval Type－2 Fuzzy Sets：Application to Water Resources Management [J]. Water Resources

Management, 2020: 34 (prepublish).

[70] Liming Yao, Linhuan He, Xudong Chen. Trade-off between equity and efficiency for allocating wastewater emission permits in watersheds considering transaction [J]. Journal of Environmental Management, 2020: 270.

[71] Bijay Halder, Jatisankar Bandyopadhyay, Papiya Banik. Assessment of hospital sites' suitability by spatial information technologies using AHP and GIS-based multi-criteria approach of Rajpur-Sonarpur Municipality [J]. Modeling Earth Systems and Environment, 2020: 6 (prepublish).

[72] Farhana Parvin, Sk Ajim Ali, S. Najmul Islam Hashmi, Aaisha Khatoon. Accessibility and site suitability for healthcare services using GIS-based hybrid decision-making approach: a study in Murshidabad, India [J]. Spatial Information Research, 2020, (prepublish).

[73] Shenlin Li, Xiaohong Chen, V. P. Singh, Xinjian Qi, Lan Zhang. Tradeoff for water resources allocation based on updated probabilistic assessment of matching degree between water demand and water availability [J]. Science of the Total Environment, 2020, 716 (prepublish).

[74] Amare GebreMedhin Nigusse, Ukeubay Geiday Adhaneom, Gebrerufael Hailu Kahsay, Abadi Mehari Abrha, Desta Nigusse Gebre, Amanuel Gedey Weldearegay. GIS application for urban domestic wastewater treatment site selection in the Northern Ethiopia, Tigray Regional State: a case study in Mekelle City [J]. Arabian Journal of Geosciences, 2020, 13 (2).

[75] Saleheh Rahimi, Ashkan Hafezalkotob, Seyed Masoud Monavari, Arian Hafezalkotob, Razieh Rahimi. Sustainable landfill site selection for municipal solid waste based on a hybrid decision-making approach: Fuzzy group BWM-MULTIMOORA-GIS [J]. Journal of Cleaner Production, 2020, 248 (C).

[76] Jianli Zhou, Yunna Wu, Chenghao Wu, Feiyang He, Buyuan Zhang, Fangtong Liu. A geographical information system based multi-criteria decision-making approach for location analysis and evaluation of urban photovoltaic charging station: A case study in Beijing [J]. Energy Conversion and Management, 2020, 205 (C).

[77] Kroll Christian, Warchold Anne, Pradhan Prajal. Sustainable Development Goals (SDGs): Are we successful in turning trade-offs into synergies

[J]. Palgrave Communications, 2019, 5 (1).

[78] Xiaodi Hao, Ji Li, Mark C. M. van Loosdrecht, Han Jiang, Ranbin Liu. Energy recovery from wastewater: Heat over organics [J]. Water Research, 2019, 161.

[79] Manoochehr Mortazavi Chamchali, Amin Mohebbi Tafreshi, Ghazaleh Mohebbi Tafreshi. Utilizing GIS linked to AHP for landfill site selection in Rudbar County of Iran [J]. GeoJournal, 2019, 86 (prepublish).

[80] Sara Heimersson, Magdalena Svanström, Tomas Ekvall. Opportunities of consequential and attributional modelling in life cycle assessment of wastewater and sludge management [J]. Journal of Cleaner Production, 2019, 222.

[81] Justin D. Delorit, Paul J. Block. Using Seasonal Forecasts to Inform Water Market-Scale Option Contracts [J]. Journal of Water Resources Planning and Management, 2019, 145 (5).

[82] Nabi Ghulam, Ali Murad, Khan Suliman, Kumar Sunjeet. The crisis of water shortage and pollution in Pakistan: risk to public health, biodiversity, and ecosystem. [J]. Environmental science and pollution research international, 2019, 26 (11).

[83] Yanlai Zhou, Li-Chiu Chang, Tin-Shuan Uen, Shenglian Guo, Chong-Yu Xu, Fi-John Chang. Prospect for small-hydropower installation settled upon optimal water allocation: An action to stimulate synergies of water-food-energy nexus [J]. Applied Energy, 2019, 238.

[84] Stochastic Optimization, Studies from North China Electric Power University Have Provided New Data on Stochastic Optimization (Stochastic optimization model for water allocation on a watershed scale considering wetland′s ecological water requirement) [J]. Journal of Engineering, 2019.

[85] Y. L. Xie, D. H. Xia, G. H. Huang, L. Ji. Inexact stochastic optimization model for industrial water resources allocation under considering pollution charges and revenue-risk control [J]. Journal of Cleaner Production, 2018, 203.

[86] Kate Smith, Shuming Liu, Hong-Ying Hu, Xin Dong, Xianghua Wen. Water and energy recovery: The future of wastewater in China [J]. Science of the Total Environment, 2018, 637-638.

[87] Jingwen Hou, Aizhong Ye, Jinjun You, Feng Ma, Qingyun Duan. An estimate of human and natural contributions to changes in water resources in the upper reaches of the Minjiang River [J]. Science of the Total Environment, 2018, 635.

[88] Hossein Yousefi, Hamed Hafeznia, Amin Yousefi-Sahzabi. Spatial Site Selection for Solar Power Plants Using a GIS-Based Boolean-Fuzzy Logic Model: A Case Study of Markazi Province, Iran [J]. Energies, 2018, 11 (7).

[89] C. Dai, X. S. Qin, Y. Chen, H. C. Guo. Dealing with equality and benefit for water allocation in a lake watershed: A Gini-coefficient based stochastic optimization approach [J]. Journal of Hydrology, 2018, 561.

[90] Paz Arroyo, María Molinos-Senante. Selecting appropriate wastewater treatment technologies using a choosing-by-advantages approach [J]. Science of the Total Environment, 2018, 625.

[91] Christian G. Daughton. Monitoring wastewater for assessing community health: Sewage Chemical-Information Mining (SCIM) [J]. Science of the Total Environment, 2018, 619-620.

[92] Dedi Liu, Shenglian Guo, Quanxi Shao, Pan Liu, Lihua Xiong, Le Wang, Xingjun Hong, Yao Xu, Zhaoli Wang. Assessing the effects of adaptation measures on optimal water resources allocation under varied water availability conditions [J]. Journal of Hydrology, 2018, 556.

[93] Nasiri-Gheidari Omid, Marofi Safar, Adabi Farzaneh. A robust multi-objective bargaining methodology for inter-basin water resource allocation: a case study. [J]. Environmental science and pollution research international, 2018, 25 (3).

[94] Jeffrey A. Soller, Sorina E. Eftim, Sharon P. Nappier. Direct potable reuse microbial risk assessment methodology: Sensitivity analysis and application to State log credit allocations [J]. Water Research, 2018, 128.

[95] Ana Serrano, Javier Valbuena. Production and consumption-based water dynamics: A longitudinal analysis for the EU27 [J]. Science of the Total Environment, 2017, 599-600.

[96] Meritxell Gros, Kristin M. Blum, Henrik Jernstedt, Gunno Renman, Sara Rodríguez-Mozaz, Peter Haglund, Patrik L. Andersson, Karin Wiberg, Lutz

Ahrens. Screening and prioritization of micropollutants in wastewaters from on-site sewage treatment facilities [J]. Journal of Hazardous Materials, 2017, 328.

[97] Elbakidze Levan, Vinson Hannah, Cobourn Kelly, Taylor R. Garth. Efficient groundwater allocation and binding hydrologic externalities [J]. Resource and Energy Economics, 2017, 53.

[98] Belhaj Dalel, Athmouni Khaled, Jerbi Bouthaina, Kallel Monem, Ayadi Habib, Zhou John L. Estrogenic compounds in Tunisian urban sewage treatment plant: occurrence, removal and ecotoxicological impact of sewage discharge and sludge disposal. [J]. Ecotoxicology (London, England), 2016, 25 (10).

[99] Zhineng Hu, Changting Wei, Liming Yao, Ling Li, Chaozhi Li. A multi-objective optimization model with conditional value-at-risk constraints for water allocation equality [J]. Journal of Hydrology, 2016, 542.

[100] R. Quentin Grafton. Ronald C. Griffin, Water Resource Economics: The Analysis of Scarcity, Policies and Projects, second ed., The MIT Press, Cambridge, MA, USA, 2016, p. 496 [J]. Water Resources and Economics, 2016, 15.

[101] Yan Sun, Zhuo Chen, Guangxue Wu, Qianyuan Wu, Feng Zhang, Zhangbin Niu, Hong-Ying Hu. Characteristics of water quality of municipal wastewater treatment plants in China: implications for resources utilization and management [J]. Journal of Cleaner Production, 2016, 131.

[102] Chang-Gui Pan, You-Sheng Liu, Guang-Guo Ying. Perfluoroalkyl substances (PFASs) in wastewater treatment plants and drinking water treatment plants: Removal efficiency and exposure risk [J]. Water Research, 2016, 106.

[103] Zhineng Hu, Yazhen Chen, Liming Yao, Changting Wei, Chaozhi Li. Optimal allocation of regional water resources: From a perspective of equity-efficiency tradeoff [J]. Resources, Conservation &, Recycling, 2016, 109.

[104] Jan Friesen, Leonor Rodriguez Sinobas, Laura Foglia, Ralf Ludwig. Environmental and socio-economic methodologies and solutions towards integrated water resources management [J]. Science of the Total Environment, 2016, 581-582.

[105] Wan-zhen Song, Yuan Yuan, Yun-zhong Jiang, Xiao-hui Lei,

Dong－cai Shu. Rule－based water resource allocation in the Central Guizhou Province, China [J]. Ecological Engineering, 2016, 87.

[106] M. Habibi Davijani, M. E. Banihabib, A. Nadjafzadeh Anvar, S. R. Hashemi. Multi－Objective Optimization Model for the Allocation of Water Resources in Arid Regions Based on the Maximization of Socioeconomic Efficiency [J]. Water Resources Management, 2016, 30 (3).

[107] María Pedro－Monzonís, Abel Solera, Javier Ferrer, Teodoro Estrela, Javier Paredes－Arquiola. A review of water scarcity and drought indexes in water resources planning and management [J]. Journal of Hydrology, 2015, 527.

[108] Jian Xu, Yan Xu, Hongmei Wang, Changsheng Guo, Huiyun Qiu, Yan He, Yuan Zhang, Xiaochen Li, Wei Meng. Occurrence of antibiotics and antibiotic resistance genes in a sewage treatment plant and its effluent－receiving river [J]. Chemosphere, 2015, 119.

[109] Farid Khalil Arya, Lan Zhang. Time series analysis of water quality parameters at Stillaguamish River using order series method [J]. Stochastic Environmental Research and Risk Assessment, 2015, 29 (1).

[110] Xu, Jiuping, Ni, Jingneng, Zhang, Mengxiang. Constructed Wetland Planning－Based Bilevel Optimization Model under Fuzzy Random Environment: Case Study of Chaohu Lake [J]. Journal of Water Resources Planning and Management, 2015, 141 (3).

[111] X. C. Cao, P. T. Wu, Y. B. Wang, X. N. Zhao. Corrigendum to "Assessing blue and green water utilisation in wheat production of China from the perspectives of water footprint and total water use" published in Hydrol. Earth Syst. Sci., 18, 3165－3178, 2014 [J]. Hydrology and Earth System Sciences, 2014, 18 (8).

[112] Fu F, Dionysiou D D, Hong L. The use of zero－valent iron for groundwater remediation and wastewater treatment: A review [J]. Journal of Hazardous Materials, 2014, 267 (feb. 28): 194－205.

[113] Mo Li, Ping Guo. A multi－objective optimal allocation model for irrigation water resources under multiple uncertainties [J]. Applied Mathematical Modelling, 2014, 38 (19－20).

[114] X. Chen, D. Naresh, L. Upmanu, Z. Hao, L. Dong, Q. Ju, J.

Wang, S. Wang. China´s water sustainability in the 21st century: a climate-informed water risk assessment covering multi-sector water demands [J]. Hydrology and Earth System Sciences, 2014, 18 (5).

[115] Canter L W, Chawla M K, Swor C T. Addressing trend-related changes within cumulative effects studies in water resources planning [J]. Environmental Impact Assessment Review, 2014, 44 (jan.): 58-66.

[116] Garnier J, Brion N, Callens J, et al. Modeling historical changes in nutrient delivery and water quality of the Zenne River (1790s-2010): The role of land use, waterscape and urban wastewater management [J]. Journal of Marine Systems.

[117] L. Rizzo, C. Manaia, C. et al., Urban wastewater treatment plants as hotspots for antibiotic resistant bacteria and genes spread into the environment: A review [J]. Science of the Total Environment, 2013, 447 (2): 345-360.

[118] Ben D' Exelle. Equity-Efficiency Trade-Offs in Irrigation Water Sharing: Evidence from a Field Lab in Rural Tanzania [J]. World Development, 2012, 40 (12).

[119] J. Yazdi, S. A. A. Salehi Neyshabouri. A Simulation-Based Optimization Model for Flood Management on a Watershed Scale [J]. Water resources management, 2012, 26 (15).

[120] Johan Fellman. Estimation of Gini coefficients using Lorenz curves [J]. Journal of Statistical and Econometric Methods, 2012, 1 (2).

[121] Alexandros Kelessidis, Athanasios S. Stasinakis. Comparative study of the methods used for treatment and final disposal of sewage sludge in European countries [J]. Waste Management, 2012, 32 (6).

[122] M. Molinos-Senante, M. Garrido-Baserba, R. Reif, F. Hernández-Sancho, M. Poch. Assessment of wastewater treatment plant design for small communities: Environmental and economic aspects [J]. Science of the Total Environment, 2012, 427-428: 11-18.

[123] Kevin G. Robinson, Carolyn H. Robinson, Lauren A. Raup, Travis R. Markum. Public attitudes and risk perception toward land application of biosolids within the south-eastern United States [J]. Journal of Environmental Management, 2012, 98 (5).

[124] Piao Xu, Guang Ming Zeng, Dan Lian Huang, Chong Ling Feng, Shuang Hu, Mei Hua Zhao, Cui Lai, Zhen Wei, Chao Huang, Geng Xin Xie, Zhi Feng Liu. Use of iron oxide nanomaterials in wastewater treatment: A review [J]. Science of the Total Environment, 2012, 424.

[125] Samantha E. Bresler. Policy recommendations for reducing reactive nitrogen from wastewater treatment in the Great Bay Estuary, NH [J]. Environmental Science and Policy, 2012, 19-20 (5-6): 69-77.

[126] Konstantinos V. Plakas, Anastasios J. Karabelas. Removal of pesticides from water by NF and RO membranes — A review [J]. Desalination, 2012, 287.

[127] Dodane Pierre - Henri, Mbéguéré Mbaye, Sow Ousmane, Strande Linda. Capital and operating costs of full - scale fecal sludge management and wastewater treatment systems in Dakar, Senegal. [J]. Environmental science &, technology, 2012, 46 (7).

[128] Wooyong Jung, Bonsang Koo, Seung Heon Han. A multi - objective linear programming framework for evaluating the financial viability of supplementary facilities in Build - Transfer - Lease projects in Korea [J]. KSCE Journal of Civil Engineering, 2012, 16 (1).

[129] Giovanni Libralato, Annamaria Volpi Ghirardini, Francesco Avezzù. To centralise or to decentralise: An overview of the most recent trends in wastewater treatment management [J]. Journal of Environmental Management, 2011, 94 (1).

[130] Zhao - Bo Chen, Zhi - Qiang Chen, Nan - Qi Ren, Hong - Cheng Wang, Shu-Kai Nie, Min-Hua Cui. Modeling of mixed liquor inorganic suspended solids and membrane flux at different ratio of SRT to HRT in a submerged membrane bioreactor [J]. Applied Mathematical Modelling, 2011, 36 (1).

[131] L. Divakar, M. S. Babel, S. R. Perret, A. Das Gupta. Optimal allocation of bulk water supplies to competing use sectors based on economic criterion - An application to the Chao Phraya River Basin, Thailand [J]. Journal of Hydrology, 2011, 401 (1).

[132] George Simion Ostace, Vasile Mircea Cristea, Paul 0 erban Agachi. Cost reduction of the wastewater treatment plant operation by MPC based on modified

ASM1 with two - step nitrification/denitrification model [J]. Computers and Chemical Engineering, 2011, 35 (11).

[133] Marco Ostoich, Federico Serena, Loris Tomiato. Environmental controls for wastewater treatment plants: hierarchical planning, integrated approach, and functionality assessment [J]. Journal of Integrative Environmental Sciences, 2010, 7 (4).

[134] Gordon Baxter, Ian Sommerville. Socio - technical systems: From design methods to systems engineering [J]. Interacting with Computers, 2010, 23 (1).

[135] Amit Bhatnagar, Mika Sillanpää. Utilization of agro - industrial and municipal waste materials as potential adsorbents for water treatment—A review [J]. Chemical Engineering Journal, 2010, 157 (2).

[136] Stewart M. Oakley, Arthur J. Gold, Autumn J. Oczkowski. Nitrogen control through decentralized wastewater treatment: Process performance and alternative management strategies [J]. Ecological Engineering, 2010, 36 (11).

[137] P. Guo, G. H. Huang, H. Zhu, X. L. Wang. A two - stage programming approach for water resources management under randomness and fuzziness [J]. Environmental Modelling and Software, 2010, 25 (12).

[138] María Molinos-Senante, Francesc Hernández-Sancho, Ramón Sala-Garrido. Economic feasibility study for wastewater treatment: A cost-benefit analysis [J]. Science of the Total Environment, 2010, 408 (20).

[139] F. Hernandez-Sancho, M. Molinos-Senante, R. Sala-Garrido. Cost modelling for wastewater treatment processes [J]. Desalination, 2010, 268 (1).

[140] Kartal B., Kuenen J. G., van Loosdrecht M. C. M.. <bold>Sewage Treatment with Anammox</bold> [J]. Science, 2010, 328 (5979).

[141] Cornel P, Schaum C. Phosphorus recovery from wastewater: needs, technologies and costs. [J]. Water science and technology : a journal of the International Association on Water Pollution Research, 2009, 59 (6).

[142] Francesc Hernández - Sancho, Ramón Sala - Garrido. Technical efficiency and cost analysis in wastewater treatment processes: A DEA approach [J]. Desalination, 2009, 249 (1).

[143] Tao Sun, Hongwei Zhang, Yuan Wang, Xiangming Meng, Chenwan

Wang. The application of environmental Gini coefficient (EGC) in allocating wastewater discharge permit: The case study of watershed total mass control in Tianjin, China [J]. Resources, Conservation &, Recycling, 2009, 54 (9).

[144] Ashley Murray, Isha Ray. Wastewater for agriculture: A reuse - oriented planning model and its application in peri - urban China [J]. Water Research, 2009, 44 (5).

[145] Jinglan Hong, Jingmin Hong, Masahiro Otaki, Olivier Jolliet. Environmental and economic life cycle assessment for sewage sludge treatment processes in Japan [J]. Waste Management, 2008, 29 (2).

[146] K. P. Anagnostopoulos, A. P. Vavatsikos. Using GIS and Fuzzy Logic for Wastewater Treatment Processes Site Selection: The Case of Rodopi Prefecture [J]. AIP Conference Proceedings, 2008, 963 (2).

[147] S. Renou, J. S. Thomas, E. Aoustin, M. N. Pons. Influence of impact assessment methods in wastewater treatment LCA [J]. Journal of cleaner production, 2008, 16 (10).

[148] Shahriyar Mojahed, Fereydoun Aghazadeh. Major factors influencing productivity of water and wastewater treatment plant construction: Evidence from the deep south USA [J]. International journal of project management, 2008, 26 (2).

[149] Cullis J., van Koppen Barbara. Applying the Gini Coefficient to measure inequality of water use in the Olifants River water management area, South Africa [M]. International Water Management Institute (IWMI), 2007.

[150] Anthony Massé, Mathieu Spérandio, Corinne Cabassud. Comparison of sludge characteristics and performance of a submerged membrane bioreactor and an activated sludge process at high solids retention time [J]. Water Research, 2006, 40 (12).

[151] Ching-Gung Wen, Chih-Sheng Lee. Development of a cost function for wastewater treatment systems with fuzzy regression [J]. Fuzzy Sets and Systems, 1999, 106 (2).

[152] Dimitrios A. Giannias, Joseph N. Lekakis. Policy analysis for an amicable, efficient and sustainable inter - country fresh water resource allocation [J]. Ecological Economics, 1997, 21 (3).

[153] Sakawa Masatoshi, Yano Hitoshi. Feasibility and Pareto optimality for

multiobjective nonlinear programming problems with fuzzy parameters [J]. Fuzzy Sets and Systems, 1991, 43 (1).

[154] Ishibuchi Hisao, Tanaka Hideo. Multiobjective programming in optimization of the interval objective function [J]. European Journal of Operational Research, 1990, 48 (2).

[155] Saaty Thomas L. Exploring the interface between hierarchies, multiple objectives and fuzzy sets [J]. Fuzzy Sets and Systems, 1978, 1 (1).

[156] Tennant Donald Leroy. Instream Flow Regimens for Fish, Wildlife, Recreation and Related Environmental Resources [J]. Fisheries, 1976, 1 (4).

[157] Saaty T L, Kearns K P. The Analytic Hierarchy Process [J]. analytical planning, 1985.

[158] Neumann J V, Morgenstern O. Theory of Games and Economic Behavior [M]. Princeton University Press, 1953.

[159] Zeleny M, Cochrane J L. Multiple criteria decision making [M]. McGraw-Hill, 1982.

[160] HM. Markowitz- Cowles Foundation Monograph, 1959.

[161] J. J. Buckley. Multi-objective possibilistic linear programming [J]. Fuzzy Sets and Systems, 1990, 35: 23-28.

[162] Chanas S. Fuzzy programming in multiobjective linear programming — a parametric approach [J]. Fuzzy Sets & Systems, 1989, 29 (3): 303-313.

[163] Orlovski S A. Multiobjective programming problems with fuzzy parameters [J]. Control & Cybernetics, 1984, 13 (3).

[164] M. Sakawa, Interactive fuzzy decision-making for multiobjective linear programming problem and its application, in: Proceedings IFAC Symposium on Fuzzy Information, Knowledge Representation and Decision Analysis [M]. New York: Pergamum Press, 1983: 295-300.

[165] M. Sakawa. Interactive multiobjective decision-making by the fuzzy sequential proxy optimization technique-FSPOT// H. J. Zimmermann ed. TIMS/ Studies in the Management Sciences [J]. Elsevier Science Publishers, 1984, 20: 241-260.

[166] M. Sakawa, H. Yano. Feasibility and Pareto Optimality for Multiobjective Linear Programming Problems with Fuzzy Decision Variables and

Fuzzy Parameters, in: J. Trappl ed., Cybernetics and Systems' 90 [M]. London: World Scientific Publisher, 1990: 155-162.

[167] Tauxe G W. Multi objective dynamic programming with application to a reservoir [J]. Water Resource Research, 1979, 15 (6): 1403-1408.

[168] Chen H W, Chang N B. A comparative analysis of methods to represent uncertainty in estimating the cost of constructing wastewater treatment plants [J]. Journal of Environmental Management, 2002, 65 (4): 383-409.

[169] Geoffrion A M, Feinberg J S D. An Interactive Approach for Multi-Criterion Optimization, with an Application to the Operation of an Academic Department [J]. Management Science, 1972, 19 (4): 357-368.

[170] David, E, Monarchi, et al. Interactive multiobjective programing in water resources: A case study [J]. Water Resources Research, 1973.

[171] Smith, B. R. Re-thinking wastewater landscapes: combining innovative strategies to address tomorrow´s urban wastewater treatment challenges [J]. Water Science & Technology, 2009, 60 (6): 1465-1473.

[172] Cai Q Y, Mo C H, Wu Q T, et al. Occurrence of organic contaminants in sewage sludges from eleven wastewater treatment plants, China [J]. Chemosphere, 2007, 68 (9): 1751-1762.

[173] Gleick P, Palaniappan M, Morikawa M, et al. The world´s water 2008-2009: the biennial report on freshwater resources. 2009.

[174] Shen W Q. Study on Ammonia Nitrogen in Municipal Sewage Adsorpted by Actived Coal-Serial Kaolin [J]. Journal of Anhui Agricultural Sciences, 2010.

[175] Di, Z. Using GIS-Based Multi-Criteria Analysis for Optimal Site Selection for a Sewage Treatment Plant, University Library in Gävle: Gävle, Schweden. 2015.

[176] Lv, Y. The Typical City Secondary Sewage Plant Cost Models and the Optimization Design [J]. Kunming University of Science, 2009.

[177] Jara-Samaniego, J., Perez-Murcia, M. D., Bustamante, M. A., Perez-Espinosa, A., Paredes, C., Lopez, M., Moral, R.. Composting assustainable strategy for municipalsolid waste management in the Chimborazo Region, Ecuador: Suit- ability of the obtainedcomposts for seedling production [J]. Journal of Cleaner Production, 2017, 141: 1349-1358.

[178] Gorani M A, Ebraheem J. Location Optimization of Wastewater Treatment Plants Using GIS: A Case Study in Umm Durman/ Karary [J]. Physics Letters B, 2012, 27 (6): 343-344.

[179] Tulun, S., Gurbuz, E., Arsu, T. Developing a GIS-based landfill site suitability map for the Aksaray province, Turkey [J]. Environ. Earth Sci. 2021, 80: 310.

[180] Arca D, Citiroglu H K. Geographical information systems - based analysis of site selection for wind power plants in Kozlu District (Zonguldak-NW Turkey) by multi-criteria decision analysis method [J]. Energy Sources Part A Recovery Utilization and Environmental Effects, 2020 (2): 1-13.

[181] Ibrahim, G. R. F., Hamid, A. A., Darwesh, U. M., Rasul, A. A GIS-based Boolean logic-analytical hierarchy process for solar power plant (case study: Erbil Governorate - Iraq) [J]. Environment, Development and Sustainability, 2021, 23: 6066-6083.

[182] Dell' Ovo, M., Capolongo, S., Oppio, A. Combining spatial analysis with MCDA for the siting of healthcare facilities [J]. Land Use Policy, 2018, 76 (3): 634-644.

[183] Nsaif, Q. A., Khaleel, S. M., Khateeb, A. H. Integration of gis and remote sensing technique for hospital site selection in baquba district [J]. Journal of Engineering Science and Technology, 2020, 15 (3): 1492-1505.

[184] Deepa K, Krishnaveni M, Mageshwari M. A GIS Based Approach to Select Appropriate Wastewater Treatment Technology a Case Study-Shollinganallur Taluk Kanchipuram District Tamil Nadu [J]. International Journal of Scientific & Engineering Research, 2015, 6 (3): 483-484.

[185] Koko S, Irvine K, Jindal R, et al. Spatial and Temporal Variations of Dissolved Oxygen in Cha-Am Municipality Wastewater Treatment Ponds Using GIS Kriging Interpolation [J]. Journal of Water Management Modeling, 2017 (5): C247.

[186] Haklay M, Feitelson E, Doytsher Y. The Potential of a GIS-Based Scoping System - A Case Study of Wastewater Treatment Infrastructure [J]. Environmental Impact Assessment Review, 1998 (5): 439-459

[187] Ben Liu; Jie Tang; Yunke Qu; Yao Yang; Hang Lyu; Yindong Dai;

Zhaoyang Li. A GIS-Based Method for Identification of Blindness in Former Site Selection of Sewage Treatment Plants and Exploration of Optimal Siting Areas: A Case Study in Liao River Basin [J]. Water. 2022, Vol. 14 (No. 1092): 1092.

[188] Wang, J., Liu, Gh., Wang, J., et al. Current status, existent problems, and coping strategy of urban drainage pipeline network in China [J]. Environmental Science and Pollution Research, 2021: 1-15.

[189] Liao, ZL; Hu, TT; Roker, S. An obstacle to China's WWTPs: the COD and BOD standards for discharge into municipal sewers [J]. Environmental Science and Pollution Research. 2015, Vol. 22 (No. 21): 16434-16440.

[190] Huang, D., Liu, X., Jiang, S. et al. Current state and future perspectives of sewer networks in urban China. Frontiers of Environmental Science & Engineering, 2018, 12 (3): 2.

[191] Cowell F A. Measurement of inequality [J]. Lse Research Online Documents on Economics, 2000, 1: 87-166..

[192] Diaz G E, Brown T C. AQUARIUS, a modeling system for river basin water allocation [J]. Neuroendocrinology, 1997.

[193] Hu Z, Wei C, Yao L, et al. Integrating Equality and Stability to Resolve Water Allocation Issues with a Multi-objective Bilevel Programming Model [J]. Journal of Water Resources Planning and Management, 2016, 142 (7): 04016013.

[194] Huang Z, Liu X, Sun S, et al. Global assessment of future sectoral water scarcity under adaptive inner-basin water allocation measures [J]. Science of The Total Environment, 2021: 146973.

[195] Li J Y, Cui L B, Dou M, et al. Water Resources Allocation Model Based on Ecological Priority in the Arid Region [J]. Environmental Research, 2021.

[196] Liu D H, Ji X X, Tang J F, Li H Y. A fuzzy cooperative game theoretic approach for multinational water resource spatiotemporal allocation [J]. European Journal of Operational Research, 2020, 282 (3): 1025-1037.

[197] Mooselu M G, Nikoo M R, Latifi M, et al. A multi-objective optimal allocation of treated wastewater in urban areas using leader-follower game [J]. Journal of Cleaner Production, 2020.

[198] Siciliano G, Urban F. Equity-based Natural Resource Allocation for Infrastructure Development: Evidence From Large Hydropower Dams in Africa and Asia [J]. Ecological Economics, 2017.

[199] Xu Y, Wang Y, Li S, et al. Stochastic optimization model for water allocation on a watershed scale considering wetland´s ecological water requirement [J]. Ecological Indicators, 2017: S1470160X1730081X.

[200] Buckley J J. Multiobjective possibilistic linear programming [J]. Fuzzy Sets & Systems, 1990, 35 (1): 23-28.

[201] Chanas S. Fuzzy programming in multiobjective linear programming—a parametric approach [J]. Fuzzy Sets & Systems, 1989, 29 (3): 303-313.

[202] Orlovski S. Multiobjective programming problems with fuzzy parameters [J]. Control & Cybernetics, 1984, 13 (3).

[203] Sakawa M, Yano H. Personal computer-aided interactive decision making for multiobjective linear programming problems with fuzzy coefficients and its applications. [J]. Springer Berlin Heidelberg, 1989.

[204] Sakawa M, Seo F. Interactive multiobjective decision-making in environmental systems using the fuzzy sequential proxy optimization technique. [J]. Automatica, 1982, 18 (2): 155-165.

[205] Sakawa M, Yano H. Feasibility and Pareto Optimality for Multiobjective Linear Programming Problems with Fuzzy Decision Variables and Fuzzy Parameters.

[206] Chen H W, Chang N B. A comparative analysis of methods to represent uncertainty in estimating the cost of constructing wastewater treatment plants [J]. Journal of Environmental Management, 2002, 65 (4): 383-409.

[207] Geoffrion A M, Feinberg J S D. An Interactive Approach for Multi-Criterion Optimization, with an Application to the Operation of an Academic Department [J]. Management Science, 1972, 19 (4): 357-368.

[208] David, E, Monarchi, et al. Interactive multiobjective programing in water resources: A case study [J]. Water Resources Research, 1973.

[209] Smith, B. R. Re-thinking wastewater landscapes: combining innovative strategies to address tomorrow´s urban wastewater treatment challenges [J]. Water Science & Technology, 2009, 60 (6): 1465-1473.

[210] Cai Q Y, Mo C H, Wu Q T, et al. Occurrence of organic contaminants in sewage sludges from eleven wastewater treatment plants, China [J]. Chemosphere, 2007, 68 (9): 1751-1762.

[211] Gleick P, Palaniappan M, Morikawa M, et al. The world´s water 2008-2009: the biennial report on freshwater resources. 2009.

[212] Shen W Q. Study on Ammonia Nitrogen in Municipal Sewage Adsorpted by Actived Coal-Serial Kaolin [J]. Journal of Anhui Agricultural Sciences, 2010.

[213] Jara-Samaniego J, Perez-Murcia M D, Bustamante M A, et al. Composting as sustainable strategy for municipal solid waste management in the Chimborazo Region, Ecuador: Suitability of the obtained composts for seedling production [J]. Journal of Cleaner Production, 2017, 141 (JAN. 10): 1349-1358.

[214] Tulun E, Esra Gürbüz, Arsu T. Developing a GIS-based landfill site suitability map for the Aksaray province, Turkey [J]. Environmental Earth Sciences, 2021, 80 (8).

[215] Arca D, Citiroglu H K. Geographical information systems-based analysis of site selection for wind power plants in Kozlu District (Zonguldak-NW Turkey) by multi-criteria decision analysis method [J]. Energy Sources Part A Recovery Utilization and Environmental Effects, 2020 (2): 1-13.

[216] Ibrahim G, Hamid A A, Darwesh U M, et al. A GIS-based Boolean logic-analytical hierarchy process for solar power plant (case study: Erbil Governorate-Iraq) [J]. Environment, Development and Sustainability: A Multidisciplinary Approach to the Theory and Practice of Sustainable Development, 2021, 23.

[217] M Dell' Ovo, Capolongo S, Oppio A. Combining spatial analysis with MCDA for the siting of healthcare facilities [J]. Land Use Policy, 2018: S0264837717310086.

[218] Nsaif Q A, Khaleel S M, Khateeb A H. INTEGRATION OF GIS AND REMOTE SENSING TECHNIQUE FOR HOSPITAL SITE SELECTION IN BAQUBA DISTRICT. 2020.

[219] Koko S, Irvine K, Jindal R, et al. Spatial and temporal variations of dissolved oxygen in Cha-Am municipality wastewater treatment ponds using GIS Kriging interpolation [J]. Journal of Water Management Modeling, 2017.

［220］ Haklay, Feitelson, Doytsher. The potential of a gis - based scoping system- A case study of wastewater treatment infrastructure ［J］. Environmental Impact Assessment Review, 1998 (5): 439-459.

［221］ Aguayo S, Munoz M J, Torre A, et al. Identification of organic compounds and ecotoxicological assessment of sewage treatment plants (STP) effluents ［J］. Science of the Total Environment, 2004, 328 (1/3): 69-81.

［222］ Current status, existent problems, and coping strategy of urban drainage pipeline network in China ［J］. Environmental Science and Pollution Research, 2021: 1-15.

［223］ Zhenliang, Liao, Tiantian, et al. An obstacle to China's WWTPs: the COD and BOD standards for discharge into municipal sewers ［J］. Environmental Science & Pollution Research, 2015.

［224］ Cowell F A. Chapter 2 Measurement of inequality ［J］. Handbook of Income Distribution, 2000, 1.

［225］ Huang Z, Liu X, Sun S, et al. Global assessment of future sectoral water scarcity under adaptive inner-basin water allocation measures ［J］. Science of The Total Environment, 2021: 146973.

［226］ Li J Y, Cui L B, Dou M, et al. Water Resources Allocation Model Based on Ecological Priority in the Arid Region ［J］. Environmental Research, 2021.

［227］ Liu D, Ji X, Tang J, et al. A fuzzy cooperative game theoretic approach for multinational water resource spatiotemporal allocation ［J］. European Journal of Operational Research, 2020, 282 (3): 1025-1037.

［228］ Mooselu M G, Nikoo M R, Latifi M, et al. A multi-objective optimal allocation of treated wastewater in urban areas using leader - follower game ［J］. Journal of Cleaner Production, 2020.

［229］ Siciliano G, Urban F. Equity-based Natural Resource Allocation for Infrastructure Development: Evidence From Large Hydropower Dams in Africa and Asia ［J］. Ecological Economics, 2017, 134 (APR.): 130-139.

［230］ Xu Y, Wang Y, Li S, et al. Stochastic optimization model for water allocation on a watershed scale considering wetland's ecological water requirement ［J］. Ecological Indicators, 2017: S1470160X1730081X.